統計ライブラリー

経済・ファイナンスのための
カルマンフィルター入門

森平爽一郎

[著]

朝倉書店

まえがき

　状態空間モデルとそれを解くためのカルマンフィルターについて，経済学，ファイナンス，そのほかの社会科学の研究者，実務家，学生の間での関心が高まっている．カルマンフィルターを用いた数多くの実証分析がおこなわれ，機械学習におけるカルマンフィルターの適用が再度盛んになったことなどがその理由であろう．

　この本は確率統計の初歩的な知識，例えば相関や回帰分析，最小二乗法，t検定などに理解があり，実際に回帰分析を試みたことがある人を想定した，状態空間モデルとカルマンフィルターの入門書である．カルマンフィルターの基本的な考えと理論の導出過程を学ぶとともに，その応用，とりわけ経済学とファイナンスへの応用を説明する．

　この本の内容は早稲田大学大学院ファイナンス研究科での社会人大学院生を対象にした講義ノートと企業人へのセミナーの講義資料をもとにしている．受講生のなかには理工学部の卒業生も在籍していたが，法学，政治学，語学，商学，経済学などを専攻していた卒業生が大半であり，カルマンフィルターについては全く触れたことがない人が多かった．そうした人たちに講義をおこなったことがこの本の執筆の動機である．

　これまでカルマンフィルターに関する優れたテキストや研究書が国内外で多く執筆されてきた．しかしそれらの多くは理工学部の学生・大学院生や技術者のための物が大部分であり，文系，とりわけ社会人あるいは社会人大学院生を対象にしたカルマンフィルターのテキストはほとんどなかったと言ってよい．また，社会科学におけるカルマンフィルターの応用を論じたものは一部の専門書を除いてほとんどないのが現状である．こうした現状に鑑み執筆にあたっては次の3つの点に留意した．

　第1に，この本では①カルマンフィルターとは何か，どのようにしてそれが導出されるのか，②社会科学，とりわけ経済学とファイナンスの分野でどのような応用が可能であるのか，③カルマンフィルターを用いたモデル構築や実証研究に

おいてどのような問題があり，問題に対してどのように対処するのか，といった点について，「直観的な理解」を得ることを目的としている．直観的な理解ができた後で，厳密なカルマンフィルターの導出と具体的な問題に対する応用の説明をおこなう．

　第2に，数式の展開にあたっては最初から行列を用いずにまずスカラー表現を用いることに努めた．第9章で示す行列を用いた説明もそれ以前に示したスカラー表現からの類推（アナロジー）で理解できるようにした．

　第3に，社会科学，特に経済学とファイナンス理論への具体的な応用事例を提示することに努めた．応用は簡単な事例に限定をした．応用事例を理解するために高度な経済理論や資産価格決定理論（asset pricing theory）を，一部の章（第14章，第15章の一部）を除き必要としないようにした．ファイナンスや経済学の初心者でも背後にある理論が短い説明でわかる事例を取り上げ，拙著『金融リスクマネジメント入門』（2012）とその講義資料（パワーポイント）で説明された話題に限った応用事例の説明にとどめてある．それ以外の応用については各章末の文献解題あるいは本文中の脚注で述べた文献を参照できるようにした．言い換えるなら，理工系の人でもカルマンフィルターの応用事例を通じて経済学やファイナンス理論の考え方を理解できるよう努めた．

この本の概要： 　この本は2部構成になっている．第I部は10章からなりカルマンフィルターの理論について説明している．第II部は6章からなり，カルマンフィルターを用いたモデリングと実証研究における問題，具体的な経済学とファイナンスへの応用事例について説明している．

　まず第I部は次のように構成されている．第1章ではカルマンフィルターのまったくの初心者のために，線形状態空間モデルとは何か，その解法であるカルマンフィルターで何ができるのかをよく知られた統計手法である線形回帰分析との比較で説明をする．第2章ではカルマンフィルターの理論を理解するための様々な専門用語と用いる変数の意味や変数の記法について詳しく説明する．第3章ではカルマンフィルターの特徴である「逐次計算」の考え方を，平均や分散の逐次計算，移動平均や指数平滑法との関連で説明をし，それらとカルマンフィルターとの間で，何が同じで，何が異なるのかを説明する．第4章ではカルマンフィルターのアルゴリズム（計算過程）について説明する．多くの数理の本では理論を詳細に説明し，その後でアルゴリズムや数値例を示すが，本書ではあえて逆のアプローチを用いた．また計算過程を理解するために，RやMatlabといった統計

ソフトや数値計算言語を使うのでなく多くの PC にインストールされている Excel を用いた数値例を示した．

　第 5 章，第 7 章，第 8 章では線形の状態空間モデルを解くためのカルマンフィルターの導出について 3 つの異なるアプローチを説明する．第 5 章では状態誤差と観測誤差が 2 変量正規分布をするときのカルマンフィルターと観測誤差が 2 変量正規分布するときのカルマンフィルターとスムーザーの導出を説明した．スムージング（平滑化）は人文・社会科学の実証分析でよく用いられている．しかしスムージング公式の導出にあたっては，複雑かつ長文の行列計算を必要とするため初心者には理解が困難である．そのため多くのテキストではスムージングの公式の導出にまったくふれないか，あるいは証明の要約や公式のみの説明にとどめている物が多い．本書では，1）2 正規分布に従う確率変数の「条件付き期待値」と「条件付き分散」公式，2）「繰返し期待値公式」と「全分散の法則」だけの知識で理解でき，行列を用いない平易な証明を示した．是非結果に至る道筋を理解してほしい．第 7 章では正規性を仮定せずに分布の平均と分散にのみに注目した導出を，第 8 章ではベイズ公式を用いたカルマンフィルターの導出例を説明する．いずれの章でも，詳細な導出過程を説明する前に，直観的な説明をおこない，「木を見て森を見ない」のでなく，「森を見てから木を見る」説明に努めた．経済学部や商学部での数学や統計，確率の講義程度の基礎知識で，したがって行列や詳細な確率過程についての高度な知識を要求せずに理解できるよう努めた．結果として数式による説明が多くなったが，それは導出過程を丁寧に説明したためである．

　第 6 章では，第 5 章でのカルマンフィルターの導出を前提にして，固定パラメータの推定のための最尤法の適用について議論をする．回帰分析のための最小二乗法はよく知られた固定パラメータの推定方法である．しかし最尤法は初等の統計学や確率論では取り扱わないテーマであるので，最尤法とは何か，最尤法を用いて固定パラメータの期待値とその標準誤差をどのように推定できるかなどを，初心者でもわかるように説明する．なお，必ずしも第 5 章から続けて読むことはなく，第 6 章はあとまわしにして先に第 7 章と第 8 章を読み進めてもよい．

　第 9 章は初等の行列の知識（線形代数でなく）を前提にして，状態変数と観測変数が複数になるときの状態空間モデルとカルマンフィルターについて説明する．第 10 章では非線形の状態空間モデルを線形のカルマンフィルターによって解く「拡張カルマンフィルター」について，スカラー表現と行列を用いた表現とを説明する．なお，第 9 章および第 10 章は第 II 部の応用編を読み進めるにあた

って必須であるわけではないので，これらを読み飛ばすことも可能である．

第II部の第11章では，第I部で学んだ理論と，実際のデータを用いたモデリングや実証研究をおこなうにあたって直面する問題と解決方法について議論をする．カルマンフィルターを用いたモデルづくりや実証分析は既存の研究に新しい視点や事実をもたらすことが多い一方，実際に研究を進めるにあたっては様々な問題に直面することが多い．そうしたときのTips（コツ，秘訣，ヒント）を説明する．またモデルを構築し，それをカルマンフィルターで解いた後で検討すべき事項として何が必要であるかにも言及する．

第12章から第16章ではカルマンフィルターを用いた具体的な実証例を示す．第12章では様々な経済学への適用事例，第13章では資産（株や債券や通貨）価格などを決める共通ファクター（要因）との間の関係をカルマンフィルターによってどう記述するのか，回帰分析を用いたときと何が異なるのか，資産価格だけのデータがあり，それに影響する要因がわからないときにカルマンフィルターによってどのようにして共通ファクターを識別するかなどについて論じる．第14章では投資からの利子と元本の返済が確実な債券に対するカルマンフィルターの応用を論じる．第15章ではデリバティブの一つである先物価格と先物を用いたリスク回避戦略にカルマンフィルターをどのように用いることができるかを説明

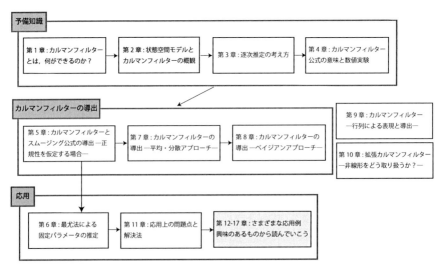

図i 本書の読み方の例

「カルマンフィルターの導出」について解説した第5章，第7章，8章のうち，少なくとも第5章は必読，第7章，8章のいずれかあるいは両方は理論的な知識と理解をより深めたい場合に読んでほしい．

する．最後の第 16 章では，ペアトレーディングと呼ばれている似通った 2 つの株や債券，通貨などの動きだけに注目してリターンを得ようとするトレーディング手法に対するカルマンフィルターの適用について論じる．

　以上のような内容をふまえて，この本の読み方としては図 i のようなものが考えられる．

　なお，この本での事例の多くは科研費「大災害のリスクファイナンス（平成 26～28 年度，課題番号 26380406）」における実証研究での成果である．また，この本の完成まで朝倉書店編集部の皆さんにはこれまでの私の著書と同様大変お世話になった．記して感謝したい．

関連情報に関するウェブサイト：　この本で用いた Excel や EViews のワークシート（データが公開情報であるものに限定），正誤表，補助パワーポイント，そのほかの関連する情報については朝倉書店の本書サポートページ (http://www.asakura.co.jp/books/isbn/978-4-254-12841-3/) とそこに記述された著者のウェブサイトを参照されたい．随時関連情報を更新する予定である．

2019 年 1 月

森平爽一郎

目　　次

第 I 部　カルマンフィルターの理論

1. カルマンフィルターとは，何ができるのか？ ················ 2
   1.1　はじめに ··· 2
   1.2　2つの応用例 ··· 2
   　　1.2.1　回帰係数の不安定性の推定 ························ 3
   　　1.2.2　真の資産価格の推定 ······························· 4
   1.3　状態空間モデル ·· 5
   　　1.3.1　状態空間モデルとは？ ····························· 5
   　　1.3.2　最小二乗法によって状態空間モデルを解く ········· 7

2. 状態空間モデルとカルマンフィルターの概観 ················ 10
   2.1　はじめに ·· 10
   2.2　線形回帰分析と状態空間モデル ·························· 10
   　　2.2.1　線形回帰分析 ······································ 10
   　　2.2.2　状態空間モデルによる定式化 ······················ 11
   2.3　観測方程式の意味：再度確認しよう ······················ 12
   2.4　状態変数と状態方程式 ··································· 13
   　　2.4.1　状態方程式 ·· 13
   　　2.4.2　状態方程式の特定化 ······························· 13
   　　2.4.3　状態方程式の時間を表す添え字 t ················ 15
   2.5　固定パラメータ ·· 16
   2.6　状態空間モデルにおける独特の記法に慣れる ············· 16
   2.7　情報集合 Ω_t ·· 16

- 2.8 1期先予測，フィルタリング，スムージング ……………………… 18
  - 2.8.1 「1期先予測」「フィルタリング」「スムージング」の直観的な理解 … 18
  - 2.8.2 状態変数の「期待値」に関する1期先予測，フィルタリング，スムージングの定義 ………………………………………… 19
  - 2.8.3 状態変数の「分散」に関する1期先予測，フィルタリング，スムージングの定義 ………………………………………… 20

3. 逐次推定の考え方 …………………………………………………… 22
- 3.1 平均と分散の逐次推定 ……………………………………………… 22
  - 3.1.1 平均値の逐次推定 ……………………………………………… 22
  - 3.1.2 分散の逐次推定 ………………………………………………… 25
- 3.2 移動平均法 …………………………………………………………… 26
- 3.3 指数平滑法 …………………………………………………………… 27
- 3.4 カルマンフィルターにおける逐次更新式との比較 …………………… 28
  - 3.4.1 状態変数のフィルタリング公式は逐次更新式である ………… 28
  - 3.4.2 ローカルモデルと指数平滑化公式 …………………………… 29
- 文献解題 ………………………………………………………………… 30
- 数学付録：A3-1 分散の逐次推定式（3.5）の導出 ……………………… 30
- 数学付録：A3-2 移動平均式（3.7）の導出 …………………………… 31

4. カルマンフィルター公式の意味と数値実験 …………………………… 32
- 4.1 はじめに ……………………………………………………………… 32
- 4.2 1期先予測とフィルタリングの計算アルゴリズム ………………… 32
  - 4.2.1 状態変数の平均と分散の初期値と固定パラメータ設定 ……… 33
  - 4.2.2 1期先予測：状態変数の期待値と分散，観測変数の1期先予測 … 33
  - 4.2.3 カルマンゲイン K_t と状態変数 $\tilde{\beta}_t$ の平均と分散のフィルタリング公式 ……………………………………………………… 33
- 4.3 カルマンゲイン K_t と $X_t K_t$ の意味 ………………………………… 34
  - 4.3.1 カルマンゲイン K_t の符号と外生変数 X_t との積 $X_t K_t$ の意味 … 34
  - 4.3.2 カルマンゲイン K_t は回帰係数を意味する ………………… 34
  - 4.3.3 状態変数の分散のフィルタリング公式におけるカルマンゲイン $X_t K_t$ の意味 ……………………………………………………… 35
- 4.4 まとめ：カルマンフィルターによる逐次（更新）計算過程 ………… 35

4.5	数 値 例 …………………………………………………	37
4.6	事 例 研 究 …………………………………………………	40
4.7	スムージング公式 …………………………………………	40
4.7.1	状態変数のスムージング期待値とスムージング分散の推定 ……	43
4.7.2	状態変数のスムージング分散の推定 ………………………	44
4.7.3	スムージングアルゴリズム …………………………………	44
4.7.4	Excelによる数値計算例 ……………………………………	45

5. カルマンフィルターとスムージング公式の導出—正規性を仮定する場合— 48

5.1	はじめに …………………………………………………	48
5.2	2変量正規分布の条件付き期待値と条件付き分散：直観的な理解 …	50
5.2.1	2変量正規分布とは？ ………………………………………	50
5.2.2	条件付き期待値の計算の意味 ………………………………	53
5.2.3	条件付き分散の計算の意味とは？：$\sigma^2_{Z|Y}=(1-\rho^2_{ZY})\sigma^2_Z$ の計算 …	55
5.3	カルマンフィルターにおけるフィルタリング公式の意味 ……………	56
5.3.1	状態変数の「期待値」のフィルタリング公式 …………………	56
5.3.2	状態変数の「分散」のフィルタリング公式：その直観的な意味	58
5.4	カルマンフィルターによる1期先予測と状態変数のフィルタリング	58
5.5	1期先予測公式の導出 ……………………………………	59
5.6	状態変数の期待値と分散のフィルタリング公式の導出 …………	60
5.7	状態変数の期待値のフィルタリング公式 …………………………	61
5.8	状態変数の分散のフィルタリング公式 ……………………………	62
5.9	カルマンゲイン K_t の意味 ………………………………………	63
5.10	スムージング公式の導出 …………………………………	64
数学付録：A5-1	2変量正規分布における条件付き期待値と条件付き分散	66
数学付録：A5-2	繰返し期待値公式 …………………………………	68
数学付録：A5-3	全分散の法則 ………………………………………	68

6. 最尤法による固定パラメータの推定 ……………………………… 69

6.1	はじめに …………………………………………………	69

- 6.2 最尤法による固定パラメータの期待値と標準誤差の推定方法 ……… 70
  - 6.2.1 コインの表が出る確率 q の推定 …………………… 70
  - 6.2.2 最尤法による「表が出る確率 q」の推定 ………… 71
  - 6.2.3 一　般　化 ……………………………………………… 74
- 6.3 「表が出る確率の推定値 $\hat{q}$」のばらつきの度合い：標準誤差 ………… 74
  - 6.3.1 標本情報：$I(q)$ ……………………………………… 74
  - 6.3.2 対数尤度関数の二階偏微分の意味 …………………… 75
- 6.4 2変量回帰モデルのパラメータ推定 …………………………… 77
- 6.5 カルマンフィルターにおける最尤法を用いた固定パラメータ推定 …… 78
- 6.6 カルマンフィルターにおける固定パラメータの推定：アルゴリズム …… 79
- 6.7 Excel を用いた数値例 ………………………………………… 80

7. カルマンフィルターの導出―平均・分散アプローチ― ……………… 85

- 7.1 は じ め に ………………………………………………… 85
- 7.2 平均・分散アプローチの直観的な理解 ………………………… 86
  - 7.2.1 確率変数 Z の不偏かつ最小分散推定量とは？ ……… 86
  - 7.2.2 2つの確率変数の和の最良不偏推定量 ……………… 87
  - 7.2.3 2時点の時系列データ：$\tilde{\beta}_1$ と $\tilde{\beta}_2$ を用いてよりよい β 値を求める … 89
- 7.3 ローカルモデルに対するカルマンフィルターの導出 …………… 90
  - 7.3.1 予測誤差とフィルタリング値が満足すべき特性 ……… 91
  - 7.3.2 カルマンフィルターの導出 …………………………… 92
- 7.4 一般的な状態空間モデルからのカルマンフィルターの導出 ……… 95
  - 7.4.1 予測誤差とフィルタリング値が満足すべき特性 ……… 95
  - 7.4.2 カルマンフィルターの導出：回帰モデルの場合 …… 96
- 文 献 解 題 …………………………………………………… 98

8. カルマンフィルターの導出―ベイジアンアプローチ― ……………… 99

- 8.1 は じ め に ………………………………………………… 99
- 8.2 なぜベイズ公式を適用できるのか？ …………………………… 100
  - 8.2.1 ベイズ公式の意味 ……………………………………… 100
  - 8.2.2 ベイズ公式とカルマンフィルターの関係 …………… 101
- 8.3 ベイズ公式によるカルマンフィルターの導出 ………………… 101
- 文 献 解 題 …………………………………………………… 104

数学付録：A8-1　ベイズ公式の導出 …………………………………… 104
数学付録：A8-2　式（8.8）の導出 ……………………………………… 105
数学付録：A8-3　式（8.16），状態変数の期待値のフィルタリング公式
　　　　　　　　の導出 …………………………………………………… 106

9. カルマンフィルター—行列による表現と導出— ……………… 107
9.1　は じ め に ………………………………………………………… 107
9.2　行列を用いた一般的な表現 ……………………………………… 109
　9.2.1　多変量回帰モデル …………………………………………… 109
　9.2.2　連立方程式モデル …………………………………………… 110
　9.2.3　より一般的な表現 …………………………………………… 112
9.3　行列を用いたカルマンフィルターの導出 ……………………… 115
　9.3.1　1期先予測公式 ……………………………………………… 115
　9.3.2　フィルタリング公式 ………………………………………… 116
数学付録：A9-1　多変量正規分布の条件付き期待値と条件付き分散 …… 117

10. 拡張カルマンフィルター—非線形をどう取り扱うか？— ………… 118
10.1　は じ め に ……………………………………………………… 118
10.2　対数変換により線形化できる場合 …………………………… 119
10.3　テーラー展開の考え方 ………………………………………… 120
10.4　非線形の状態空間モデル ……………………………………… 122
　10.4.1　観測方程式の線形化と1期先予測値，予測誤差 ………… 122
　10.4.2　状態方程式の線形化 ……………………………………… 123
10.5　拡張カルマンフィルターの導出過程 ………………………… 125
10.6　事例研究：実現ボラティリティの推定—Tsay (2005) Example 11.1 の
　　　拡張— …………………………………………………………… 126
10.7　拡張カルマンフィルターの行列を用いた表現 ……………… 128
10.8　事例研究：確率インプライド・ボラティリティの推定 …… 130
　10.8.1　オプションとは？ ………………………………………… 130
　10.8.2　ブラック＝ショールズ・モデル ………………………… 132
　10.8.3　拡張カルマンフィルターの適用—確率インプライドボラティ
　　　　　リティの推定— …………………………………………… 133
文 献 解 題 ……………………………………………………………… 135

第 II 部　カルマンフィルターの応用

11. 応用上の問題点と解決法 ……………………………………… 138
  11.1　はじめに ……………………………………………………… 138
  11.2　検討すべき問題点 …………………………………………… 139
    11.2.1　入力データの問題 …………………………………… 139
    11.2.2　モデル設定の問題 …………………………………… 140
    11.2.3　観測誤差と状態誤差推定の問題 …………………… 140
    11.2.4　固定パラメータの初期値設定の問題 ……………… 142
    11.2.5　誤差項の分散が負の値として推定される問題 …… 147
    11.2.6　誤差項の分散推定の問題 …………………………… 147
  11.3　状態変数 β_t の初期値推定 ………………………………… 148
    11.3.1　定常過程 ……………………………………………… 148
    11.3.2　非定常過程：3 通りの場合を考える ……………… 149
  11.4　前提条件が満たされているかどうか ……………………… 149
  数学付録：A11-1　状態変数の初期分布：$\beta_{1|0} \sim N(y_1, \sigma_e^2 + \sigma_\varepsilon^2)$ と仮定
      したときの $\hat{\beta}_{1|0} = y_1$ とすることの妥当性 ……………… 150

12. 経済分析への応用 ……………………………………………… 152
  12.1　はじめに ……………………………………………………… 152
  12.2　消費関数の推定：限界消費性向は変化する！ …………… 152
  12.3　生産関数の推定 ……………………………………………… 154
  12.4　見えない経済変数の推定：ロシアの資本ストックの推定 … 156
  12.5　中国の GDP の推定 ………………………………………… 157
  12.6　予想インフレ率の推定 ……………………………………… 158
    12.6.1　フィシャー方程式 …………………………………… 158
    12.6.2　実証結果：予想インフレ率の推定 ………………… 159
  12.7　HP フィルターとカルマンフィルター …………………… 161
    12.7.1　HP フィルターとは ………………………………… 161
    12.7.2　HP フィルターのカルマンフィルターによる推定 ……… 162
  文 献 解 題 …………………………………………………………… 164

13. ファクター・モデル ……………………………………… 166
13.1 はじめに ………………………………………………… 166
13.2 ファクター・モデルによる確率ベータの推定 ………… 167
13.2.1 伝統的な方法：固定ベータの推定 ……………… 167
13.2.2 状態空間モデルによる定式化：三井不動産の事例 ……… 168
13.3 新しいイベント研究 ……………………………………… 170
13.3.1 平均回帰する確率ベータ ………………………… 171
13.3.2 イベントの平均回帰する確率ベータへの影響の推定方法 …… 171
13.3.3 イベントのアンシステマティックリスクへの影響の測定方法 … 172
13.3.4 データと実証結果 ………………………………… 172
13.4 確率ベータのさらなる応用 ……………………………… 177
13.4.1 マルチファクター・モデル ……………………… 177
13.4.2 スマートベータ …………………………………… 178
13.5 未知のファクターを探る ………………………………… 178
文献解題 …………………………………………………………… 181

14. 債券と金利期間構造分析 …………………………………… 182
14.1 はじめに ………………………………………………… 182
14.2 金利期間構造モデルのファクター・モデル …………… 184
14.2.1 ネルソン＝シーゲル・モデル …………………… 184
14.2.2 ネルソン＝シーゲル・モデルの推定 …………… 185
14.3 短期金利の確率過程の推定 ……………………………… 188
14.3.1 短期金利の重要性 ………………………………… 188
14.3.2 バシシェック・モデル …………………………… 189
14.3.3 状態空間モデル …………………………………… 190
14.4 債券価格モデル …………………………………………… 191
文献解題 …………………………………………………………… 192

15. 先物価格の決定と先物ヘッジ ……………………………… 193
15.1 先物取引とは ……………………………………………… 193
15.2 先物価格からの現物価格の推定 ………………………… 194
15.2.1 先物価格と現物価格の関係 ……………………… 194
15.2.2 先物価格からの現物価格の推定：その考え方 … 194

- 15.3 コンビニエンス・イールドの期間構造とリスク回避度の推定 …… 197
  - 15.3.1 コモディティ価格の確率過程 …………………………… 197
  - 15.3.2 満期の異なる複数の先物取引がおこなわれている場合 ……… 198
- 15.4 先物ヘッジ比率の推定 ……………………………………………… 199
  - 15.4.1 リスク最小ヘッジ比率 ……………………………………… 199
  - 15.4.2 金先物ヘッジ比率の推定の実例 …………………………… 200
- 文献解題 ……………………………………………………………………… 202
- 数学付録：A15-1 式（15.8）の導出 ………………………………… 202

16. ペアトレーディング …………………………………………………… 204
- 16.1 はじめに ………………………………………………………………… 204
- 16.2 カルマンフィルターを用いたペアトレーディング ………………… 205
  - 16.2.1 スプレッドの定義 …………………………………………… 205
  - 16.2.2 ペアトレーディングのモデリング ………………………… 206
- 文献解題 ……………………………………………………………………… 208

参考文献 ……………………………………………………………………… 209

索引 …………………………………………………………………………… 216

I
カルマンフィルターの理論

1

カルマンフィルターとは，何ができるのか？

> **この章で何を学ぶのか？**
> 1. 2つの応用事例を通じてカルマンフィルターとは何かを知る．
> 2. この2つの応用事例を「状態空間モデル」によって定式化する．
> 3. 「状態空間モデル」をカルマンフィルターによって「解く」とは何かを，よく知られた最小二乗法との対比で理解する．

1.1 はじめに

カルマンフィルター（Kalman filter）とは何か？ その厳密な議論は2章以降の章にあずけ，まず「カルマンフィルターを使うと何ができるのか」を知ることにしよう．

カルマンフィルターは時間とともに値が変化をする時系列（time series）データ分析の一手法である．カルマンフィルターの人文・社会科学における適用には2つの目標がある．第1は固定パラメータ（変数間の関係の度合いや方向を決定するもの）が，①確率的，かつ②時間とともに変化するようにすることである．第2は，観測できない未知の変数を，観測できるものから推定することである．これら2つの目標に照らして，この章では社会科学におけるその具体的な応用事例を見ることから「カルマンフィルターとは何か」を理解する．

1.2 2つの応用例

カルマンフィルターがその威力を発揮できる最も顕著な事例は時系列回帰分析である．以下1.2.1項と1.2.2項で消費関数と資産価格の推定事例を用いて説明しよう．

1.2.1 回帰係数の不安定性の推定

消費関数とは消費が何によって決まるかを示すものである．最も簡単な消費関数は，C_t を t 期の消費（consumption），YD_t を t 期の可処分所得（disposal income）とすると，次のように表される．

$$C_t = a + bYD_t \tag{1.1}$$

ここで，a と b は消費と所得の間の関係を決める固定パラメータであり，消費と所得の過去のデータから具体的な時間を通じて不変な値を何らかの統計手法によって推定する．式 (1.1) は高校数学で学ぶ直線の方程式 $y = a + bx$ と同じである．したがって，右辺の最初のパラメータ a は Y 切片を表し，x が 0 のときの y の値を表す．他方，パラメータ b は右辺の（独立あるいは説明）変数 x が 1 単位増加したときの（従属，被説明）変数 Y がどれだけ増加するかを表している．経済学では，係数 b は所得が 1 円増加したときに消費が何円増加するかを示し，限界消費性向（MPC：marginal propensity to consumption）と呼ばれている．一方，Y 切片である a は所得 YD が 0 のときの消費水準，つまり人間が生きていくために最低限必要な消費水準（生存消費）を表している．

消費関数の形状を決めるパラメータ a, b を，適切な統計手法，例えば最小二乗法によって推定する．誤差（撹乱）項 $\tilde{e}_t$ を加えた次のような線形回帰モデルを考えてみよう．

$$\tilde{C}_t = a + bYD_t + \tilde{e}_t \tag{1.2}$$

ここで C_t と e_t の上の記号チルダ（tilde）はそれが確率変数であることを示している．最小二乗法を適用することによって得られたパラメータ a と b の推定値 $\hat{a}$ と $\hat{b}$ は一定値（定数）である．

しかし景気が良い（悪い）ときには，そうでないときに比べて限界消費性向 b も，最低消費水準 a も増加（減少）するだろう．そうした可能性を示すモデルでは，式 (1.1) のパラメータ a と b が，次の式で表されるように時間とともに変わりうると考える．

$$\tilde{C}_t = \tilde{a}_t + \tilde{b}_t YD_t + \tilde{e}_t \tag{1.3}$$

式 (1.2) では定数（固定パラメータ）であった a と b が，式 (1.3) では時間に関する添え字 t が付いた確率変数 $\tilde{a}_t, \tilde{b}_t$ に変わっていることに注意しよう．

しかし，通常の統計手法，例えば最小二乗法では，こうした定式化は不可能ではないが困難である．他方カルマンフィルターを用いると，a と b が時間依存 a_t, b_t となるとともに，a_t, b_t が確率的に変化する $\tilde{a}_t, \tilde{b}_t$ になることも可能である．カルマンフィルターではこれら $\tilde{a}_t, \tilde{b}_t$ を状態変数（state variables）と呼び，そ

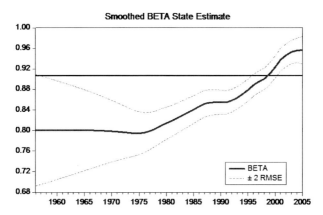

図 1.1 カルマンフィルターによる確率的な限界消費性向の期待値とその ±2 標準誤差
X 軸と平行な直線は線形回帰分析による限界消費性向 b の推定値.

の毎期の値を推定する.

図 1.1 で曲線 BETA がカルマンフィルターによって推定された時間とともに確率的に変化する限界消費性向 $\tilde{b}_t$ の期待値を示している[1]. カルマンフィルターは期待値と分散も時間とともに変化すること（非定常性）を許容している. これに対して, 図 1.1 の時間軸（X 軸）と平行な中央上部に位置した直線は式 (1.2) の係数 $b=0.908$, すなわち一定の限界消費性向を表している. このように, 通常の回帰分析では一定と仮定したパラメータが, カルマンフィルターを用いることによって時間とともに変化する実際の姿を再現できるようになる.

なお, カルマンフィルターによる確率的な回帰係数については, 経済学における応用例を第 12 章で, ファイナンスにおける適用例を第 13 章と第 14 章で説明する.

1.2.2 真の資産価格の推定

彼の名前を冠したオプション価格決定モデルで有名であるフィシャー・ブラッ

---

[1] ここでの推定結果はいわゆる「見せかけの相関」(森崎, 2012) 問題を考慮していない. 戦後日本の多くのマクロ経済変数は傾向 (trend) をもつものが多い. こうした傾向をもつマクロ経済変数を用いた回帰分析は, 決定係数が非常に高くなり, 一見すると非常に「良い」推定結果であるように見えるが, 必ずしも正しい結果をもたらさない. 特に「見せかけの相関」があると次節の式 (1.5) の観測方程式の誤差項の分散が極めて小さくなることによりカルマンフィルター推定に重要な問題をもたらす. 第 11 章ではこの問題を考慮した推定結果を考えている. ここでは, カルマンフィルターによる推定結果が, 線形回帰分析とどこが異なるかを示すためだけであることに注意されたい.

ク（Fischer Black）は「効率的市場とは現在の価格がその真の価値の半分から2倍の範囲にあるような市場である」(Black, 1986：p. 533) と述べている．これは例えば，観測された株価はその真の価格と誤差から成り立っていることを表している．このような場合であっても，次節で紹介する式（1.5）と式（1.6）からなる状態空間モデルにカルマンフィルターを適用し，観測誤差を除去した「真の株価」の確率的な変化を推定できる．

観測可能な t 期の株価を S_t としよう．状態空間モデルでは観測された t 期の株価 S_t が真の価格 $\tilde{\alpha}_t$ と誤差項 $\tilde{e}_t$ との合計で表されるとする．

$$\tilde{S}_t = \tilde{\alpha}_t + \tilde{e}_t \tag{1.4}$$

注意すべき点は，観測できる変数はあくまでも上の式（1.4）の左辺の S_t だけであり，右辺の α_t と誤差項 e_t は観測できない．このときに，カルマンフィルターによって時間とともに確率的に変動する株価の真の値 $\tilde{\alpha}_t$ の期待値と分散，誤差項 e_t の分散を推定する．

このように，経済学や金融経済学では観測できない未知の変数を議論する場合が多い．例えば，潜在成長率，インフレ期待率，自然失業率，危険回避度，デフォルト確率，超短期金利，確率ボラティリティ（変動性）などである．そうした未知の変数を，①観測できる経済変数と，②経済学やファイナンス理論をもとにして状態空間モデルとして定式化し，カルマンフィルターによって推定できる．

1.3 状態空間モデル

1.3.1 状態空間モデルとは？

カルマンフィルターを用いることにより，以上で説明した2つの問題における状態変数を推定することができる．この2つの問題は，状態空間モデル（SSM：States Space Model）として定式化できる．カルマンフィルターは状態変数に関して線形であり，その確率分布が正規分布に従うような状態空間モデルにおいて未知の状態変数の分布，すなわちその平均値と分散を推定するための統計手法である．以下では，線形の状態空間モデルの内でも，観測変数（方程式）が1つ，状態変数（方程式）が1つの簡単な事例にもとづいて説明をおこなう[2]．

観測方程式 $\qquad \tilde{Y}_t = c + \tilde{\beta}_t X_t + \tilde{e}_t \tag{1.5}$

状態方程式 $\qquad \tilde{\beta}_t = d + T\tilde{\beta}_{t-1} + \tilde{\varepsilon}_t \tag{1.6}$

この2つの方程式からなる線形の状態空間モデルにおいて，観測できるデータは

式（1.5）の左辺の Y_t と右辺の X_t だけである。外生変数は正確な値がこのモデルの外から与えられているのに対し，観測変数 Y_t は観測誤差 $\tilde{e}_t$ よって汚染されているが，カルマンフィルターを用いると，毎期 Y_t と X_t を観測することにより，観測誤差を取り除いた観測変数 Y_t にもとづいて未知の状態変数 $\tilde{\beta}_t$ の毎期の値を推定することができる。ただし，このとき状態変数が毎期どのような挙動を示すかを，状態空間モデルを構築する研究者は，式（1.6）に示す状態方程式によってあらかじめ決めなければいけない。また，式（1.5）と式（1.6）で毎期その値が変わらない定数である c, d, T と誤差項 $\tilde{e}_t$ と $\tilde{\varepsilon}_t$ の標準偏差を，カルマンフィルターよる状態変数の推定とともに第6章で説明する「最尤法」によって推定をおこなう。

式（1.5）は「観測（observation）方程式」あるいは「測定（measurement）方程式」や「信号（signal）方程式」などと呼ばれている。

式（1.6）は回帰係数である状態変数 $\tilde{\beta}_t$ が時間とともに，確率的に「どのように」変化するのかを示しており「状態（state）方程式」や「推移（transition）方程式」あるいは「システム（system）方程式」と呼ばれている。式（1.6）で，今期の状態変数である回帰係数の変動は，定数 c に前期の回帰係数を T 倍したものに，状態誤差項 ε_t を加えたものと考えているが，第2章に示すように異なる定式化も可能である。

以上のことをふまえて，先の2つの事例を状態空間モデルで表現してみよう。

a. 消費関数を状態空間モデルで表現する

式（1.3）で示したように，時間とともに確率的に変化する限界消費性向 $\tilde{b}_t$ を有する消費関数は，式（1.5）と式（1.6）からなる状態空間モデルを用いると，次のように表すことができる。

観測方程式 $\quad \tilde{C}_t = a + \tilde{b}_t YD_t + \tilde{e}_t \quad$ (1.7)

状態方程式 $\quad \tilde{b}_t = \tilde{b}_{t-1} + \tilde{\varepsilon}_t \quad$ (1.8)

観測方程式を示す式（1.5）で $Y_t \equiv C_t$, $c \equiv a$, $\beta_t \equiv b_t$, $X_t = YD_t$ と置き，さらに状態方程式を示す式（1.6）で $d=0$, $T=1$ と置くことにより，限界消費性向は「ランダムウォーク」(random walk ; 酔歩) に従っていることを記述している[3]。式（1.8）の状態方程式を

---

[2] より正確には，①状態変数が正規分布に従うか，あるいは②状態変数が正規分布以外の分布に従っているとしてもその平均と分散だけを考慮してカルマンフィルターを適用する。ただし，第10章では状態変数に関して非線形の状態空間モデルに対してカルマンフィルターを適用する「拡張カルマンフィルター」について説明する。

$$b_t = b_{t-1} \tag{1.9}$$

とすれば，式（1.7）と式（1.9）で示される状態空間モデルは，通常の線形回帰式（1.2）と同じになる．したがって，通常の線形回帰分析は状態空間モデルの特別な場合であると考えることができる．

b. 「真の資産価格の推定」を状態空間モデルで表現する

「真の資産価格を推定する」ための式（1.4）は，状態空間モデルを用いると，次のように書き直すことができる．

$$\text{観測方程式} \quad \tilde{S}_t = \tilde{\alpha}_t + \tilde{e}_t \tag{1.10}$$

$$\text{状態方程式} \quad \tilde{\alpha}_t = d + T\tilde{\alpha}_{t-1} + \tilde{\varepsilon}_t \tag{1.11}$$

ここで，式（1.10）は式（1.5）の状態空間モデルの観測方程式で $Y_t \equiv S_t$, $X_t = 1$, $\beta_t \equiv \alpha_t$, $d = 0$ と置くことで再現できる．観測された資産価格（観測変数）から真の資産価格 $\tilde{\alpha}_t$ の分布の平均と分散の時間推移を推定できる．なお式（1.11）は第2章に示すように「真の資産価格」が平均回帰傾向を示すことを記述している[4]．

1.3.2 最小二乗法によって状態空間モデルを解く

式（1.5）と式（1.6）からなる状態空間モデルを最小二乗法で解くことは不可能でないが相当困難であることを1.2.1項で指摘した．このことを次のような簡単な状態空間モデルを用いて説明しよう．

説明を簡単にするために，観測方程式（1.5）において $c=0$，状態方程式（1.6）において $d=0, T=1$ としよう．また誤差項 (e_t, ε_t) の分散は等しく一定であると仮定しよう．つまり次のような簡単な状態空間モデルを考える．

$$\text{観測方程式} \quad \tilde{Y}_t = \tilde{\beta}_t X_t + \tilde{e}_t$$

$$\text{状態方程式} \quad \tilde{\beta}_t = \tilde{\beta}_{t-1} + \tilde{\varepsilon}_t$$

時間は $t = 1, 2, \cdots$ と進んでいくが，最初の時点 $t=1$ においては初期時点 $t=0$ の値がわかっていなければならない．ここでは状態方程式の初期値の推定値 β_0 が所与としよう．時間推移 $t=1, 2, 3$ における観測方程式と状態方程式は次のように書くことができる．

---

[3] ランダムウォークとは，次の期の状態は現在の状態に平均0，分散が有限な誤差項を加えたもので表現できることである．言い換えるならば，現在から見て将来の状態を予測するには，現在の値を言うのが一番正しいということを意味している．

[4] 状態変数の平均回帰傾向をどのように記述できるのか，またどのように解釈すべきかについては，第2章2.4.2項の「状態方程式の特定化」を参考．

$t=1 \quad Y_1 = \beta_1 X_1 + e_1$
$\qquad\qquad -\beta_0 = -\beta_1 + \varepsilon_1 \quad \Leftarrow \quad \beta_1 = \beta_0 + \varepsilon_1$
$t=2 \quad Y_2 = \beta_2 X_2 + e_2$
$\qquad\qquad 0 = \beta_1 - \beta_2 + \varepsilon_2 \quad \Leftarrow \quad \beta_2 = \beta_1 + \varepsilon_2$
$t=3 \quad Y_3 = \beta_3 X_3 + e_3$
$\qquad\qquad 0 = \beta_2 - \beta_3 + \varepsilon_3 \quad \Leftarrow \quad \beta_3 = \beta_2 + \varepsilon_3$

6本の方程式と3つの未知数 ($\beta_1, \beta_2, \beta_3$) がある．未知数の数より方程式の数が多いので，最小二乗法によって未知数を求めることにする．上の式を行列を用いて表現すると，

$$\underbrace{\begin{bmatrix} Y_1 \\ -\beta_0 \\ Y_2 \\ 0 \\ Y_3 \\ 0 \end{bmatrix}}_{\mathbf{y}} = \underbrace{\begin{bmatrix} X_1 & 0 & 0 \\ -1 & 0 & 0 \\ 0 & X_2 & 0 \\ 1 & -1 & 0 \\ 0 & 0 & X_3 \\ 0 & 1 & -1 \end{bmatrix}}_{\mathbf{X}} \underbrace{\begin{bmatrix} \beta_1 \\ \beta_2 \\ \beta_3 \end{bmatrix}}_{\boldsymbol{\beta}} + \underbrace{\begin{bmatrix} e_1 \\ \varepsilon_1 \\ e_2 \\ \varepsilon_2 \\ e_3 \\ \varepsilon_3 \end{bmatrix}}_{\mathbf{u}} \qquad (1.12)$$

となり，これは

$$\underset{(6 \times 1)}{\mathbf{y}} = \underset{(6 \times 3)}{\mathbf{X}} \underset{(3 \times 1)}{\boldsymbol{\beta}} + \underset{(6 \times 1)}{\mathbf{u}} \qquad (1.13)$$

と書くことができる．ここで $\mathbf{y}$ と $\mathbf{u}$ は要素の (6×1) の列ベクトル，$\mathbf{X}$ は (6×3) の行列，$\boldsymbol{\beta}$ は (3×1) の列ベクトルである．誤差項 $\mathbf{u}$ の分散が一定かつ系列相関がなければ，通常の最小二乗法が適用でき，係数ベクトルの推定値は $\hat{\boldsymbol{\beta}} = (\mathbf{X}'\mathbf{X})^{-1}\mathbf{X}'\mathbf{y}$ によって計算できる．ここで $(\ )^{-1}$ は $(\ )$ 内の逆行列を示す．例えば，従属変数を $Y_1 = 42$, $Y_2 = 46$, $Y_3 = 48$ とし，対応する独立変数を $X_1 = 50$, $X_2 = 51$, $X_3 = 52$, $\beta_0 = 0.88$ としたとき，最小二乗法によって推定された可変回帰係数は次のようであった．

$$\beta_1 = 0.840, \qquad \beta_2 = 0.902, \qquad \beta_3 = 0.923$$

これに対し通常の線形回帰分析による傾きの推定値は $\beta = 0.889$ であった．時間とともに変わりうる回帰係数を，最小二乗法によって推定できた．ただし，このような方法には以下のような問題がある．

問題1： 状態変数ベクトル $\boldsymbol{\beta}$ の推定にあたって $\mathbf{X}'\mathbf{X}$ の逆行列の計算が必要になる．$\mathbf{X}'\mathbf{X}$ の次数は推定すべき状態変数の2倍である．例えば100日間の観測値があれば，$\mathbf{X}'\mathbf{X}$ は 200×200 の正方行列になる．こうした大きな行列の逆行

列計算は困難である．101日目のデータが追加されると $\mathbf{X}'\mathbf{X}$ は 202×202 の行列の逆行列を計算しなければならない．しかし，カルマンフィルターを適用することにより，こうした大きな行列の逆行列計算を必要としない係数 β_t の逐次推定が可能になる．

問題2：　通常の最小二乗法を適用するためには，誤差項の分散が時間とともに変化しないこと（均一分散）や異なる時点の誤差項が相関をもたないこと（系列相関がないこと）などを仮定する必要がある．カルマンフィルターを適用すれば，観測方程式 e_t と状態方程式の誤差項 ε_t の分散が異なること，あるいはそれらの間の相関を認めた上で状態変数の推定が可能になる[5]．

カルマンフィルターはこうした問題を解決する有効な状態変数の推定方法である．以下にその詳細を述べることにする．

---

[5] こうした問題を考慮した最小二乗法として一般化最小二乗法（GLS：generalized least squares）がある．また逐次最小二乗法によってこの場合でも逐次推定が可能になる．GLS あるいは逐次最小二乗法とカルマンフィルターとの関係については Harvey（1981）の第7章，Harvey（1993）の第4章，あるいは Kim and Nelson（1999）の第3章を参照．

2

状態空間モデルとカルマンフィルターの概観

この章で何を学ぶのか？
1. カルマンフィルター公式を導出するための準備として，線形の状態空間モデルとは何かを，次の2点について学ぶ．
2. 観測方程式と状態方程式を構成する変数の意味とその独特な「表記法」を理解する．また情報集合の概念を理解する．
3. 状態空間モデルに対してカルマンフィルターを適用した結果得ることができる状態変数の「1期先予測値」「フィルタリング」「スムージング」が何を意味するのか理解する．

2.1 はじめに

この章の目的はカルマンフィルター公式が何を意味するのかを，詳しい導出に先立って理解することにある．

第1章と重複する部分があるが，「線形回帰式」と「状態空間モデル」を比較することで，互いに何が似ているのか，何が異なるのかを理解する．また公式を導くために必要となる独特の変数や方程式の表記方法に慣れる．

2.2 線形回帰分析と状態空間モデル

2.2.1 線形回帰分析

最も簡単な回帰分析，つまり独立変数（説明変数，共変動とも呼ばれる）が1つでかつ線形の回帰モデルを考えてみよう．通常それは次のように書ける．

$$\widetilde{Y}_t = \alpha + \beta X_t + \tilde{e}_t \tag{2.1}$$

Y_t は従属（被説明）変数（例えば t 期の消費）であり，X_t は独立（説明）変

数（例えば t 期の所得）である．$\tilde{e}_t$ は X_t のみでは説明できない Y_t の変動の大きさを示す誤差（攪乱）項である．Y_t と X_t に関する N 期間のデータ Y_t, X_t ($t=1,2,\cdots,N$) が与えられたとき，定数項（Y 切片）α と直線の傾き β と誤差項の分散 σ_e^2 を推定するのが回帰分析の目的である．直線の形状を決めるパラメータ α と β は時間に依存しない定数と考える．パラメータの不確実性は母集団から Y_t と X_t が標本抽出されたことから生じる α と β の「標本抽出誤差（sampling error）」と考える[6]．回帰分析では，それらは係数の標準誤差として計算される．パラメータの統計的有意性は誤差項が正規分布するという仮定のもとで t 検定によって検証できる．

2.2.2 状態空間モデルによる定式化

すでに 1.3 節で述べたように，2 変量線形回帰分析の拡張としての状態空間モデルは $t=1,2,\cdots,N$ に対して次のように定式化される．

観測方程式 $\quad \tilde{Y}_t = c + \tilde{\beta}_t X_t + \tilde{e}_t$ \hfill (2.2)

状態方程式 $\quad \tilde{\beta}_t = d + T\tilde{\beta}_{t-1} + \tilde{\varepsilon}_t$ \hfill (2.3)

ここで観測方程式の誤差項 e_t と状態方程式の誤差項 ε_t に関して以下を仮定する[7]．

$$\begin{aligned}
&\tilde{e}_t \sim N(0, \sigma_e^2), \qquad \tilde{\varepsilon}_t \sim N(0, \sigma_\varepsilon^2) \\
&Cov[\tilde{e}_t, \tilde{\varepsilon}_s] = E[\tilde{e}_t \tilde{\varepsilon}_s] = 0, \quad \text{all } s, t \\
&E[\tilde{e}_t \tilde{e}_s] = 0, \quad \text{all } s \neq t \\
&E[\tilde{\varepsilon}_t \tilde{\varepsilon}_s] = 0, \quad \text{all } s \neq t
\end{aligned} \qquad (2.4)$$

また式（2.3）は 1 階の差分方程式であるので，それが $t=1,2,\cdots,N$ に対して成立するためには，最初の時点（初期時点 $t=0$）における状態変数 $\tilde{\beta}_0$ の期待値 $\hat{\beta}_0$ とその分散 $\hat{\Sigma}_0$ を知る必要がある[8]．それらはモデルの外から与えられかつ正規

---

[6] 独立変数は通常の線形回帰分析では標本抽出において固定されており，毎回の標本抽出で変わらないと仮定する．独立変数が標本誤差を含む問題，error in variables については計量経済学のテキストを参照のこと．

[7] 誤差項の正規性を仮定することなくカルマンフィルターを導出できる．詳しくは第 7 章で議論する．

[8] 状態変数 $\tilde{\beta}_t$ は初期時点 $t=0$ を含み，いかなる時点（$t=1,2,\cdots,N$）においても不確実であるため，その具体的な値を，観測変数値を知る前（事前）であっても知った後（事後）であっても，知ることはできない．その意味で，「観測できない変数」あるいは「観測できない要素（unobservable components）」と呼ばれている．カルマンフィルターの目的は不確実に変化する状態変数 $\tilde{\beta}_t$ の，時点 $t=0$ を除く，各時点での「期待値」と「分散」を推定することである．もし状態変数 $\tilde{\beta}_t$ の正規性を仮定できれば，その平均と分散を推定することにより，$\tilde{\beta}_t$ の分布の時間推移を知ることができる．

分布に従うものとしよう．そうすると以下のようになる．
$$\tilde{\beta}_0 \sim N(\hat{\beta}_0, \hat{\Sigma}_0) \tag{2.5}$$
また初期時点の状態変数は全ての時点の観測誤差，状態方程式誤差と相関をもたない．つまり，
$$E[\bar{e}_t\tilde{\beta}_0]=0, \quad E[\varepsilon_t\tilde{\beta}_0]=0, \quad \text{all } t \tag{2.6}$$
である．すなわち観測誤差項 e_t，状態誤差項 ε_t は平均 0，分散が一定の正規分布に従い，互いに無相関である．また誤差項は異なる時点 $t \neq s$ の間で相関をもたない（系列相関がない）．この仮定のもとでカルマンフィルターにより時間とともにかつ確率的に変化する状態変数 β_t の平均と分散を逐次推定する．

では，次の章から始まる公式の導出に先立ち，状態空間モデルにおける観測方程式と状態方程式，そしてそれらの誤差項の意味について検討しよう．

2.3 観測方程式の意味：再度確認しよう

式（2.2）で示される観測方程式は，係数 β_t が時間とともに確率的に変化する回帰モデルと考えることができる．式（2.3）の状態方程式は確率変動する回帰係数がどのような振る舞いをするかを記述している．

式（2.2）の Y_t は，式（2.1）の回帰分析の説明で用いた言葉で言えば，「従属（被説明）変数」である．毎期 t 期にその具体的な値を観測できる．例えば Y_t をソニーの株価とすれば，その終値は毎日午後3時にその確定値 $\tilde{Y}_t = y_t$ を知ることができる．しかし，明日以降のソニーの株価は未知である．こういう場合に式（2.2）によってその振る舞いを説明できる．X_t を日経平均株価指数とすれば，式（2.2）はいわゆる1要因モデルである．つまり，ソニーの株価 Y_t は，①定数 α，②ファクター（要因）である日経平均 X_t に連動して変化する部分 $\tilde{\beta}_t X_t$，③不確実な誤差項 $\bar{e}_t$，の3つによって説明できる．なお，ここで観測誤差項 $\bar{e}_t$ は平均 0，分散 σ_e^2 の正規分布に従うと仮定する．
$$\bar{e}_t \sim N(0, \sigma_e^2) \tag{2.7}$$
また，異なる時点 $s \neq t$ 間の誤差項の相関（系列相関）がないことも仮定する．
$$E[\bar{e}_t \bar{e}_s]=0, \quad \text{all } s \neq t \tag{2.8}$$

2.4 状態変数と状態方程式

2.4.1 状態方程式

式 (2.3) の状態方程式は不確実な状態変数 β_t が時間とともに確率的にどのように変化するかを記述している．状態変数 β_t は回帰直線の傾きと考えることができるから，状態空間モデルでは回帰直線の傾きが時間とともに不確実に変化すると考える．

t 期の状態変数は，状態方程式 $\tilde{\beta}_t = d + T\tilde{\beta}_{t-1} + \tilde{\varepsilon}_t$ の右辺で示される 3 つの要因，①定数 d，②1 期前の状態変数 β_{t-1} とその感応度を示す係数 T，③状態変数の不確実性を示す状態誤差項 ε_t，によってその時間推移と不確実性を説明する．

ここで状態方程式の誤差項 $\tilde{\varepsilon}_t$ は観測方程式の誤差項と同様，

$$\tilde{\varepsilon}_t \sim N(0, \sigma_\varepsilon^2) \qquad (2.9)$$

の正規分布に従うと仮定する．また，その異なる時点間の相関，系列相関もないと仮定する．

$$E[\tilde{\varepsilon}_t \tilde{\varepsilon}_s] = 0, \qquad \text{all } s \neq t \qquad (2.10)$$

さらに観測方程式と状態方程式の誤差項の間の相関もまた 0 と仮定する．

$$E[\tilde{e}_t \tilde{\varepsilon}_s] = 0, \qquad \text{all } s, t \qquad (2.11)$$

2.4.2 状態方程式の特定化

式 (2.1) で示される回帰分析と異なり，状態空間モデルでは回帰係数（状態変数）が時間とともに確率的に変化することを許容する．状態変数がどのような振る舞いをするかを式 (2.3) で設定するが，これは唯一の定式化ではない．状態方定式が状態変数に関して線形であるという条件の範囲内であれば，例えば次の 1) から 6) のような定式化が可能である．

1) **定数＋誤差**： 式 (2.3) で $T=0$ とすると，次の結果が得られる．

$$\tilde{\beta}_t = d + \tilde{\varepsilon}_t \qquad (2.12)$$

つまり，t 期の未知の状態変数は一定値 (d) とそのまわりをランダムに散らばる誤差によって説明される．

2) **1 階の自己回帰**： 式 (2.3) で $d=0$ とすると，

$$\tilde{\beta}_t = T\tilde{\beta}_{t-1} + \tilde{\varepsilon}_t \qquad (2.13)$$

が得られる．これは状態変数に関する 1 階の自己回帰（AR(1)：autoregressive with order 1）式を示している．

3) **ランダムウォーク**： 式 (2.3) で $d=0$，$T=1$ とすると，

$$\tilde{\beta}_t = \tilde{\beta}_{t-1} + \tilde{\varepsilon}_t \qquad (2.14)$$

となる.つまり今期の未知の状態変数は,1期前の未知の状態変数に,平均0,σ_e^2 の正規分布に従う誤差を足したものである.ファイナンスの世界では,資産価格の変化あるいはその変化率はランダムウォークすると仮定することが多い.

4) **ランダムウォーク＋ドリフト**：

$$\tilde{\beta}_t = d + \tilde{\beta}_{t-1} + \tilde{\varepsilon}_t \qquad (2.15)$$

式 (2.3) で $T=1$ とすれば,未知の状態変数は傾向をもって増加 ($d>0$) あるいは減少 ($d<0$) する.実際の動きはその傾向に誤差を足したものになる.

5) **平均回帰**： 式 (2.3) の状態方程式を次のように定式化してみよう.

$$\Delta \tilde{\beta}_t = a(\bar{\beta} - \tilde{\beta}_{t-1}) + \tilde{\varepsilon}_t \qquad (2.16)$$

ここで,$\Delta \tilde{\beta}_t \equiv \tilde{\beta}_t - \tilde{\beta}_{t-1}$ は状態変数の1階差を示している.定数 $\bar{\beta}$ は状態変数 $\tilde{\beta}_t$ の「長期平均」を示し,定数 a は平均回帰（mean reverting）の単位時間あたりの「強さ（あるいは速さ）」を表している.このような状態変数の振る舞いは図2.1で説明されている.定数 $\bar{\beta}$ と a は第6章で説明される方法でカルマンフィルターによる状態変数の推定とともに最尤法を用いて推定できる.ただし,式 (2.16) は次のように変形できることに注意しよう.

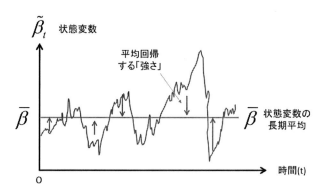

図 2.1 平均回帰する状態変数（式 (2.16)）

$$\Delta \tilde{\beta}_t = a(\bar{\beta} - \tilde{\beta}_{t-1}) + \tilde{\varepsilon}_t \;\Rightarrow\; \tilde{\beta}_t - \tilde{\beta}_{t-1} = a\bar{\beta} - a\tilde{\beta}_{t-1} + \tilde{\varepsilon}_t$$
$$\tilde{\beta}_t = a\bar{\beta} + (1-a)\tilde{\beta}_{t-1} + \tilde{\varepsilon}_t \qquad (2.17)$$

この式 (2.17) において,t 期の状態変数 $\tilde{\beta}_t$ は,その長期平均 $\bar{\beta}$ と1期前の状態変数 $\tilde{\beta}_{t-1}$ を長期平均に回帰する強さを示す重み a と $1-a$ で加重平均したものである.式 (2.3) の $\tilde{\beta}_t = d + T\tilde{\beta}_{t-1} + \tilde{\varepsilon}_t$ において $d = a\bar{\beta}$,$(1-a) = T$ と置け

ば，式 (2.17) と式 (2.3) の2つは同じであることがわかる．

6) 通常の線形回帰分析としての定式化： 式 (2.3) の状態方程式が次のように定式化されていたとしよう．

状態方程式 　　$\tilde{\beta}_t = \tilde{\beta}_{t-1}$, 　　all t 　　　　　　　　　　　　(2.18)

これは式 (2.14) に誤差項 ε_t がない形になっている．つまり状態変数は全ての時点で同じ値 $\beta_t = \beta$ をとる．もしこのような状態方程式と式 (2.2) の観測方程式を用いてカルマンフィルターの計算をおこなうと何が生じるだろうか？ 結果は式 (2.1) の通常の2変量線形回帰分析をおこなったことに等しい．この意味で状態空間モデルは線形の回帰分析をその特殊な場合として含むより幅広いモデリング手法である．

2.4.3 状態方程式の時間を表す添え字 t

カルマンフィルターに関する文献では，状態変数の時間経過を示す下付きの添え字 t について異なる表記をおこなうことがある．これまで提示してきたように，本書でのカルマンフィルターの説明にあたっては，

状態方程式　　$\tilde{\beta}_t = d + T\tilde{\beta}_{t-1} + \bar{\varepsilon}_t$ 　　　　　　　　　　　　(2.19)

としたが，工学や経済学でのカルマンフィルターの応用にあたっては

状態方程式　　$\tilde{\beta}_{t+1} = d + T\tilde{\beta}_t + \bar{\varepsilon}_t$ 　　　　　　　　　　　　(2.20)

あるいは

状態方程式　　$\tilde{\beta}_{t+1} = d + T\tilde{\beta}_t + \bar{\varepsilon}_{t+1}$ 　　　　　　　　　　　　(2.21)

とする文献も多い．実はどちらの表現でもカルマンフィルターの導出と結果は，表記の仕方を除いて変わらない．この背後にある直観的な説明は以下のとおりである．脚注7で説明したように，状態変数 β_t は確率変数であり，いかなる時点 t であったしても，その具体的な値はわからない．カルマンフィルターの定式化においては状態変数が従う確率分布として正規分布を仮定するのがせいぜいであり，カルマンフィルターの目的はその平均と分散を毎期推定することである．したがって，状態方程式の左辺の添え字を t にするか，$t+1$ にするかは本質的な問題ではない[9]．

---

[9] 状態方程式の左辺の添え字を t にしたときと，$t+1$ にしたときのカルマンフィルター公式に与える影響の詳しい議論が Harvey (1990) 第3章の3.2.4項でなされている．

2.5 固定パラメータ

観測方程式と状態方程式には，時間に関する添え字 t がつかない5つの定数 $(c, \sigma_e^2, d, T, \sigma_\varepsilon^2)$ がある．これらを固定パラメータと呼ぶ[10]．固定パラメータには，①所与のものとして外生的に与える場合，②一部の固定パラメータを状態変数とみなし，式 (2.18) のような定式化をおこない推定する場合，③最尤法により，カルマンフィルターによる状態変数 β_t の推定とともに，適切な統計手法により推定する場合の3通りのケースがある[11]．自然科学や工学では，固定パラメータは物理定数や化学定数として所与の値とすることができる場合が多い．しかし，人文・社会科学への適用にあたってそれらは事前にはわからないことが多いので，③のケース，すなわち最尤法と呼ばれる統計手法を用いてパラメータを推定するケースが通常である．その具体的な推定方法については第6章で説明する．

2.6 状態空間モデルにおける独特の記法に慣れる

カルマンフィルターでは逐次計算をおこなう．そのため統計学や計量経済学におけるそのほかの手法とは異なり，状態変数や観測変数，また状態変数の期待値や分散について独特の記法（notations）を用いる．また記法は論文や書籍ごとに異なる．この本では，やや冗長にはなるが，できるだけ詳細かつわかりやすい記法を採用する．参考のため工学で用いられる記法と本書で採用する記法と対比した一覧を表2.1に示した．

2.7 情報集合 Ω_t

式 (2.2) と式 (2.3) からなる状態空間モデルを解くにあたりカルマンフィルターの目的は，状態変数 β_t の時間とともに変化する平均と分散，つまり非定常な分布を推定することである．この場合，t 期までに得られた情報集合 Ω_t の概念が重要な役割を果たす．なぜならばカルマンフィルターでは，ある特定の時点

---

[10] これらをハイパーパラメータ (hyper parameter) と呼ぶこともある．
[11] ②のケースは，式 (2.2) を $\tilde{Y}_t = c_t + \tilde{\beta}_t X_t + \bar{e}_t$，式 (2.3) を $\tilde{\beta}_t = d_t + T_t \tilde{\beta}_{t-1} + \bar{\varepsilon}_t$ $c_t = c_{t-1}$，$T_t = T_{t-1}$，$d_t = d_{t-1}$，とした上で，3つの状態方程式 $c_t = c_{t-1}$，$T_t = T_{t-1}$，$d_t = d_{t-1}$ を付け加えることにより固定パラメータを状態変数として推定できる．

2.7 情報集合 Ω_t

表2.1 本書で用いられる記法

	式番号	本書での記法	工学分野での記法
時間		t	k, n
観測変数	(2.2)	$\widetilde{Y}_t$	$Y_t, y_t, Z_t,$
観測変数の実現値		y_t	区別しない
状態変数	(2.3)	$\widetilde{\beta}_t$	X_k, x_k
情報集合	(2.22)	Ω_t	$\mathbf{Y}_t, \Psi_t, \mathbf{y}_t$
状態変数の期待値の 1期先予測	(2.24)	$\widehat{\beta}_{t\|t-1} \equiv E_{t-1}[\widetilde{\beta}_t\|\Omega_{t-1}]$	$X_{t\|t-1}, X_{t-1}, \widehat{X}^-(t), X(t\|t-1)$
状態変数の期待値の フィルタリング（更新）値	(2.24)	$\widehat{\beta}_{t\|t} \equiv E_t[\widetilde{\beta}_t\|\Omega_t]$	$X_{t\|t}, X, \widehat{X}(t), X(t\|t1)$
状態変数の分散の1期先予測	(2.27)	$\widehat{\Sigma}_{t\|t-1} \equiv Var_{t-1}[\widetilde{\beta}_t\|\Omega_{t-1}]$	$P_{t\|t-1}, P_{t-1}, P_t^-, P(t\|t-1)$
状態変数の分散の フィルタリング（更新）値	(2.28)	$\widehat{\Sigma}_{t\|t} \equiv Var_t[\widetilde{\beta}_t\|\Omega_t]$	$P_{t\|t}, P_t, P_t^-, P(t\|t)$

変数の上のチルダはその変数が確率変数であること，また^（ハット）はカルマンフィルターによる（平均や分散の）推定値であることを示す．

t での状態変数や観測変数の期待値や分散を，それ以前に得られた情報を用いた「条件付き期待値」や「条件付き分散」として表現するからである．

まず観測方程式である式 (2.2) の右辺の X_t の意味を考えてみよう．これは回帰分析の用語で言えば独立変数である．この X_t はこのモデル体系の外から毎期の値が与えられており，$\{X_t : t = 1, 2, \cdots, N\}$ は所与かつ確実に時間 t とともに変化する変数である．独立変数 X_t に関して何ら不確実性はなく，その過去の値，現在の値，将来の値は全てわかっていることになる．

これに対し，式 (2.2) の左辺の Y_t は，右辺の t 期の誤差項 e_t と状態変数 β_t が確率変数であるため不確実である．

ただし t 期始めになって，その具体的な値（実現値）$Y_t = y_t$ が与えられると，その値は既知になりもはや確率変数ではない．例えば，サイコロを投げる前（事前）では出る目の数は不確実で，1から6までのどれかの目が1/6の確率で出現することしかわからない．しかしサイコロを振って特定の目，例えば■がでればその目は2であることがわかる．これが実現値である．式 (2.2) の左辺で定義される確率変数 Y_t と非確率変数であるその実現値 y_t の違いはこうした類推で理解できよう．このような議論から t 期の情報集合 Ω_t を次のように定義する．

$$\Omega_t = \{(y_1, y_2, \cdots, y_{t-1}, y_t), (X_1, X_2, \cdots, X_{t-1}, X_t)\} \tag{2.22}$$

Ω_t の添え字 t は $1, 2, \cdots, t-1, t, t+1, \cdots, N-1, N$ の範囲で，自由に変更可能である．例えば，

$$\Omega_{t-1} = \{(y_1, y_2, \cdots, y_{t-1}), (X_1, X_2, \cdots, X_{t-1})\} \quad (2.23)$$

は $t-1$ 期までに得られた情報である．

なお，t 期の情報集合とは，厳密にいえば，固定パラメータ $(\alpha, \sigma_e^2, c, T, \sigma_\varepsilon^2)$ の具体的な値や，状態変数の初期値の期待値 $\hat{\beta}_0$ と分散 $\hat{\Sigma}_0$，カルマンフィルターによって推定された過去の状態変数 β_t の条件付き期待値や条件付き分散などの利用可能な全ての情報が含まれるが，前者は固定的な値，後者は y_t と X_t の集合によって推定できることから，明示的には情報集合のなかに示すことは通常しない．しかし情報集合の要素であることは間違いないので，これらの表記が省かれていることを常に念頭に置く必要がある．

2.8 1期先予測，フィルタリング，スムージング

すでに何度か述べているように，カルマンフィルターの目的は未知かつ確率変動する状態変数 β_t の平均と分散の推定をおこなうことである．ここで「推定」には，①1期先予測（prediction），②フィルタリング（filtering；更新，濾波），③スムージング（smoothing；平滑化），の3つがある．以下では，それぞれについてその直観的な意味をまず説明し，その後に厳密な定義を与えることにしよう．

2.8.1 「1期先予測」「フィルタリング」「スムージング」の直観的な理解

例えばミステリー小説を読むことを考えてみよう．ミステリー小説の面白さは誰が犯人なのかが本を読みながら少しずつわかっていくことにある．

それを99ページまで読み進んできたとしよう．ここで，次の100ページ目で誰が「犯人」であるかを予想する．これが**1期先の予測**，この例でいえば1ページ先の予測である．

さらに，次の100ページ（$t=100$）に進みかつ読み終わったとしよう．99ページまで読んで得た情報と新しく100ページ目で得た情報をもとにして犯人の絞り込みができる．もし100ページ目を読んで得た新しい情報が99ページまでに読んだ結果と同じであれば，何ら新しい情報を得たわけではないので，99ページまでに得られた情報をもとにして犯人判断を変更する必要はない．これに対し100ページ目に書かれた情報が，99ページまでで得た情報と比較したときと異な

り，かつその信頼性が高ければ，新しい情報により依存して犯人を特定できる．これが 100 ページまで得た情報にもとづいた**フィルタリング**である．

このようにして全てのページを読み終えたとしよう．最後のページにたどり着いたので真犯人が誰であるかわかったし，また書かれた全ての情報が得られた．今度はこの本を最後のページから逆にたどりながら，獲得した全ての情報を用いて犯人の特定をなぜ間違えたのか，あるいはどのようにして正しい判断に至ったのかがわかる．これが**スムージング**の直観的な考え方である．

ミステリー小説に限らず，本書を含む学術書や学術論文を読むときであっても，同じことをしているに違いない．もう少し広くいえば，カルマンフィルターは時間とともに得られた情報をもとに，未知の状態をよりよく知ることにより適切な意思決定の枠組み（framework）を提供しているのである．

カルマンフィルターは t 期（ページ）までに得られた情報 Ω_t をもとにして状態変数（犯人）β_t の平均と分散の値（分布の形状）を探ろうとしている．カルマンフィルターはそのための簡便でわかりやすい計算公式を提示している．

2.8.2 状態変数の「期待値」に関する 1 期先予測，フィルタリング，スムージングの定義

$t-1$ 期，t 期の，そして時点 N（$N \geq t$）までに得たそれぞれの情報 Ω をもとに推定した状態変数の「期待値」を次のように書くことにする．それぞれが状態変数の期待値の「1 期先予測値」「フィルタリング値」「スムージング値」と呼ばれる．これら 3 つは以下のように表現できる．

状態変数の 1 期先予測値 $\qquad \widehat{\beta}_{t|t-1} \equiv E_{t-1}[\tilde{\beta}_t | \Omega_{t-1}]$ $\qquad$ (2.24)

状態変数のフィルタリング値 $\qquad \widehat{\beta}_{t|t} \equiv E_t[\tilde{\beta}_t | \Omega_t]$ $\qquad$ (2.25)

状態変数のスムージング値 $\qquad \widehat{\beta}_{t|N} \equiv E_N[\tilde{\beta}_t | \Omega_{1:N}]$ $\qquad$ (2.26)

式（2.24）から順に説明しよう．ここで，$\widehat{\beta}_{t|t-1}$ の上のハット（山型）記号はそれが状態変数の推定値，ここでは期待値であることを示す．なお，期待値は確定値である．いったん期待値が計算されたならば何ら不確実性のない定数である．

$\widehat{\beta}_{t|t-1}$ の下付きの添え字 $t|t-1$ は $t-1$ 期までの情報 Ω_{t-1} にもとづいて計算された t 期の不確実な（確率変数）β_t の期待（平均）値を示している．式（2.23）の $t-1$ 期までの情報 Ω_{t-1} を用いて式（2.24）を書き直せば次のように表現できる．

$$\widehat{\beta}_{t|t-1} \equiv E_{t-1}[\tilde{\beta}_t | \Omega_{t-1}] = E_{t-1}[\tilde{\beta}_t | \{(y_1, y_2, \cdots, y_{t-1}), (X_1, X_2, \cdots, X_{t-1})\}]$$

このような表現はあまりに煩雑なので，左辺の $\widehat{\beta}_{t|t-1}$ を単に状態変数 β_t の「1 期

先予測値」あるいは事前予測値と呼ぶ．同様に式 (2.25) の $\widehat{\beta}_{t|t}$ は t 期までの情報 Ω_t にもとづく t 期の期待値を示しそれを「フィルタリング値」あるいは「事後予測値」と呼ぶ．式 (2.26) の $\widehat{\beta}_{t|N}$ は期間 $t=1,2,\cdots,N$，つまり 1 期から N 期までの情報 $\Omega_{1:N}$ をもとにして推定されたそれ以前の期の t 期の状態変数の期待値を示している．これを「スムージングした状態変数の期待値」と呼ぶ．

2.8.3 状態変数の「分散」に関する 1 期先予測，フィルタリング，スムージングの定義

状態変数の分散に関しても同様に 1 期先予測値，フィルタリング値，スムージング値を次のように定義できる．

1 期先予測値
$$\widehat{\Sigma}_{t|t-1} \equiv Var_{t-1}[\tilde{\beta}_t|\Omega_{t-1}] = E_{t-1}[(\tilde{\beta}_t - E[\tilde{\beta}_t|\Omega_{t-1}])^2] = E_{t-1}[(\tilde{\beta}_t - \widehat{\beta}_{t|t-1})^2]$$
(2.27)

フィルタリング値
$$\widehat{\Sigma}_{t|t} \equiv Var_t[\tilde{\beta}_t|\Omega_t] = E_t[(\tilde{\beta}_t - E[\tilde{\beta}_t|\Omega_t])^2] \equiv E_t[(\tilde{\beta}_t - \widehat{\beta}_{t|t})^2] \quad (2.28)$$

スムージング値
$$\widehat{\Sigma}_{t|N} \equiv Var_T[\tilde{\beta}_t|\Omega_{1:N}] = E_T[(\tilde{\beta}_t - E[\tilde{\beta}_t|\Omega_{1:N}])^2] \equiv E_T[(\tilde{\beta}_t - \widehat{\beta}_{t|N})^2] \quad (2.29)$$

以上のような説明と定義を図解したものが図 2.2 に示されている．

注意すべきことは t 期の状態変数 β_t の平均と分散が時間とともに変化すること，言い換えると β_t は非定常であることである．つまり図 2.3 に示すように β_t の状態変数の平均と分散が時間 t とともに変わるということである．

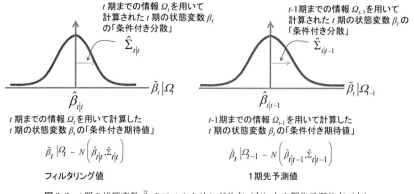

図 2.2 t 期の状態変数 $\tilde{\beta}_t$ のフィルタリング分布（左）と 1 期先予測分布（右）
（分散は標準偏差を二乗したものである）

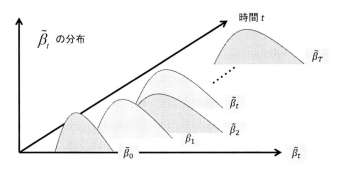

図 2.3 状態変数の非定常性
状態変数は正規分布をするが，その平均と分散は時間とともに変わりうる．

3

逐次推定の考え方

この章で何を学ぶのか？
1. カルマンフィルターとは状態変数の逐次推定である．カルマンフィルター公式を知る前に，より簡単な平均値や分散の逐次推定方法を理解する．
2. 移動平均法や指数平滑法といった予測方法も逐次推定の特別な事例と考えることができることを知る．
3. これら平均や分散の逐次推定とカルマンフィルターにおける「状態変数の逐次推定」との相違について知り，カルマンフィルターの直観的な理解を深める．

3.1 平均と分散の逐次推定

100 個の時系列データ，例えば 100 日分の株価データがあったとしよう．その平均は 100 個のデータを合計してその個数 100 で割れば求めることができる．101 日目に新しい株価データ入手できたとしよう．その平均は 101 個の株価データの合計を 101 で割って求めることができる．しかし，そのようにせずとも平均を求めることができる．ここでは，計算量が少なくその経済的な意味付けが容易な逐次的 (sequential) な計算方法を示そう．

3.1.1 平均値の逐次推定

y_t を t 番目のデータとし，μ_t を t 番目までのデータを得たときの平均値とする．この場合の平均値の計算公式は

$$\mu_t = \frac{1}{t}\sum_{n=1}^{t} y_n = \frac{1}{t}(y_1 + y_2 + \cdots + y_t) \tag{3.1}$$

である．これに対しデータが時間とともに $t=1,2,\cdots$ と，逐次入手可能なときには，以下のような逐次計算によって平均値を計算できる．

3.1 平均と分散の逐次推定

まず1番目のデータ y_1 が得られたときの平均値は，平均値の定義によって，

$$\mu_1 = \frac{1}{1}y_1 = y_1$$

となる．さらに2番目のデータ y_2 が得られたときの2個のデータ y_1 と y_2 の平均 μ_2 は次のように計算できる．

$$\mu_2 = \frac{1}{2}(y_1+y_2) = \frac{1}{2}y_1 + \frac{1}{2}y_2 = \frac{1}{2}\mu_1 + \frac{1}{2}y_2$$

3番目までのデータ y_1, y_2, y_3 が得られたときの平均 μ_3 は，

$$\mu_3 = \frac{1}{3}(y_1+y_2+y_3) = \frac{1}{3}(y_1+y_2) + \frac{1}{3}y_3 = \frac{2}{3}\left(\frac{y_1+y_2}{2}\right) + \frac{1}{3}y_3 = \frac{2}{3}\mu_2 + \frac{1}{3}y_3$$

となる．この結果の意味は次のとおりである．直前に計算された平均値 μ_2 に 2/3 の重みをかけ，3期目に得た直近の新しいデータ y_3 に 1/3 の重みを与えて加重平均することにより3期目までのデータが得られたときの平均 μ_3 が計算できる．

同様にして，4番目のデータを得たときの4つのデータの平均 μ_4 は，

$$\mu_4 = \frac{1}{4}(y_1+y_2+y_3+y_4) = \frac{3}{4}\left(\frac{y_1+y_2+y_3}{3}\right) + \frac{1}{4}y_4 = \frac{3}{4}\mu_3 + \frac{1}{4}y_4$$

として計算できる．この結果を一般化すると，t 番目のデータが得られたときの t 個のデータの平均は，重みを $w_t = 1/t$ とすると，次のような逐次推定式によって計算できるということになる．

$$\mu_t = \left(\frac{t-1}{t}\right)\mu_{t-1} + \frac{1}{t}y_t = (1-w_t)\mu_{t-1} + w_t y_t, \qquad w_t \equiv 1/t \qquad (3.2)$$

この式は t 番目のデータが得られたときの平均 μ_t は，$t-1$ 期までのデータを得たときの平均 μ_{t-1} と t 番目に得た新しいデータ y_t を重み $w_t \equiv 1/t$ で加重平均して計算できることを示している．

こうした逐次推定式を用いればデータの個数が多くなっても計算量を少なくすることができる．またこの逐次公式から，直近に得られたデータに対する重みが $w_t = 1/t$ であるので，平均値の計算で直近のデータの重要性は減少していくことがわかる．

式 (3.2) はさらに次のように書き表すことができる．

$$\mu_t = (1-w_t)\mu_{t-1} + w_t y_t = \mu_{t-1} + w_t(y_t - \mu_{t-1}) \qquad (3.3)$$

ここで，後の説明と整合性をとるために $w_t \equiv K_t$ と置くと次の結果が得られる．

$$\underbrace{\mu_t}_{t\text{期の平均}} = \underbrace{\mu_{t-1}}_{t-1\text{期の平均}} + \underbrace{K_t}_{\text{重み}}\underbrace{(y_t - \mu_{t-1})}_{\text{驚き}}, \qquad K_t = 1/t \ (for\ t=1,2,\cdots) \qquad (3.4)$$

この式 (3.4) の右辺の第 1 項 μ_{t-1} は 1 期前 $t-1$ までのデータが得られたときの平均値である．t 個のデータが得られたときの平均 μ_t を，すでに得た μ_{t-1} に対し，t 期目で得られたデータ y_t とすでに得ている平均 μ_{t-1}（事前の予想）との差（surprise；驚き）である $y_t - \mu_{t-1}$ に重み $K_t = 1/t$ をかけたものを加えて計算している．

つまり，平均値の逐次計算では，右辺の第 2 項で示される①「t 期になって得た新しい情報 y_t」と，②「$t-1$ 期までに得た情報 $\Omega_{t-1} = \{y_1, y_1, \cdots, y_{t-1}\}$ をもとにして計算した平均値 μ_{t-1}（事前の予想）」との差（驚き）に，重み $K_t = 1/t$ をかけたもので事前の予想値 μ_{t-1} を修正し，新しい推定値 μ_t を計算している．こうした計算は，後に示す（式 (3.15)）カルマンフィルターによる状態変数の期待値のフィルタリング公式とよく似ている．したがって，式 (3.4) が何を意味するかを理解することがカルマンフィルターの期待値のフィルタリング公式を理解するための出発点となる．

分析例 3-1   **TOPIX の平均値の逐次計算**

図 3.1 は 2009 年 1 月 5 日から 2013 年 12 月 30 日までの休日を除く毎日の TOPIX（東証株価指数）の終値（実線）とその平均値の逐次推定値（点線）を示している．点線で示した t 日までの実際値が得られたときの平均値 μ_t は，アベノミックスの初期の成功にもとづく TOPIX の上昇を十分とらえているとはいえない．これは上で述べたようにデータ個数 t が増えていったときに，後で得られた情報に対するものほど重み $K_t = 1/t$ が小さくなるからである．この点を修正

図 3.1 TOPIX の終値（実線）とその平均の逐次推定（点線）
2013 年以降の株価の上昇をうまくとらえていない．

したものが，3.2節で述べる移動平均法である．

3.1.2 分散の逐次推定

平均値のみならず，データの「散らばり」の大きさを示す分散，あるいはその平方根である標準偏差の計算にあたっても逐次推定をおこなうことができる．その計算式は次のとおりである（導出に関しては章末の数学付録 A3-1 を参照）．ただし σ_t^2 は t 個のデータが得られたときの分散である．

$$\sigma_t^2 = \left(1-\frac{1}{t}\right)\left\{\sigma_{t-1}^2 + \frac{1}{t}(y_t-\mu_{t-1})^2\right\} \tag{3.5}$$

あるいは，

$$\sigma_t^2 \approx \sigma_{t-1}^2 + K_t(y_t-\mu_{t-1})^2, \quad K_t \equiv 1/t \quad for \quad t=2,3,\cdots \tag{3.6}$$

ここで $K_t \equiv 1/t$ は重みを示している．最初の式 (3.5) の右辺の $1-1/t$ は，データの個数 t が多くなれば $1/t \to 0$ となるので，その場合は1とみなすことができる．したがって，分散の逐次推定式の意味として，データ個数が増えれば平均値の逐次推定と同じ式 (3.6) を得る．これは第4章，第5章で述べるカルマンフィルターにおける状態変数の分散のスムージング式とよく似ている．

[分析例 3-2]　**TOPIX の分散の逐次推定**

3.1.1 項の平均値の場合と同じデータを用いて，TOPIX の分散の平方根をとった標準偏差の逐次推定をおこなった．結果は図 3.2 に示されている．

図 3.2　TOPIX（実線）と標準偏差の逐次推定（点線）

3.2 移動平均法

特定の時点 t から見て過去 k 期間の平均値を計算するのが移動平均（moving average）法であり，その結果得られるものが k 期間移動平均である．株式，債券，商品相場のテクニカル分析によく用いられる．計算方法は次の式 (3.7) で表される（導出に関しては章末の数学付録 A3-2 を参照）．

$$\mu_t^k = \mu_{t-1}^k + K_t(y_t - y_{t-k}), \qquad K_t \equiv 1/k \qquad (3.7)$$

式 (3.4) と比較して，重みが $K_t \equiv 1/t$（時間依存の単調減少）から $K_t = 1/k$（時間に依存しない定数）になったこと，右辺第2項の（ ）内の y_{t-1} が y_{t-k} になったことが異なるだけで，ほかは同じである．したがって，この式の解釈も式 (3.4) と同様である．ただし，分析例 3-1 で述べたように，式 (3.4) では時間が経過するにつれて重みが小さくなるのに対して，移動平均では重みはどの時点でも同じ値 $K_t \equiv 1/k$ である．また t 期になって新しく得た情報 y_t はそれから k 日前の株価と比較されていることが異なる．

図 3.3 は $k=30$ 日としたときの「30日間移動平均」を TOPIX の原系列と比較したものである．2011年3月11日の東日本大震災時といった極端な場合を除いて，おおむね原系列の変化を追うことができている．しかしよく見ると，相場が上げ調子のときには，30日移動平均は原系列よりも低めに，逆に相場が下げ調子のときには，原系列よりも高めの傾向を表している．このような乖離は平均期間数 k を大きくすればするほど，大きくなる．

図 3.3 TOPIX の原系列（実線）とその 30 日移動平均（点線）

3.3 指数平滑法

移動平均法の問題点は，計算にあたり過去何期間のデータを用いるかを決めたならば，「驚き」に対する重み $K_t \equiv 1/k$ は全ての時点で常に等しいことであった．また式（3.4）で示された単純平均の問題点は，時間が進むにつれて「驚き」に対する重み $K_t = 1/t$ が小さくなることであった．t が 100，200，300 日と増加すると重みはほとんど 0 になってしまう．こうした問題点を考慮して，指数平滑（exponential smoothing）法が考えられた．指数平滑法は 1950 年代に開発された手法であるが，現在でも多方面で使われている[12]もので，現在時点に近いデータほど大きな重みを与えて t 期の指数平滑値を計算する．具体的には，過去 t 期間のデータを用いて計算された平滑値を $\bar{y}_t$ とすると，$0<K<1$ であるような一定の重みを用いて，直近のデータ y_t と 1 期前までのデータを用いて計算された平滑値 $\bar{y}_{t-1}$ のそれぞれに K と $1-K$ の重みを与え，今期の値を計算しようとするものである．つまり，式（3.8）のようになる．

$$\bar{y}_t = (1-K)\bar{y}_{t-1} + Ky_t \tag{3.8}$$

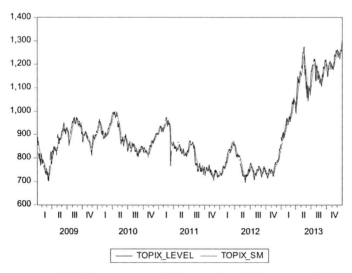

図 3.4　TOPIX の実測値（TOPIX_LEVEL）と $K=0.2$ としたときの TOPIX の指数平滑化値（TOPIX_SM）

---

[12] Excel 2016 では FORCAST.ETS 関数により季節性や欠損値を含むデータに対する指数平滑法による平滑化や予測ができる．

この式を書き換えると,
$$\bar{y}_t = \bar{y}_{t-1} + K(y_t - \bar{y}_{t-1}) \tag{3.9}$$
となり,この結果は平均値の逐次推定公式の式(3.4)と,重みが一定値であることを除いて,同じ表現を得ている.図3.4に指数平滑化定数を$K=0.2$としたときのTOPIXの実測値と指数平滑値を示した.おおむねスムージング値は実測値をよく捕捉している.

3.4 カルマンフィルターにおける逐次更新式との比較

3.4.1 状態変数のフィルタリング公式は逐次更新式である

さて,われわれが議論している状態空間モデルは次のようなものであった.

観測方程式 $\qquad \widetilde{Y}_t = c + \widetilde{\beta}_t X_t + \tilde{e}_t \tag{3.10}$

状態方程式 $\qquad \widetilde{\beta}_t = d + T\widetilde{\beta}_{t-1} + \tilde{\varepsilon}_t \tag{3.11}$

以下の第4章から第7章ではこうした線形の状態空間モデルにおいて状態変数β_tの平均と分散がどのようにして計算できるかを学ぶ.結果を先取りするならば,t期までの情報をもとにして計算されたカルマンフィルターによる状態変数β_tの期待値の①1期先予測と②フィルタリング公式は次のようになる.

状態変数の1期先予測 $\qquad \widehat{\beta}_{t|t-1} = c + T\widehat{\beta}_{t-1|t-1} \tag{3.12}$

状態分散の1期先予測 $\qquad \widehat{\Sigma}_{t|t-1} = T^2 \widehat{\Sigma}_{t-1|t-1} + \sigma_\varepsilon^2 \tag{3.13}$

観測変数の1期先予測 $\qquad \widehat{Y}_{t|t-1} = d + \widehat{\beta}_{t|t-1} X_t \tag{3.14}$

重み(カルマンゲイン) $\qquad K_t = \dfrac{Cov(\widetilde{\beta}_t, \widetilde{Y}_t | \Omega_{t-1})}{Var(\widetilde{Y}_t | \Omega_{t-1})} = \dfrac{X_t \widehat{\Sigma}_{t|t-1}}{X_t^2 \widehat{\Sigma}_{t|t-1} + \sigma_e^2} \tag{3.15}$

状態変数のフィルタリング $\qquad \widehat{\beta}_{t|t} = \widehat{\beta}_{t|t-1} + K_t(y_t - \widehat{Y}_{t|t-1}) \tag{3.16}$

状態変数の分散のフィルタリング $\qquad \widehat{\Sigma}_{t|t} = (1 - X_t K_t)\widehat{\Sigma}_{t|t-1} \tag{3.17}$

式(3.12)から式(3.17)を構成する各変数の意味は第2章ですでに説明したが,再度示すと次のとおりである.$\widehat{\beta}_{t|t}$はt期までの情報Ω_tが得られたという条件のもとでのt期の状態変数の「条件付き期待値」,$\widehat{\beta}_{t|t-1}$は$t-1$期までの情報Ω_{t-1}が得られたという条件のもとでのt期の状態変数の「条件付き期待値」,K_tはカルマンゲインと呼ばれている「重み」係数,y_tはt期になって得られた観測変数の実測値,$\widehat{Y}_{t|t-1}$は$t-1$期までの情報Ω_{t-1}が得られたという条件のもとでのt期の観測変数の「条件付き期待値」,$\widehat{\Sigma}_{t|t-1}$は$t-1$期までの情報Ω_{t-1}が得られたという条件のもとでのt期の状態変数の分散の1期先予測値,つまり$Var(\widetilde{\beta}_t | \Omega_{t-1}) \equiv \widehat{\Sigma}_{t|t-1}$である.

カルマンフィルターによる状態変数の期待値（平均値）フィルタリング公式である式（3.16）を単純な平均値の逐次推定式である式（3.4）

$$\mu_t = \mu_{t-1} + K_t(y_t - \mu_{t-1}), \qquad K_t = 1/t$$

と比較してみよう．互いによく似ていることがわかる．同様にして，状態変数のフィルタリング公式である式（3.16）を指数平滑法による平滑値フィルタリング公式である式（3.9）と

$$\hat{y}_t = \hat{y}_{t-1} + K(y_t - \hat{y}_{t-1}), \qquad K = 所与の定数$$

と比べてみれば，ほぼ同一の表現を得たことがわかる．

これらの式（3.4），（3.9）では重み K_t は単調に減少する（平均のフィルタリング公式）か，あるいは一定（指数平滑法）であった．これに対しカルマンフィルターでは，重み（カルマンゲイン）は，①時間とともに変化する状態変数の分散の1期先予測値 $\hat{\Sigma}_{t|t-1}$ と，②観測方程式の誤差項の分散 σ_e^2 によって通常毎期変化する．

3.4.2 ローカルモデルと指数平滑化公式

第1章で説明した線形の状態空間モデル（式（1.5）と式（1.6））をより簡単にした次のような「ローカルモデル」を考えてみよう．

観測方程式　　　$\widetilde{Y}_t = \widetilde{\beta}_t + \tilde{e}_t$ 　　　　　　　　　　　　　　　　　　　　　(3.18)

状態方程式　　　$\widetilde{\beta}_t = \widetilde{\beta}_{t-1} + \tilde{\varepsilon}_t$ 　　　　　　　　　　　　　　　　　　　　　(3.19)

式（3.18）は式（3.10）で $c=0$，$X_t=1$，式（3.19）は式（3.11）で $d=0$，$T=1$ と置いた結果と考えればよい．この場合の状態変数 β_t の平均と分散をカルマンフィルターによって推定しよう．式（3.12）から式（3.17）に $c=0$，$X_t=1$，$d=0$，$T=1$ を代入すると t 期の状態変数の期待値のフィルタリング公式は次のようになる．

$$\hat{\beta}_{t|t} = (1-K_t)\hat{\beta}_{t|t-1} + K_t y_t = \hat{\beta}_{t|t-1} + K_t(y_t - \hat{\beta}_{t|t-1}), \qquad 0 < K_t \equiv \frac{\hat{\Sigma}_{t|t-1}}{\hat{\Sigma}_{t|t-1} + \sigma_e^2} < 1$$

カルマンフィルターを用いれば指数平滑化を用いた場合と異なり，真の観測値 $\hat{\beta}_t$ は確率変数であり，その平均と分散が時間とともに変化する．したがって観測変数の予測も，点推定でなく，区間推定となり，予測誤差がどのくらいであるかも同時に推定できる．また重み（カルマンゲイン）K_t も状態変数 β_t の1期先分散 $\hat{\Sigma}_{t|t-1}$ と観測誤差項の分散 σ_e^2 の関数として時間とともに変化する．

【文献解題】

平均値や分散の逐次推定は computer science におけるアルゴリズム研究の1分野として発展してきた（これらについては Knuth（1998），Finch（2009），Weisstein（2007）などを参照のこと）．ここでの指数平滑法の説明は初等的な議論にとどまっているが，指数平滑法を状態空間モデルの枠組み，したがってカルマンフィルターに関連付けて議論した興味深い文献に Hyndman, Koehler and Snyder（2008）があり，特にその第2章の表2.1を参照してほしい．

【数 学 付 録】

A3-1 分散の逐次推定式（3.5）の導出

$$\begin{aligned}
S_t &\equiv t\sigma_t^2 = \sum_{i=1}^{t} (y_i - \mu_t)^2 \\
&= \sum_{i=1}^{t} ((y_i - \mu_{t-1}) - (\mu_t - \mu_{t-1}))^2 \\
&= \sum_{i=1}^{t} (y_i - \mu_{t-1})^2 + \sum_{i=1}^{t} (\mu_t - \mu_{t-1})^2 - 2\sum_{i=1}^{n} (y_i - \mu_{t-1})(\mu_t - \mu_{t-1}) \\
&= \left[\sum_{i=1}^{t-1} (y_i - \mu_{t-1})^2 + (y_t - \mu_{t-1})^2\right] + t(\mu_t - \mu_{t-1})^2 - 2(\mu_t - \mu_{t-1})\sum_{i=1}^{t} (y_i - \mu_{t-1}) \\
&= [S_{t-1} + t^2(\mu_t - \mu_{t-1})^2] + t(\mu_t - \mu_{t-1})^2 - 2t(\mu_t - \mu_{t-1})^2 \\
&= S_{t-1} + t(t-1)(\mu_t - \mu_{t-1})^2 \\
&= S_{t-1} + t(t-1)\frac{1}{t^2}(y_t - \mu_{t-1})^2 \\
&= S_{t-1} + (t-1)\frac{1}{t}(y_t - \mu_{t-1})^2 \\
&= (t-1)\sigma_{t-1}^2 + (t-1)\frac{1}{t}(y_t - \mu_{t-1})^2 \quad (\text{A3.1})
\end{aligned}$$

4行目から5行目と6行目から7行目の計算では，

$$\sum_{i=1}^{t}(y_i - \mu_{t-1}) = \sum_{i=1}^{t} y_i - \sum_{i=1}^{t} \mu_{t-1} = t\mu_t - t\mu_{t-1} = t(\mu_t - \mu_{t-1})$$

$$\mu_t = \mu_{t-1} + \frac{1}{t}(y_t - \mu_{t-1}) \;\Rightarrow\; t(\mu_t - \mu_{t-1}) = (y_t - \mu_{t-1})$$

$$\Rightarrow\; t^2(\mu_t - \mu_{t-1})^2 = (y_t - \mu_{t-1})^2$$

という結果を用いている．最終的に $t\sigma_t^2 = (t-1)\sigma_{t-1}^2 + (t-1)(1/t)(y_t - \mu_{t-1})^2$ となるので，両辺を t で割って整理をすると，t が十分大きな数である場合，近似的に本文の式（3.6）を得ることができる．

A3-2 移動平均式 (3.7) の導出

t 期から見て過去 k 期間の平均値は,

$$\mu_t^k = \frac{1}{k}\underbrace{(y_t + y_{t-1} + \cdots + y_{t-k+1})}_{\text{過去 } k \text{ 期間の合計}} \tag{A3.2}$$

この1期ラグをとると

$$\mu_{t-1}^k = \frac{1}{k}\underbrace{(y_{t-1} + y_{t-2} + \cdots + y_{t-k})}_{n-1 \text{ 期から見て過去 } k \text{ 期間の合計}} \tag{A3.3}$$

式 (A3.2) から (A3.3) を差し引いて整理すると,

$$\mu_t^k - \mu_{t-1}^k = \frac{1}{k}([y_t + y_{t-1} + \cdots + y_{t-k+1}] - [y_{t-1} + y_{t-2} + \cdots + y_{t-k+1} + y_{t-k}])$$

$$= \frac{1}{k}(y_t - y_{t-k})$$

を得る.この式を μ_t^k に関して解けば本文の式 (3.7) を得る.

4

カルマンフィルター公式の意味と数値実験

この章で何を学ぶのか？
1. カルマンフィルターのアルゴリズムを知ることによりカルマンフィルター公式が何を意味しているかを理解する.
2. カルマンフィルターにおける1期先予測, フィルタリング, スムージングが何を「意味」しているかを理解する.
3. 数値例と数値シミュレーションによってカルマンフィルター公式の意味を理解する.

4.1 はじめに

t 期における線形の状態空間モデルを再度確認しよう.

観測方程式　　$\tilde{Y}_t = c + \tilde{\beta}_t X_t + \tilde{e}_t,$ 　　$\tilde{e}_t \sim N(0, \sigma_e^2)$ 　　(4.1)

状態方程式　　$\tilde{\beta}_t = d + T\tilde{\beta}_{t-1} + \tilde{\varepsilon}_t,$ 　　$\tilde{\varepsilon}_t \sim N(0, \sigma_\varepsilon^2)$ 　　(4.2)

このような線形状態空間モデルにおける状態変数 β_t の1期先予測, フィルタリング（更新）, スムージング（平滑化）のアルゴリズム（計算過程）はその一部を第3章で示した. これらの公式をどのようにして導くかは第5章, 第7章, 第8章で詳しく学ぶ. 本章では導出に先立って1期先予測, フィルタリング, そして, スムージング公式を示し, その意味とアルゴリズムを理解する. まず1期先予測とフィルタリング計算の意味とアルゴリズムを理解する.

4.2　1期先予測とフィルタリングの計算アルゴリズム

計算は $t=1$ からスタートするが, それ以前の $t=0$ で, ①固定パラメータの値, ②状態変数の期待値と分散の初期値を知る必要があるが, ここでは当面それ

らは所与のものと考える．

4.2.1 状態変数の平均と分散の初期値と固定パラメータ設定
1) **$t=0$ における状態変数の期待値と分散を「与える」**
$t=0$ の状態変数の期待値　　$E_0[\widetilde{\beta}_0]=\widehat{\beta}_{0|0}$　　　　　　　(4.3)
$t=0$ の状態変数の分散　　　$Var_0[\widetilde{\beta}_0]=\widehat{\Sigma}_{0|0}$　　　　　　(4.4)
カルマンフィルターの実際の適用にあたっては，どのようにしてこれらの値を決定できるかが重要になる．詳しくは第 11 章でその具体的な方法を議論するが，ここでは一番簡単な方法として $\beta_{0|0}=0$ とし，$\widehat{\Sigma}_{0|0}$ を「大きな正の数」とする．

2) **固定パラメータの値を与える**　式 (4.1) と式 (4.2) で示される状態空間モデルにおいて固定パラメータは，定数項 c と d，係数 T，誤差項の標準誤差 σ_e と σ_ε の 5 つである．これらの値は第 6 章で説明されるように最尤法によって推定するが，ここではそれらはすでにわかっているとする．また，説明変数 $X_t: t=1, 2, \cdots, N$ はこのモデル体系の外から外生変数として与えられている．

4.2.2 1 期先予測：状態変数の期待値と分散，観測変数の 1 期先予測
$t=1$ から $t=N$ まで 1 期ずつ以下のフィルタリング公式にもとづき計算を進める．t 期始めには 1 期前の状態変数の期待値のフィルタリング値 $\widehat{\beta}_{t-1|t-1}$ と分散値 $\widehat{\Sigma}_{t-1|t-1}$ がわかっている．これらの値，t 期の外生変数値 X_t，固定パラメータ $c, d, T, \sigma_e^2, \sigma_\varepsilon^2$ の値によって以下のような 1 期先の予測ができる[13]．

状態変数の期待値の 1 期先予測　　$\widehat{\beta}_{t|t-1}=d+T\widehat{\beta}_{t-1|t-1}$　　(4.5)
状態変数の分散の 1 期先予測　　　$\widehat{\Sigma}_{t|t-1}=T^2\widehat{\Sigma}_{t-1|t-1}+\sigma_\varepsilon^2$　　(4.6)
観測変数の期待値の 1 期先予測　　$\widehat{Y}_{t|t-1}=c+\widehat{\beta}_{t|t-1}X_t$　　(4.7)

4.2.3 カルマンゲイン K_t と状態変数 $\widetilde{\beta}_t$ の平均と分散のフィルタリング公式
それぞれは t 期の値として次のように示される．

カルマンゲイン（重み）　　　　　　$K_t \equiv \dfrac{X_t \Sigma_{t|t-1}}{X_t^2 \Sigma_{t|t-1}+\sigma_e^2}$　　(4.8)
状態変数の期待値のフィルタリング　　$\widehat{\beta}_{t|t}=\widehat{\beta}_{t|t-1}+K_t(y_t-\widehat{Y}_{t|t-1})$　(4.9)
状態変数の分散のフィルタリング　　　$\widehat{\Sigma}_{t|t}=(1-X_tK_t)\widehat{\Sigma}_{t|t-1}$　(4.10)

これらの式の右辺の値は上の 4.2.2 節で説明した 1 期先予測としてすでに得られ

---
[13]　詳しい導出については第 5 章の 5.4 節の「1 期先予測公式の導出」を参考のこと．

ている．ただし，y_t は t 期始めでわかる Y_t の実現値である．

4.3 カルマンゲイン K_t と $X_t K_t$ の意味

カルマンゲイン K_t は「驚き」$(y_t - \widehat{Y}_{t|t-1})$ に対する「重み」であると理解できることを第3章で何回か言及した．以下では重みの符号と大きさ，かつその直観的な意味を考える．

4.3.1 カルマンゲイン K_t の符号と外生変数 X_t との積 $X_t K_t$ の意味

分散は必ず正なので式（4.8）の右辺の分母は必ず正である．したがって，カルマンゲインの符号は式（4.8）の分子の独立変数 X_t の符号に一致する．他方，カルマンゲインを表す式（4.8）の両辺に X_t をかけた結果が次のようになる．

$$0 < X_t K_t = \frac{X_t^2 \widehat{\Sigma}_{t|t-1}}{X_t^2 \widehat{\Sigma}_{t|t-1} + \sigma_e^2} \leq 1 \tag{4.11}$$

このことからわかるように常に $0 < X_t K_t \leq 1$，つまり0より大かつ最大1の範囲の値をとる．その意味でも $X_t K_t$ は「驚き」に対する「重み」であると解釈できる．

4.3.2 カルマンゲイン K_t は回帰係数を意味する

次の第5章で示されるようにカルマンゲインは次のような線形回帰モデルの

$$\widetilde{\beta}_t = a + K_t \widetilde{Y}_t + \widetilde{u}_t \tag{4.12}$$

回帰係数，つまり推定直線の傾きを示している．ここで右辺の $\widetilde{u}_t$ は独立変数 $\widetilde{Y}_t$ とは無相関な回帰誤差項である．回帰係数は従属変数と独立変数の共分散を独立変数の分散で割ったものとして計算される．したがって，傾きは以下のようになる．

$$K_t = \frac{Cov(\widetilde{\beta}_t, \widetilde{Y}_t)}{Var(\widetilde{Y}_t)} = \frac{X_t \widehat{\Sigma}_{t|t-1}}{X_t^2 \widehat{\Sigma}_{t|t-1} + \sigma_e^2}$$

この式の詳細な導出は第5章で説明をするが，ここではカルマンゲインは式（4.12）の回帰係数と解釈できること，つまり，カルマンゲインは独立変数である観測変数の値が1単位増加したときに従属変数である状態変数が何単位変化するかを示している．

4.3.3　状態変数の分散のフィルタリング公式におけるカルマンゲイン $X_t K_t$ の意味

上の式（4.11）に示されているように，カルマンゲイン K_t と外生変数 X_t の積は 0 と 1 の間の値をとる．したがって式（4.10）の状態変数の分散のフィルタリング公式の右辺 $(1-X_t K_t)$ も 0 と 1 の間の値をとる．もし $(1-X_t K_t)=1$ であれば 1 期前の情報にもとづく状態変数の分散の推定値 $\hat{\Sigma}_{t|t-1}$ をそのまま次の期の状態変数のフィルタリング値 $\hat{\Sigma}_{t|t}$ とすればよいことになる．言い換えるなら，新しい情報にもとづいて状態変数のフィルタリングをする必要がない．他方 $0<(1-X_t K_t)<1$ であると，1 期前の情報にもとづく状態変数の分散の推定値 $\hat{\Sigma}_{t|t-1}$ はより小さな値にフィルタリングされる．

したがって $X_t K_t$ が何を意味するかを理解することが重要である．式（4.11）の分子は状態変数の分散の 1 期先予測値を示し，分母は $t-1$ までの情報をもとにした t 期の観測変数の分散の 1 期先予測を表している．

$(Var_{t-1}(Y_t|\Omega_{t-1})=Var_{t-1}(c+\tilde{\beta}_t X_t+\tilde{e}_t|\Omega_{t-1})=\hat{\Sigma}_{t|t-1} X_t^2+\sigma_e^2)$ であるので，$X_t K_t$ は観測変数の分散に対する状態変数の分散の比率，言い換えるならば，観測変数の不確実性と求めたい未知の状態変数の不確実性の「相対的な」大きさを，表していると解釈できる．つまり，

「状態変数の 1 期先分散の予測値に対する観測変数の 1 期先分散予測割合が大きい（小さい）」⇒「状態変数の分散のフィルタリング値（フィルタリング比率 $(1-X_t K_t)$）は小さく（大きく）なる」

という関係がある．したがって式（4.10）は直観的にも理解しやすい結果を示しているといえよう．

4.4　まとめ：カルマンフィルターによる逐次（更新）計算過程

カルマンフィルターのアルゴリズムを順を追って以下に説明しよう．

Step 0：初期値の設定　　全ての計算を始める前に，式（4.1）と式（4.2）で示される状態空間モデルにおいて，①固定パラメータ $(c, d, T, \sigma_e, \sigma_\varepsilon)$ と，②状態変数の初期値を与える．状態変数は $t=0$ 期であっても不確実である．したがって $t=0$ 期で正規分布する状態変数の平均 $\hat{\beta}_{0|0}$ と分散 $\Sigma_{0|0}$ の初期推定値を与えなければいけない．期待値は 0，分散は大きな値を与えることが多い．

Step 1：観測変数，状態変数の期待値と分散の 1 期先予測　　t 期においてすでに得られている 1 期前の状態変数の期待値 $\hat{\beta}_{t-1|t-1}$ とその分散 $\hat{\Sigma}_{t-1|t-1}$ を

もとにして，$t-1$ 期から見た t 期の状態変数の期待値 $\widehat{\beta}_{t|t-1}$ とその分散 $\widehat{\Sigma}_{t|t-1}$，観測変数の期待値 $\widehat{Y}_{t|t-1}$ を計算する．式 (4.5) から式 (4.7) に示した計算式を再度示す．

$$\begin{aligned}\widehat{\beta}_{t|t-1}&=d+T\widehat{\beta}_{t-1|t-1}\\ \widehat{\Sigma}_{t|t-1}&=T^2\widehat{\Sigma}_{t-1|t-1}+\sigma_\varepsilon^2\\ \widehat{Y}_{t|t-1}&=c+\widehat{\beta}_{t|t-1}X_t\end{aligned} \quad (4.14)$$

Step 2：カルマンゲインの計算と状態変数の平均と分散のフィルタリング

$t-1 \to t$ 期へと 1 期間時間を進め，t 期になって新たに得られた観測値の実現値 $\widetilde{Y}_t=y_t$ を得る．実現値 $\widetilde{Y}_t=y_t$ と外生変数 X_t をもとにして，状態変数のフィルタリングをおこなう．以下にカルマンゲインと状態変数の平均と分散のフィルタリング公式を再度示す．

$$\begin{aligned}K_t&\equiv\frac{X_t\Sigma_{t|t-1}}{X_t^2\Sigma_{t|t-1}+\sigma_e^2}\\ \widehat{\beta}_{t|t}&=\widehat{\beta}_{t|t-1}+K_t(y_t-\widehat{Y}_{t|t-1})\\ \widehat{\Sigma}_{t|t}&=(1-X_tK_t)\widehat{\Sigma}_{t|t-1}\end{aligned} \quad (4.15)$$

t を $t+1$ として Step 1 に戻り，このプロセスを $t=N$ になるまで繰り返す．より詳細なアルゴリズムは図 4.1 に示されている．

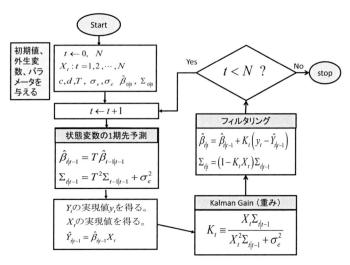

図 4.1 カルマンフィルター：1 期先予測とフィルタリング（固定パラメータと状態変数の初期値が与えられている場合）

4.5 数 値 例

最も簡単なカルマンフィルターモデル，つまりローカルモデルに対する数値例でどのような計算がおこなわれるのかを検討してみよう[14]．ローカルモデルは式 (4.1) において $c=0, X_t=1$，式 (4.2) において $d=0, T=1$ と置いたときのモデルであった．再度提示するならば，式 (4.16) と式 (4.17) になる．以下では未知の状態変数 β_t がランダムウォークしていると考え，その平均と分散を推定する．

観測方程式 $\quad \tilde{Y}_t = \tilde{\beta}_t + \tilde{e}_t$ (4.16)

状態方程式 $\quad \tilde{\beta}_t = \tilde{\beta}_{t-1} + \tilde{\varepsilon}_t$ (4.17)

表計算言語 Excel を用いたアルゴリズムを図 4.2 に示す．以下では，Excel でのアルゴリズムを図 4.1 のフローチャートに従って説明する．

Step 0：状態変数の初期値と固定パラメータの値を与える　　図 4.2 の左上（セル B1 から F2）で示されているように，固定パラメータと状態変数の $t=0$ 時点の値（初期値）を与える．事前に特別な情報がなければ，状態変数の期待値は 0，その分散は非常に大きな値を与えることが通常であるが，ここでは期待値を $\hat{\beta}_{0|0} = E_0[\tilde{\beta}_0|\Omega_0] = 4$，その分散を $\hat{\Sigma}_{0|0} = Var_0[\tilde{\beta}_0|\Omega_0] = 12$ としている．固定パラメータは観測方程式と状態方程式の誤差項の標準偏差の 2 つであり，それらは既知であり $\sigma_e=1, \sigma_\varepsilon=2$ とした．またローカルモデルとして定式化したので，状態方程式で T を 1 と置いている．つまり状態変数はランダムウォークすると仮定している．

　モデルの外から与えられる外生変数の $(X_t=1 : for\ t=1,2,3,4)$ の値は D 列に示されている．

Step 1：0 期から 1 期への 1 期先予測　　式 (4.14) を用い，$t=0$ の初期値が与えられたときの 1 期先予測，つまり $t=1$ 期の状態変数の平均と分散の予測値を次のように計算する．結果はセル E9 と F9 に示されている．

$$\hat{\beta}_{1|0} = \hat{\beta}_{0|0} = 4$$

---

[14] この数値例は Harvey (1981) の初版（邦訳あり）の第 4 章の表 4.1 に示されたものである．第 2 版 (1993，邦訳なし) では示されていない．Excel プログラムは本書の関連サイトより入手できる．

	A	B	C	D	E	F	G	H	I	J	K	L
1		T	σ_e	σ_ε	$\hat{\beta}_{0\|0}$	$\Sigma_{0\|0}$						
2		1	1	2	4	12						
3												
4		時間	観測値		外生変数	状態予測	状態分散予測	観測変数予測	予測誤差	予測誤差分散	カルマンゲイン	状態変数期待値	状態変数分散
5		(1)	(2)		(3)	(4)	(5)	(6)	(7)	(8)	(9)	(10)	(11)
6		t	y_t		X_t	$\hat{\beta}_{t\|t-1}$	$\hat{\Sigma}_{t\|t-1}$	$\hat{y}_{t\|t-1}$	$v_t = y_t - \hat{y}_{t\|t-1}$	$V_t = x_t^2 \hat{\Sigma}_{t\|t-1} + \sigma_e^2$	K_t	$\hat{\beta}_t$	$\hat{\Sigma}_t$
7						$T*(1)$	$T^2*(11)+\sigma e^2$	$(4)*(3)$	$(2)-(6)$	$(3)^2*(5)+\sigma e^2$	$[(3)*(5)]/(8)$	$(4)+(9)*(7)$	$(1-(9)*(3))*(5)$
8	0											4.000	12.000
9	1	4.4			1	4.000	16.00	4.00	0.400	17.000	0.941	4.376	0.9412
10	2	4.0			1	4.376	4.94	4.38	-0.376	5.941	0.832	4.063	0.8317
11	3	3.5			1	4.063	4.83	4.06	-0.563	5.832	0.829	3.597	0.8285
12	4	4.6			1	3.597	4.83	3.60	1.003	5.829	0.828	4.428	0.8284
13	平均	4.125							0.116			4.116	0.857
14	標準偏差	0.421											

図4.2 ローカルモデル (式 (4.16) と式 (4.17)) を用いた Excel によるカルマンフィルターのアルゴリズム

$$\widehat{\Sigma}_{1|0}=1^2\widehat{\Sigma}_{0|0}+\sigma_\varepsilon^2=1^2\times12+2^2=16$$

Step 2：0 期から 1 期への時間更新　　$t=1$ 期に外生変数の値 $X_1=1$ を得る．これから 1 期先の観測変数の予測（期待）値は，セル G9 に示されるように，

$$\widehat{Y}_{1|0}=\widehat{\beta}_{1|0}X_1=4\times1=4$$

となる．さらに観測変数の実測値 $Y_1=y_1=4.4$ を得て観測値の予測誤差を計算する．

$$v_1=y_1-\widehat{Y}_{1|0}=4.4-4.0=0.4$$

　結果はセル H9 に示されている．予測誤差とその分散は当面のフィルタリング計算には必要ないが，次章で説明する固定パラメータの推定において必要になる．

Step 3：1 期における状態変数のフィルタリング　　新しく得たこれらの情報をもとにして，1 期目の状態変数を更新する，つまり状態変数の平均（期待値）と分散を推定する．このためには，まず式 (4.15) により 1 期目のカルマンゲインを計算する．この計算結果はセル J9 に示されている．

$$K_1=\frac{X_1\widehat{\Sigma}_{1|0}}{X_1^2\widehat{\Sigma}_{1|0}+\sigma_e^2}=\frac{1\times16}{1^216+1^2}=0.941176$$

これから 1 期目の状態変数の期待値と分散のフィルタリング値は式 (4.15) により，それぞれセル K9 と L9 に示したように計算できる．

$$\widehat{\beta}_{1|1}=\widehat{\beta}_{1|0}+K_1(y_1-\widehat{Y}_{1|0})=4+0.941(4.4-4.0)=4.376$$
$$\widehat{\Sigma}_{1|1}=(1-X_1K_1)\widehat{\Sigma}_{1|0}=(1-1\times0.941)16=0.9412$$

これでフィルタリング計算が終わり，1 期目までに得られた情報と上で示した計算結果から 2 期目への 1 期先予測をおこなう．

Step 1：1 期から 2 期への 1 期先予測　　0 期から見た 1 期目の 1 期間予測と 1 期目のフィルタリング計算の結果をもとにして 1 期から見たときの 2 期目への 1 期間予測をおこなう．式 (4.14) を用いて前と同様な計算を繰り返すと，

$$\widehat{\beta}_{2|1}=\widehat{\beta}_{1|0}=4.376$$
$$\widehat{\Sigma}_{2|1}=1^2\widehat{\Sigma}_{1|1}+\sigma_\varepsilon^2=1^2\times0.9412+2^2=4.941$$

を得る．結果はセル E10 と F10 で示されている．

Step 2：1 期から 2 期への時間更新　　$t=2$ 期になり外生変数の値 $X_2=1$ を得る．これから 1 期目から見た 2 期目の観測変数の予測（期待）値は

$$\widehat{Y}_{2|1} = \widehat{\beta}_{2|1} X_2 = 4.376 \times 1 = 4.376$$

となる．さらに観測変数の実測値 $Y_1 = y_2 = 4.0$ を得たときの観測値の予測誤差を次のように計算する．結果はセル H10 に示されている．

$$v_2 = y_2 - \widehat{Y}_{2|1} = 4.0 - 4.376 = -0.376$$

Step 3：第 2 期における状態変数のフィルタリング　　1 期と同様にして，式 (4.15) にもとづき $t=2$ 期のカルマンゲインと状態変数の平均，分散を以下のように計算する．結果はセル J10，K10，L10 に示されている．

$$K_2 = \frac{X_2 \widehat{\Sigma}_{2|1}}{X_2^2 \widehat{\Sigma}_{2|1} + \sigma_e^2} = \frac{1 \times 4.941}{1^2 \times 4.941 + 1^2} = 0.832$$

$$\widehat{\beta}_{2|2} = \widehat{\beta}_{2|1} + K_2(y_2 - \widehat{Y}_{2|1}) = 4.376 + 0.832(4.0 - 4.376) = 4.063$$

$$\widehat{\Sigma}_{2|2} = (1 - X_2 K_2)\widehat{\Sigma}_{2|1} = (1 - 1 \times 0.831635)4.94118 \approx 0.8317$$

3 期目，4 期目も同様にして，**Step 1** から **Step 3** の計算を $t=3, t=4$ と繰り返していけばよい．

4.6　事 例 研 究

東京電力の 2011 年 1 月 4 日から 12 月 30 日までの株式投資収益率のデータに対して式 (4.16) と式 (4.17) からなるローカルモデルを適用し，その 1 期先予測とフィルタリングをおこなう．Excel を用いた計算例が図 4.3 に示されている．また数値結果をグラフにしたものが図 4.4 に示されている．

これらの結果は①状態変数の初期値の期待値と分散，②固定パラメータである観測誤差と状態誤差の分散の値に依存している．これらの値を随時変更することによって結果がどのように変化するかを確かめることができる．また，シミュレーション結果を検討することにより，状態空間モデルについての理解を深めることができる．

4.7　スムージング公式

カルマンフィルターの役割は，これまでに述べてきた，予測とフィルタリングに加え，スムージングがある．1 期間予測が $t-1$ 期までのデータをもとにして t 期の予測をおこなうものであり，フィルタリングが t 期までのデータをもとにして t 期の状態変数の平均と分散を推定するのに対し，スムージングは $t=$

4.7 スムージング公式

	A	B	C	D	E	F	G	H	I	J	K	L	N	O
1		T	σ_e	σ_ε	$\beta_{0|0}$	$\Sigma_{0|0}$							95%上限	95%下限
2		1	1	5	-0.6	5							(12)	(13)
3													$\hat{\beta}_{t|t}+2*\Sigma_{t|t}$	$\hat{\beta}_{t|t}-2*\Sigma_{t|t}$
4	日付	時間	観測値	外生変数	状態予測	状態分散予測	観察変数予測	予測誤差	予測誤差分散	カルマンゲイン	状態変数期待値	状態変数分散		
		(1)	(2)	(3)	(4)	(5)	(6)	(7)	(8)	(9)	(10)	(11)		
		t	y_t	X_t	$\hat{\beta}_{t|t-1}$	$\Sigma_{t|t-1}$	$\hat{Y}_{t|t-1}$	$v_t=y_t-\hat{Y}_{t|t-1}$	$V_t=X_t^2\Sigma_{t|t-1}+\sigma_\varepsilon^2$	K_t	$\hat{\beta}_{t|t}$	$\Sigma_{t|t}$		
					T*(1)	T^2*(11)+σe^2	(4)*(3)	(2)-(6)	(3)^2*(5)+σε^2	[(3)*(5)]/(8)	(4)+(9)*(7)	(1-(9)*(3))*(5)	(10)+2*(11)	(10)-2*(11)
13	2011/1/11	5	-0.303	1	-0.337	25.96	-0.34	0.0343	26.963	0.96291	-0.304	0.963	1.622	-2.230
14	2011/1/12	6	0.101	1	-0.304	25.96	-0.30	0.4054	26.963	0.96291	0.086	0.963	2.012	-1.840
15	2011/1/13	7	0.000	1	0.086	25.96	0.09	-0.0862	26.963	0.96291	0.003	0.963	1.929	-1.923
16	2011/1/14	8	-0.202	1	0.003	25.96	0.00	-0.2055	26.963	0.96291	-0.195	0.963	1.731	-2.121
17	2011/1/17	9	-0.051	1	-0.195	25.96	-0.19	0.1440	26.963	0.96291	-0.056	0.963	1.870	-1.982
18	2011/1/18	10	0.811	1	-0.056	25.96	-0.06	0.8674	26.963	0.96291	0.779	0.963	2.705	-1.147
19	2011/1/19	11	-0.805	1	0.779	25.96	0.78	-1.5840	26.963	0.96291	-0.746	0.963	1.180	-2.672
20	2011/1/20	12	0.254	1	-0.746	25.96	-0.75	0.9996	26.963	0.96291	0.216	0.963	2.142	-1.709

図 4.3 東京電力の株式投資収益率の 1 期先予測とフィルタリング数値例（2011 年 1 月 4 日〜12 月 30 日）の一部分．

4. カルマンフィルター公式の意味と数値実験

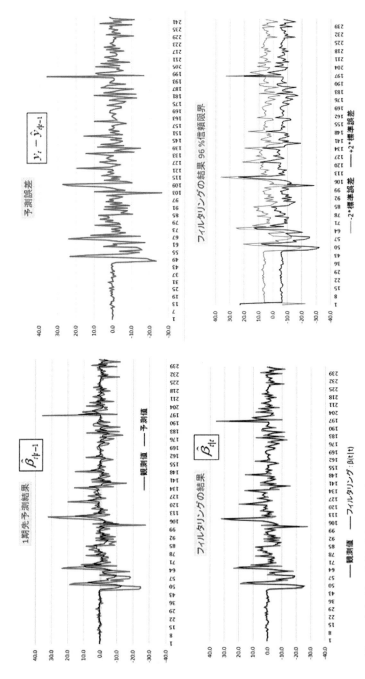

図4.4 東京電力の株式投資収益率の1期先予測，予測誤差，フィルタリング，状態変数の±2標準誤差（信頼限界）．(2011年1月4日～12月30日)

0, 1, ⋯, N 期までの全てのデータを用いて状態変数を $t=N$ から逆向きに推定しようとする.

以下では, スムージングにもとづく状態変数の①期待値と②分散の推定公式とその意味を示す.

4.7.1 状態変数のスムージング期待値とスムージング分散の推定

次のような状態空間モデルを考えよう.

観測方程式 $\quad \widetilde{Y}_t = c + \widetilde{\beta}_t X_t + \widetilde{e}_t \quad$ (4.18)

状態方程式 $\quad \widetilde{\beta}_t = T\widetilde{\beta}_{t-1} + \widetilde{\varepsilon}_t \quad$ (4.19)

状態変数のスムージング期待値の計算は次のようなフィルタリング式にもとづいておこなう.

$$\widehat{\beta}_{t|N} = \widehat{\beta}_{t|t} + \widehat{\Sigma}_t^*(\widehat{\beta}_{t+1|N} - T\widehat{\beta}_{t|t}) \quad (4.20)$$

ここで
$$\widehat{\Sigma}_t^* \equiv T\frac{\widehat{\Sigma}_{t|t}}{\widehat{\Sigma}_{t+1|t}} \quad (4.21)$$

である. なお, この式 (4.20) は式 (4.9) のフィルタリング公式と非常によく似ているが, 次の 4 点の違いに注意すべきである.

1) 最終時点の意味と逆向き計算 最終時点 N は通常, 用いた時系列データの最後の時点を意味するが, それ以前の任意の時点でもかまわない.

2) 添え字の意味 左辺の $\widehat{\beta}_{t|N}$ の添え字 $t|N$ は, $t = 0, 1, ⋯, N$ まで, つまり全ての情報を用いて計算された, それ以前の任意の時点 t ($t<N$) の状態変数の期待値を示している. 右辺第 2 項 $\widehat{\beta}_{t+1|N}$ の添え字 $t+1|N$ は, 同様にして最終時点よりも前の時点 $t+1<N$ のスムージング期待値を意味する. 式 (4.20) を用いたスムージング更新は最終時点 N から始まり時間を逆向きに進むことで計算を実行する. この結果, 右辺のスムージング値 $\widehat{\beta}_{t+1|N}$ が左辺で示される $\widehat{\beta}_{t|N}$ へと更新される.

3) フィルタリング値と予測値の役割 右辺の $\widehat{\beta}_{t|t}$ は t 期のフィルタリング値を意味する. したがってスムージングをおこなう以前にフィルタリング計算を実行しておき, その結果を別途格納しておかなければいけない. 式 (4.21) の状態変数の分散のフィルタリング値 $\widehat{\Sigma}_{t|t}$ についても同様である.

4) 式 (4.20) の意味 この式はフィルタリング公式でのカルマンフィルターと同じ意味をもっている. つまり右辺第 2 項の $\widehat{\beta}_{t+1|N}$ が $t+1$ 時点のスムージング値であり, $T\widehat{\beta}_{t|t} = \widehat{\beta}_{t+1|t}$ が t 期のフィルタリング値であるので, その差 $(\widehat{\beta}_{t+1|N} - T\widehat{\beta}_{t|t})$ が「驚き」を表している. 式 (4.21) の $\widehat{\Sigma}_t^*$ はこの「驚き」に対

する重みを示したものである．この式 (4.21) の分子はカルマンフィルターによって得られた t 期の状態変数 $\widetilde{\beta}_t$ の分散のフィルタリング値，分母の $\widehat{\Sigma}_{t+1|t}$ は分散の 1 期先予測値である．したがって重みは分散のフィルタリング値と 1 期先予測値とがどのくらい違うのかを表している．言い換えると，状態変数 $\widetilde{\beta}_t$ の t 期の分散のフィルタリング値 $\widehat{\Sigma}_{t|t}$ が t 期から見たときの分散の 1 期先予測値 $\widehat{\Sigma}_{t+1|t}$ より大きければ，t 期の状態変数のスムージング値 $\widehat{\beta}_{t|N}$ は「驚き」の大きさ $(\widehat{\beta}_{t+1|N} - T\widehat{\beta}_{t|t})$ に比例して大きくなる．つまり，状態変数 $\widetilde{\beta}_t$ の t 期の分散のフィルタリング値 $\widehat{\Sigma}_{t|t}$ が t 期から見たときの分散の 1 期先予測値 $\widehat{\Sigma}_{t+1|t}$ より大きければ，t 期の状態変数のスムージング値 $\widehat{\beta}_{t|N}$ は「驚き」の大きさ $(\widehat{\beta}_{t+1|N} - T\widehat{\beta}_{t|t})$ に比例して増加する．

4.7.2 状態変数のスムージング分散の推定

状態変数の分散のスムージング値は次のような公式

$$\widehat{\Sigma}_{t|N} = \widehat{\Sigma}_{t|t} + (\widehat{\Sigma}_t^*)^2 (\widehat{\Sigma}_{t+1|N} - \widehat{\Sigma}_{t+1|t}) \tag{4.22}$$

によって求めることができるが，状態変数の分散のフィルタリング公式とかなり異なる形をしている．これは状態変数の期待値のフィルタリング公式，あるいは第 3 章で説明した通常の分散の逐次計算式とむしろ似通っている．

4.7.3 スムージングのアルゴリズム

以上のアルゴリズムのフローチャートを図 4.5 に示した．このフローチャートの個々の箱の中身についてより詳しく説明する．

- **Step 1：カルマンフィルターの実行**　カルマンフィルターを実行し，状態変数の平均の 1 期先予測 $\widehat{\beta}_{t|t-1}$ と 1 期先分散 $\widehat{\Sigma}_{t|t-1}$，それらのフィルタリング値 $\widehat{\beta}_{t|t}$，$\widehat{\Sigma}_{t|t}$ を全ての期間について計算しかつ記憶しておく．
- **Step 2：初期値の設定**　最後の時点を N とする．つまり $N \to t$ とし，$t = N$ 時点の状態変数のフィルタリング値 $\widehat{\beta}_{N|N}$ と $\widehat{\Sigma}_{N|N}$ をスムージングにあたっての初期値とする．
- **Step 3：全ての計算を終えたかどうかを判定**　$t \to t-1$ として時点を繰り下げ以下の Step 4 の計算をおこない $t \leq 0$ になったときに終了する．
- **Step 4：スムージング計算**　最初に式 (4.21) の $\widehat{\Sigma}_t^*$ を計算する．その後，式 (4.20) で示されるスムージング期待値と式 (4.22) のスムージング分散を計算し，Step 3 に戻る．

4.7 スムージング公式

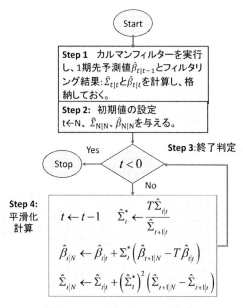

図 4.5 スムージングのアルゴリズム

4.7.4 Excel による数値計算例

図 4.6 に Excel により詳細な計算過程を示した．この Excel シートで B 列から L 列まではカルマンフィルターによる状態変数の 1 期先予測とフィルタリングの計算結果であり，図 4.2 とまったく同じ計算結果を示している．N 列から Q 列がスムージング計算のために新たに付け加えられた部分である．

1) $\hat{\Sigma}_t^*$ の計算 N 列で $\hat{\Sigma}_t^*$ の $t=3,2,1$ 期の値が式（4.21）にもとづいて次のようにおこなわれる．式（4.21）の分子は L 列で，分母は F 列で計算されている．$\hat{\Sigma}_t^*$ はカルマンフィルターにより 1 期先予測とフィルタリング計算がすでにおこなわれているので全ての期間の計算を一度にすることが可能である．

$$\hat{\Sigma}_3^* = \frac{T\hat{\Sigma}_{3|3}}{\hat{\Sigma}_{4|3}} = \frac{1\times 0.8285}{4.829} = 0.1716$$

$$\hat{\Sigma}_2^* = \frac{T\hat{\Sigma}_{2|2}}{\hat{\Sigma}_{3|2}} = \frac{1\times 0.8317}{4.832} = 0.1721$$

$$\hat{\Sigma}_1^* = \frac{T\hat{\Sigma}_{1|1}}{\hat{\Sigma}_{2|1}} = \frac{1\times 0.9412}{4.941} = 0.1905$$

4. カルマンフィルター公式の意味と数値実験

	A	B	C	D	E	F	G	H	I	J	K	L	M	N	O	Q
1	T		σ_e													
2	1		2		$\beta_{0|0}$	$\Sigma_{0|0}$										
3					4	12										
4	時間	観測値		外生変数	状態予測	状態分散予測	観測変数予測	予測誤差	予測誤差分散	カルマンゲイン	状態変数期待値	状態変数分散	平滑化重み	状態平滑化	状態分散平滑化	予測誤差
5	(1)	(2)	(3)		(4)	(5)	(6)	(7)	(8)	(9)	(10)	(11)	(12)	(13)	(14)	(15)
6	t	y_t		X_t	$\hat{\beta}_{t|t-1}$	$\Sigma_{t|t-1}$	$\hat{Y}_{t|t-1}$	$v_t = y_t - \hat{Y}_t$	$V_t = x_t^2\Sigma_{t|t-1}+\sigma_e^2$	K_t	$\hat{\beta}_t$	Σ_t	Σ_t^*	$\hat{\beta}_{t|N}$	$\Sigma_{t|N}$	$u_t = y_t - T\beta_T$
7					T*(1)	T^2*(11)+σe^2	(4)*(3)	(2)−(6)	(3)^2*(5)+σe^2	[(3)*(5)]/(8)	(4)+(9)*(7)	[1−(9)*(3)]*(5)	T*(11)/5(t+1)	(10)*(12)*[(13)(t+1)−T*(10)]	(11)*(12)^2*[14(t+1)−(11)]	(2)−T*(12)
8	0										4.000	12.000				
9	1	4.4		1	4.000	16.000	4.00	0.400	17.000	0.941	4.376	0.9412	0.1905	4.3062	0.7876	0.0938
10	2	4.0		1	4.376	4.941	4.38	−0.376	5.941	0.832	4.063	0.8317	0.1721	4.0076	0.7096	−0.0076
11	3	3.5		1	4.063	4.832	4.06	−0.563	5.832	0.829	3.597	0.8285	0.1716	3.7392	0.7107	−0.2392
12	4	4.6		1	3.597	4.829	3.60	1.003	5.829	0.828	4.428	0.8284		4.4278	0.8284	0.1722
13	平均	4.125						0.116			4.116	0.857				
14	標準偏差	0.421														0.0048

図 4.6 Excel によるスムージングの計算例

4.7 スムージング公式

2) 初期値の設定 $N=4$ 期のスムージング値はこの期がスムージング計算にあたっての初期時点になるので，セル K12 の状態変数のフィルタリング期待値 $\hat{\beta}_{N|N}=\hat{\beta}_{4|4}=4.428$ とセル L12 のフィルタリング分散値 $\hat{\Sigma}_{N|N}=\hat{\Sigma}_{4|4}=0.8284$ をそれぞれセル O12 と P12 にコピーする．以下の計算において，$N=4$，$T=1$ は定数であり固定されていること，時間 t のみが，$t=3,2,1$ と逆向きに変化することに注意．

3) スムージング期待値とスムージング分散の計算 これらの値をもとにセル O11 の $t=3$ 期のスムージング期待値を式（4.20）により次のように計算する．

$$\hat{\beta}_{3|4}=\hat{\beta}_{3|3}+\hat{\Sigma}_3^*(\hat{\beta}_{4|4}-T\hat{\beta}_{3|3})=3.597+0.1716(4.4278-1\times 3.597)=3.7392$$

添字に最終時点 $N=4$ がある場合の $\hat{\beta}_{t|N}=\hat{\beta}_{3|4}$ と $\hat{\beta}_{t+1|N}=\hat{\beta}_{4|4}$ はスムージングされた状態変数の期待値を示している．$t=3$ 期の「スムージング期待値」$\hat{\beta}_{t+1|N}=\hat{\beta}_{4|4}$ と $t=4$ 期の「フィルタリング期待値」$\hat{\beta}_{t|t}=\hat{\beta}_{4|4}$ の違いに留意すること．

同様にしてセル P11 の $t=3$ 期のスムージング期待値を式（4.22）により次のように求める．

$$\hat{\Sigma}_{3|4}=\hat{\Sigma}_{3|3}+(\hat{\Sigma}_3^*)^2(\hat{\Sigma}_{4|4}-\hat{\Sigma}_{4|3})=0.8285+(0.1716)^2(0.8284-4.829)=0.7107$$

念のため $t=2$ 期の計算は次のように計算できることを確かめよう（セル O10, P10）．

$$\hat{\beta}_{2|4}=\hat{\beta}_{2|2}+\hat{\Sigma}_2^*(\hat{\beta}_{3|4}-T\hat{\beta}_{3|2})=4.063+0.1721(3.7392-1\times 4.063)=4.0076$$

$$\hat{\Sigma}_{2|4}=\hat{\Sigma}_{2|2}+(\hat{\Sigma}_2^*)^2(\hat{\Sigma}_{3|4}-\hat{\Sigma}_{3|2})=0.8317+(0.1721)^2(0.7107-4.832)=0.7096$$

$t=1$ 期のスムージング計算についてはこれらの結果をもとに各自が確認することにしよう．

5

カルマンフィルターとスムージング公式の導出
―正規性を仮定する場合―

> **この章で何を学ぶのか？**
> 1. 確率変数 Z と Y が相関を有する2変量正規分布に従うとき，Y の特定の値を知ったときの Z の「条件付き期待値」と「条件付き分散」公式の意味を言葉と図によって理解する．
> 2. カルマンフィルターにおける①状態変数の期待値と分散の「1期先予測式」および，②観測変数の値を知ったときの状態変数の条件付き平均と条件付き分散の「フィルタリング公式」を理解する．またそれらの詳しい導出を試みる．さらに③状態変数の「スムージング」について直観的な理解を試みる．

5.1 はじめに

状態空間モデルの定式化を確認しよう．モデルは観測方程式と状態方程式から成り立っていた．

観測方程式　　　$\tilde{Y}_t = c + \tilde{\beta}_t X_t + \tilde{e}_t$　　　　　　　　　　(5.1)

状態方程式　　　$\tilde{\beta}_t = d + T\tilde{\beta}_{t-1} + \tilde{\varepsilon}_t$　　　　　　　　　　(5.2)

この章では観測変数 Y_t と未知の状態変数 β_t が相関を有する2変量正規分布に従うと仮定する．これから2変量正規分布に関する条件付き期待値（conditional expectations）公式と条件付き分散（conditional variance）公式を用いることにより，カルマンフィルター公式を容易に導くことができる．

しかし正規性の仮定は厳しい．言い換えれば，多くの社会科学への応用においては，観測変数 Y_t と状態変数 β_t の確率分布の裾野（tail）は正規分布が想定するよりも厚い（例えば，バブル期の株価の上昇やリーマン・ショック時の株価の暴落など）．あるいは分布のとがり具合（尖度，kurtosis）は正規分布が想定する3よりも大きく，分布は平均値を境にして対称であることが普通であるとは決

していえない（歪度）．

　しかしこの正規性を仮定する方法はカルマンフィルター公式の導出にあたり，よく知られた多変量（本章では2変量）正規分布とは何かということ以上の高度な確率・統計の知識を要求しない方法であるためカルマンフィルターの導出方法として最もよく知られている．

　第3章では逐次計算とは何かを学んだ．例えば，データを入手するたびに，$t-1$期までに得たデータから計算された「古い」平均値と新しく得たデータとの差（驚き）に重みK_tをかけたものを用いて，古い平均値を修正して新しい平均値が計算できることを示した．

　本章以降ではこうした逐次計算を，条件付き期待値公式と条件付き分散公式を用いて，不確実な2つの確率変数の世界に拡張する．世の中には，互いに相関をもつ2つの確率変数が多く存在する．例えば，体重が重い人は身長も高い傾向，つまり身長と体重の間には正の相関がある．所得が多い（少ない）人は消費も多く（低く）なるであろう．入試であれば数学と物理の評点には正の相関があることが予想される．しかし，なぜ相関を重視するのであろうか？　それは2つの変数の間で相関があることは，両者の間に原因と結果の間の因果関係がある「かも」しれないことを示唆しているからである[15]．

　ここで，少しの間，式 (5.1) を線形回帰式と考え，その直線の傾きが一定$\beta_t=\beta$であると仮定しよう．左辺のY_tが消費を，右辺のX_tが所得を表しているとしよう．こうした関係を経済学では消費関数と呼ぶ．右辺の切片cと傾きβの値として$c=10$万円，$\beta=0.3$が推定できたとする．ある月の所得X_tが20万円の家計はいくら消費をするだろうか？　誤差項e_tの平均を0と仮定すると，「平均して」$Y_t=10+0.3\times 20=16$万円の支出をすると「期待」あるいは「予測」できる．これが独立変数X_tに関して特定の値$X_t=20$を想定したときの従属変数である消費額Y_tの条件付き期待値である．

　次に問題を逆に考えることにしよう．消費Y_tが10万円の家計があったとする．この家計の所得はいくらになるだろうか？　消費が$Y_t=10$万円であるという「結果」を観測したとき，消費を可能にする「原因」である所得水準X_tがどのような値をとるのかを知りたい．もしY_tとX_tが相関をもち，かつ両者が2変量正規分布をすれば，5.2.1項で示す簡単な公式，つまり式 (5.8) の正規分

---

[15] ここで「かも」しれないとしたのは，相関があるから必ずしも両者の間に原因と結果の関係があるとは限らないからである．これを「見せかけの相関」と呼ぶ．この問題は第12章「経済分析への応用」で議論する．

布の条件付き期待値と式 (5.10) の条件付き分散公式を用いて，結果である消費水準の値を知ったとき，原因である所得水準 X_t の平均値とその平均からの散らばり（分散）を知ることができる．こうした計算を第3章で示したような「逐次」計算によっておこなおうとするのがカルマンフィルターの目的である．

線形回帰分析では式 (5.1) で傾きは一定値 $\beta_t=\beta$ であると仮定して議論をした．毎期の所得水準 X_t がこのモデルの外から与えられた既知の値と考え，所得 Y_t と未知の状態変数である限界消費性向 β_t が互いに相関を有する2変量の正規分布をしていると仮定して条件付き期待値と条件付き分散の公式を適用する．その結果，消費水準 Y_t を結果と考えたとき，未知の直線の傾きである「β_t：限界消費性向」の推定が可能になる．直線の傾き β_t は，式 (5.2) の状態方程式で示される規則に従って，毎期 t の消費額 Y_t の実現値 $Y_t=y_t$ が得られるたびに，限界消費性向 β_t の平均と分散を推定できる．

これが，カルマンフィルターを用いて未知の回帰係数を，時間依存の確率変数の期待値と分散として推定できることの直観的な考え方である[16]．

以下では，もう少し厳密に数式を用い，カルマンフィルターによる具体的な推定方法を説明する．それにあたって，まず5.2節で2変量正規分布をする確率変数の条件付き期待値と条件付き分散について復習することから始める．

5.2 2変量正規分布の条件付き期待値と条件付き分散：直観的な理解

5.2.1 2変量正規分布とは？

互いに相関を有する正規分布に従う2つの確率変数 Z と Y の同時分布を，平均ベクトルと分散共分散行列を用いて，次のように示す．

$$\begin{pmatrix} \widetilde{Z} \\ \widetilde{Y} \end{pmatrix} \sim N\left(\begin{pmatrix} \mu_Z \\ \mu_Y \end{pmatrix}, \begin{pmatrix} \sigma_Z^2 & \sigma_{ZY} \\ \sigma_{YZ} & \sigma_Y^2 \end{pmatrix} \right) \tag{5.3}$$

以下では，平均ベクトルと分散共分散行列の要素の意味を考えてみよう．

1) 無条件期待値： Z と Y の無条件の平均（期待）値は，

$$\mu_Z \equiv E[Z], \quad \mu_Y \equiv E[Y] \tag{5.4}$$

で示される．これは Z と Y の周辺分布の期待値でもある．「無条件」とは，Z と Y の平均が何らそれ自身以外の情報を用いずに計算されているからである．

---

[16] カルマンフィルターを用いた「限界消費性向」の長期的な推定結果は第12章「経済分析への応用」で具体的な実証例を示す．

2) **無条件の分散**： Z と Y の無条件の分散は次のように示される．

$$\sigma_Z^2 \equiv Var(Z) = E[(Z-E[Z])^2], \quad \sigma_Y^2 \equiv Var(Y) = E[(Y-E[Y])^2] \quad (5.5)$$

標準偏差は分散の平方根でありそれぞれの散らばりの度合いを示している．ファイナンス理論では標準偏差はボラティリティ（volatility）と呼ばれる．ここで「無条件」とあるのも期待値の場合と同様の意味である．

3) **2変量正規分布図と確率楕円**： Z を縦軸に，Y を横軸にとったときの散布図と，そのときの無条件期待値と無条件標準偏差が図5.1に示されている．中央の楕円は2変量正規分布を山と考え，それを真上から見たときの山の等高線（確率楕円）を示している．なお，Z と Y の平均値は山の一番高い所で交差していることに注意しよう．これは正規分布の平均（中央，最頻値）は分布の一番高いところに対応しているからである．

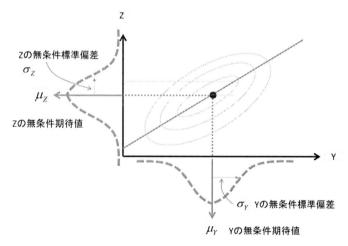

図5.1　2変量正規分布の周辺分布とその（無条件）期待値

4) **共分散と相関**： Z と Y の無条件の共分散は次のように計算される．

$$\sigma_{ZY} = \sigma_{YZ} \equiv Cov(Z, Y) = E[(Z-E[Z])(Y-E[Y])] \quad (5.6)$$

共分散は負の値，0，正の値をとる．図5.1は共分散が正の値の場合を示し，Z が増加（減少）するとき Y も増加（減少）するような場合を示す．したがって確率楕円（等高線）は右上がり傾向を示す．共分散が負の値の場合は Z が増加（減少）すると Y は減少（増加）する関係を示し，確率楕円（等高線）は右下が

り傾向を示す．共分散が 0 である場合は両者に傾向は見られず，確率楕円（等高線）は円になる．

Z と Y の共分散をそれぞれの標準偏差で割ったものが相関係数であり，次のように定義される．

$$-1 \le \rho_{ZY} \equiv \frac{Cov(Z, Y)}{\sqrt{Var(Z)}\sqrt{Var(Y)}} \equiv \frac{\sigma_{ZY}}{\sigma_Z \sigma_Y} \le +1 \tag{5.7}$$

共分散の上下限はプラス無限大，マイナス無限大であるのに対し，相関係数は -1 から $+1$ の有限の値をとる（図 5.2）．

平均0,分散1の[2変量標準正規分布]

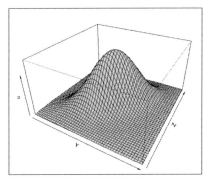
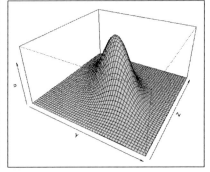

相関 = -0.6　　　　　　　　相関 = +0.6

図 5.2　相関が -0.6 と $+0.6$ の場合の 2 変量標準正規分布の密度関数

5) 条件付き期待値と条件付き分散：　Y に関する特定の値 $Y=y$ が得られたという条件のもとでの Z の「期待値」と「分散」を「条件付き期待値 $\mu_{Z|Y=y}$」と「条件付き分散 $\sigma^2_{Z|Y=y}$」と呼び，次のように数式で示される（導出に関しては章末の数学付録 A5-1 を参照）．

$$\mu_{Z|Y=y} \equiv E[\widetilde{Z}|\widetilde{Y}=y] = \mu_Z + K(y - \mu_Y) \tag{5.8}$$

ここで
$$K \equiv \frac{Cov(Z, Y)}{Var(Y)} \tag{5.9}$$

$$\sigma^2_{Z|Y=y} = Var[\widetilde{Z}|\widetilde{Y}=y] = (1 - \rho^2_{ZY})\sigma^2_Z \tag{5.10}$$

式 (5.8) は Z を縦軸，Y を横軸にとったとき，$\mu_{Z|Y=y}$ を従属変数（左辺）とし，$Y=y$ を独立変数（右辺）としたときの直線の方程式を表している．式 (5.9) はこの回帰直線の傾きを示し，それは共分散を分散で割ったものである．

5.2.2 条件付き期待値の計算の意味

条件付き期待値を示す式 (5.8) が何を意味しているか，その直観的な説明を図 5.3 における網掛けした番号に沿って明らかにしよう．

条件付き期待値の計算は 2 通りの方法でできる．第 1 の方法は，定数 c を $c \equiv \mu_Z - K\mu_Z$ と定義した上で，$Z = c + KY$ という直線の方程式を考え，右辺の独立変数に具体的な値 $Y = y$ を与え，$Z = c + Ky$ を直接計算し，従属変数 Z の値が条件付き期待値であることを知る方法である．これを**直接法**と呼ぶことにしよう．

第 2 の方法は，結果として同じ Z の値を得るにせよ，やや回りくどい方法でその値を得る．具体的な計算方法はこの後で述べるが，これを**間接法**と呼ぶことにする．いずれの場合であっても図 5.3 を用いて直観的な理解を得ることができる．

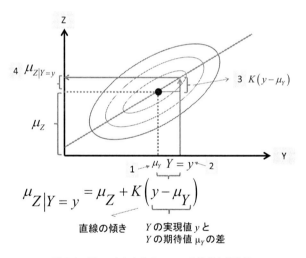

図 5.3　$Y = y$ としたときの Z の条件付き期待値

a. 条件付き期待値の計算

直接法：$c \equiv \mu_Z - K\mu_Z$ としたときの $Z = c + KY$ の計算

もし確率変数 Z と Y が 2 変量正規分布をしていたとすると図 5.3 に示されたような直線（回帰直線）を引くことができる．このとき条件付き期待値は次のようにして計算できる．

▎Step 1：　横軸（Y 軸）で Y の特定の値 $Y = y$ がわかった（観測できた）と

する．横軸での点②がそれを意味する．

Step 2: 点②から上に線を延ばし，回帰直線に当たったら左横に線を延ばし，縦軸（Z軸）に到着した点④が「Yの特定の値がわかった$Y=y$時の，Zの条件付き期待値$\mu_{Z|Y=y}$」である．$c \equiv \mu_Z - K\mu_Z$と定義した上で，$Z = c + KY$を直接計算している．この計算の結果を式で書くと$\mu_{Z|Y=y} = E[\tilde{Z}|\tilde{Y}=y]$と表すことができる．$Z$と$Y$の間にどのような関係があるのかがわからない場合，$Z$の最もありうる値は$Z$の（無条件の）平均値$\mu_Z$である．しかし$Z$と$Y$の間に直線の関係があれば，言い換えれば，$Z$と$Y$が2変量正規分布していれば，よりよい$Z$の値，つまり条件付き期待値を計算できる．これが「条件付き」の意味である．

b. **条件付き期待値の計算**

間接法：$\mu_{Z|Y=y} = \mu_Z + K(y - \mu_Y)$ の計算

もしZとYが2変量正規分布をしていれば回帰直線を引くことができる．条件付き期待値の計算は上の「直接法」による計算を少し変えて，やや面倒であるがカルマンフィルターの導出にとって役立つ次のような「間接的」な計算によって同じ値を得ることができる．

Step 1: 2変量正規分布に従うYとZのデータからそれぞれの平均値と分散を計算する．これを事前の平均と分散，あるいは無条件の平均値μ_Y，無条件の分散σ_Y^2とする．特にYの無条件平均値μ_Yに注目する．これが図5.3の点①である．

Step 2: Yに関する新しい情報としてその特定の値yを得た．新しい情報yと事前の平均値μ_Yの差を計算する．これが式 (5.8) の右辺第2項の $(y - \mu_Y)$ であり，図5.3でそれは点①と点②の間の距離にあたる．特定の値yが得られる前の段階では，Yの値の最もよい予測値はその平均値μ_Yであった．今回は新しくYの特定の値yが得られた．したがって$(y - \mu_Y)$はいわば新しく得た情報の価値，あるいは情報がもたらす「驚き」の大きさを表している．

Step 3: Step 2で得た結果に（回帰）直線の傾きK（点③）をかける．つまり$K \times (y - \mu_Y)$を計算する．Step 2で計算した$(y - \mu_Y)$は直角三角形$\varDelta$の底辺を示している．それに傾きKをかけるのであるから，この計算$K(y - \mu_Y)$は直角三角形$\varDelta$の高さを求めることに等しい[17]．

Step 4: 条件付き期待値はStep 3で計算された値に，新しい情報yが得ら

れる前の Z の事前(無条件)平均値 μ_Z を加えることによって求まる.つまり古い平均値を,新しく得た情報 $K(y-\mu_Y)$ をもとにしてフィルタリングする.結果として $\mu_{Z|Y=y}=\mu_Z+K(y-\mu_Y)$ が平均値のフィルタリング公式,つまり条件付き期待値の計算公式となる.条件付き分散の計算は,次の 5.2.3 項で考えることにしよう.

5.2.3　条件付き分散の計算の意味とは？ : $\sigma_{Z|Y}^2=(1-\rho_{ZY}^2)\sigma_Z^2$ の計算

式(5.10)の条件付き分散公式は,図 5.4 で Y と Z の間に線形の相関関係がある場合,Z の条件付き分散が無条件分散より小さくなることを示している.なぜならば Y と Z の間にプラスあるいはマイナス相関がある場合,相関がない場合に比べて Y の特定の値を知ることにより Z の値の不確実性(散らばり)が減るからである.どのくらい Z の分散が小さくなるかは式(5.10)の右辺の $(1-\rho_{ZY}^2)$ 大きさに依存している.相関係数 ρ_{ZY} は正あるいは負の値をとり,その最大値は 1 である.相関係数の二乗 ρ_{ZY}^2 は必ずプラスの値をとる.相関係数が 1 以下であれば $(1-\rho_{ZY}^2)$ は 1 以下の値になり,Z の事後の分散は事前の分散の値と比較すると必ず小さくなる.もし相関係数が 1 であれば,この公式からわかるように Z の条件付き分散は 0 $(1-\rho_{ZY}^2=1-1=0)$ になる,言い換えるならば,相関が 1 であるということは Z と Y が完全に同じ動きをする,つまり統計的には同じものなのだから Z の条件付き分散は 0 になる.相関係数 $\rho=0$ であれば $(1-\rho_{ZY}^2)=1-0)=1$ であるので,分散のフィルタリングはおこなわなくてよい.

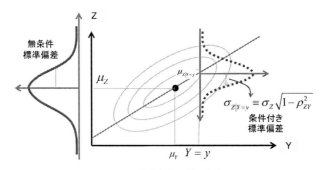

図 5.4　条件付き分散の意味

Y と Z の相関係数がゼロでない限り,Z の条件付き分散 $\sigma_{Z|Y}^2$ は無条件分散より小さくなる

---

17) 回帰直線の傾きは共分散 σ_{ZY} を独立変数の分散 σ_Y^2 で割ったものであるので次のように変形できる.$K\equiv\sigma_{ZY}/\sigma_Y^2=(\sigma_{ZY}/\sigma_Z\sigma_Y)(\sigma_Z/\sigma_Y)=\rho_{ZY}(\sigma_Z/\sigma_Y)$.ここで ρ_{ZY} は Z と Y の間の相関係数を示している.

ただし，この公式は Y に関する特定の値 y に，条件付き期待値の公式と異なり，依存していないことに注意しよう．条件付き分散は，単に Y と Z の相関係数の絶対値の大きさだけに依存している．

これらの2変量正規分布に関する知識をもとにして，5.4節ではカルマンフィルターの1期先予測とフィルタリング公式を導く．なお，その前に5.3節でまず未知の状態変数のフィルタリング公式を証明なしに示し，それがどのような意味をもっているのかをこれまでの議論と対比して理解する．

5.3 カルマンフィルターにおけるフィルタリング公式の意味

5.3.1 状態変数の「期待値」のフィルタリング公式
a. 公式の再確認

2変量正規分布に従う確率変数 Y と Z について Y の特定の値 $Y=y$ が与えられたときの Z の条件付き期待値の公式を導くことができた．これに対応するカルマンフィルター (KF) での状態変数のフィルタリング公式を対比させて示す．

2変量正規分布の条件付き期待値　　　$\mu_{Z|Y=y} = \mu_Z + K(y - \mu_Y)$ 　　(5.11)

KF における状態変数のフィルタリング公式

$$\widehat{\beta}_{t|t} = \widehat{\beta}_{t|t-1} + K_t(y_t - \widehat{Y}_{t|t-1}) \quad (5.12)$$

この2つの式のそれぞれについて注意すべき点を以下に列記する．

1) 式 (5.11) の2変量正規分布の条件付き期待値式に含まれる変数の意味を再度確認しよう．$\mu_{Z|Y=y}$ は Y の特定の値 $Y=y$ が与えられたときの Z の条件付き期待値，μ_Z は Z の無条件期待値，K は Y を独立変数とし，Z を従属変数としたときの回帰直線の傾き，y は新しく得られた Y の特定の値，μ_Y は Y の無条件期待値であった．

2) 式 (5.12) のカルマンフィルターのフィルタリング公式に関する変数の意味はすでに第4章で明らかにしたが，再度その意味を確認しよう．$\widehat{\beta}_{t|t}$ は t 期までの情報 Ω_t が得られたという条件のもとで t 期の状態変数の条件付き期待値，$\widehat{\beta}_{t|t-1}$ は $t-1$ 期までの情報 Ω_{t-1} が得られたという条件のもとでの t 期の状態変数の「条件付き期待値」あるいは「1期先予測値」，K_t はカルマンゲイン (Kalman gain) と呼ばれている「重み」係数，y_t は t 期の観測変数 Y_t の特定の値，$\widehat{Y}_{t|t-1}$ は $t-1$ 期までの情報 Ω_{t-1} が得られたという条件における t 期の観測変数の「条件付き期待値」あるいはその「1期先予測値」である．

3) 式 (5.11) には時間を表す添え字 t がついていないのに対し，式 (5.12)

には添え字 t がついていることに注意しよう．つまり式 (5.11) はある時点で Y に関する新しい値が得られる前の Z の無条件期待値が，その後どのようになるのかを示している．これに対し式 (5.12) は任意の時点の前後で未知の状態変数の期待値が，新しい情報を得たことにより，どのような変化があるのかを示している．時点 t を $0, 1, 2, \cdots, N$ と変化させることにより状態変数の期待値がどのように変わっていくかを示すことができる．

b. 状態変数の期待値のフィルタリング公式：その直観的な意味

図 5.5 を用いて式 (5.12) が何を意味するかを説明しよう．基本的な考え方は，5.2.2 項ですでに示した図 5.3 の解釈と同様であり，個々の変数の意味が違うだけである．

Step 1： $t-1$ 期までの情報にもとづいて t 期の観測変数の条件付き期待値 $\hat{Y}_{t|t-1}$ を得る（点①）．$\hat{Y}_{t|t-1}$ は Y_t の最もありうる事前の予測値である．これが点①である．

Step 2： t 期になり観測変数 Y_t に関する特定の値 y（点②）を得て，新しい情報 $Y_t = y_t$ とその事前の予測値 $\hat{Y}_{t|t-1}$ との差を計算する．これが式 (5.12) の右辺第2項の $(y_t - \hat{Y}_{t|t-1})$ にあたる．$(y_t - \hat{Y}_{t|t-1})$ は新しい情報がもたらした「驚き」の大きさを表している．カルマンフィルターでは，これを予測誤差と呼び，第6章で示す固定パラメータの推定にあたり重要な役割を果たす．

Step 3： Step 2 で得た結果に（回帰）直線の傾き K_t をかける（点③）．K_t

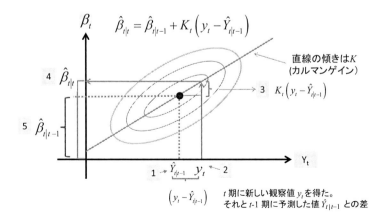

図 5.5 カルマンフィルターにおけるフィルタリング公式の意味

は「驚き」に対する重みの役割を果たしている．$K_t(y_t-\widehat{Y}_{t|t-1})$ は直角三角形 $\varDelta$ の高さを求めることに等しい[18]．

Step 4： 条件付き期待値は Step 3 で計算されたいわば修正値 $K_t(y_t-\widehat{Y}_{t|t-1})$ を，前の期（$t-1$ 期）までの情報によって計算された t 期の状態変数の条件付き期待値 $\widehat{\beta}_{t|t-1}$（点[5]）に足して，t 期の新しい状態変数の値とする．これが，現在（t 期）時点でも不確実で真の値がわからない t 期の状態変数の最もありうる（条件付き）期待値 $\widehat{\beta}_{t|t}$（点[4]）となる．

5.3.2 状態変数の「分散」のフィルタリング公式：その直観的な意味

5.2.3項ですでに説明をした2変量正規分布の条件付き分散の公式と比較して，カルマンフィルターにおける状態変数の分散のフィルタリング公式がどのようにして得られるのかを説明する．

$$2\text{変量正規分布の条件付き分散}\quad \sigma^2_{Z|Y}=(1-\rho^2_{ZY})\sigma^2_Z \quad (5.13)$$

$$\text{KF における状態変数}\ \beta_t\ \text{の分散}\quad \widehat{\Sigma}_{t|t}=(1-X_tK_t)\widehat{\Sigma}_{t|t-1} \quad (5.14)$$

これら2つの式での変数名を再び確認するとともに，式 (5.14) のカルマンフィルターにおける状態変数の分散のフィルタリング式での変数名とその解釈を以下に示そう．

1) 式 (5.13) において，$\sigma^2_{Z|Y}$ は Y の特定の値がわかったとき（$Y=y$）の Z の条件付き分散，σ^2_Z は Z の無条件分散，ρ^2_{ZY} は Z と Y の相関係数の二乗であり必ず正の値をとる．

2) 式 (5.14) において，$\widehat{\Sigma}_{t|t}$ は t 期までの情報 Ω_t をもとにして計算された t 期の状態変数の分散，$\widehat{\Sigma}_{t|t-1}$ は $t-1$ 期までの情報 Ω_{t-1} をもとにして計算された t 期の状態変数の分散，X_tK_t は t 期の外生変数の値と t 期のカルマンゲインの積で後で示すように必ず正の値をとる．

5.4 カルマンフィルターによる1期先予測と状態変数のフィルタリング

カルマンフィルターを用い，時間とともに変化する未知の状態変数 β_t の平均と分散が，新しい観測値 $Y_t=y_t$ が得られたときにどのように変化していくのかを示すフィルタリング公式を導くことにしよう．詳細なフィルタリング公式を導く前に，5.3節での議論とフィルタリング公式との関係を表5.1に示した．な

---

[18] 詳しくは脚注17を参照．

5.5 1期先予測公式の導出

表 5.1 「2変量正規分布の平均と分散」と「カルマンフィルター」との比較

	2変量正規分布する $\widetilde{Z}$ と $\widetilde{Y}$	カルマンフィルター（KF） 2変量正規分布する $\widetilde{\beta}_t$ と $\widetilde{Y}_t$
2変量正規分布に従う確率変数	$\widetilde{Z} \sim N(\mu_Z, \sigma_Z^2), \widetilde{Y} \sim N(\mu_Y, \sigma_Y^2)$	$\widetilde{\beta}_t, \widetilde{Y}_t$
条件付き確率変数	$\widetilde{Z}\|\widetilde{Y}$	$\widetilde{\beta}_t\|(\widetilde{Y}_t = y_t, \Omega_{t-1}) = \widetilde{\beta}_t\|\Omega_t$
無条件期待値 （事前期待値）*	$E[Z] \equiv \mu_Z$ $E[Y] \equiv \mu_Y$	$E[\widetilde{\beta}_t\|\Omega_{t-1}] \equiv \widehat{\beta}_{t\|t-1}$ $E[\widetilde{Y}_t\|\Omega_{t-1}] \equiv \widehat{Y}_{t\|t-1} = c + \widehat{\beta}_{t\|t-1} X_t$
無条件分散 （事前分散）*	$Var(Z) \equiv \sigma_Z^2$ $Var(Y) \equiv \sigma_Y^2$	$V(\widetilde{Y}_t\|\Omega_{t-1}) \equiv \widehat{\Sigma}_{t\|t-1} X_t^2 + \sigma_e^2$ $V(\widetilde{\beta}_t\|\Omega_{t-1}) \equiv \widehat{\Sigma}_{t\|t-1} + \sigma_\varepsilon^2$
無条件共分散*	$Cov(Z, Y) \equiv \sigma_{ZY} = \sigma_{YZ}$	$Cov(\widetilde{Y}_t, \widetilde{\beta}_t\|\Omega_{t-1}) \equiv X_t \widehat{\Sigma}_{t\|t-1}$
条件付き期待値	$E[\widetilde{Z}\|\widetilde{Y}=y] \equiv \mu_{Z\|Y=y}$ $= \mu_Z + K(y - \mu_Y)$	$E[\widetilde{\beta}_t\|\widetilde{Y}_t = y_t, \Omega_{t-1}] = E[\widetilde{\beta}_t\|\Omega_t] \equiv \widehat{\beta}_{t\|t}$ $= \widehat{\beta}_{t\|t-1} + K_t(y_t - \widehat{Y}_{t\|t-1})$
回帰直線の傾き （カルマンゲイン）	$K = \dfrac{Cov(Z, Y)}{Var(Y)} = \dfrac{\sigma_{ZY}}{\sigma_Y^2}$	$K_t = \dfrac{Cov(\widetilde{\beta}_t, \widetilde{Y}_t\|\Omega_{t-1})}{Var(\widetilde{Y}_t\|\Omega_{t-1})} = \dfrac{X_t \widehat{\Sigma}_{t\|t-1}}{X_t^2 \widehat{\Sigma}_{t\|t-1} + \sigma_e^2}$
条件付き分散	$\sigma_{Z\|Y=y}^2 = (1-\rho_{ZY}^2)\sigma_Z^2$	$\widehat{\Sigma}_{t\|t} = (1 - X_t K_t)\widehat{\Sigma}_{t\|t-1}$

お，この表での「無条件」とは，$t-1$ 期までの情報 Ω_{t-1} が与えられた「後」ではあるが t 期での新しい情報 $Y_t = y_t$ が与えられる「前」という意味で用いていることに注意しよう．

カルマンフィルターの実行は2段階を経ておこなわれる．第1段階が1期先予測であり，第2段階がフィルタリングである．$t-1$ 期において，それまでに得た情報をもとにして，次の期である t 期の予測，すなわち時期の状態変数の期待値 $\widehat{\beta}_{t\|t-1}$ と観測変数 $\widehat{Y}_{t\|t-1}$ の計算をおこなう．その後1期間が経過して t 期になり，新しく得られた情報 $(Y_t = y_t, X_t)$ をもとにして，状態変数と観測変数の新しい期待値 $\widehat{\beta}_{t\|t}$ と $\widehat{Y}_{t\|t-1}$ を計算する．それぞれの段階で必要となる公式がどのようにして導かれるのかを以下で詳しく説明する．

5.5 1期先予測公式の導出

$t-1$ 期までに得られた情報 Ω_{t-1} をもとにした，状態変数の t 期の条件付き期待値を，式 (5.2) の状態方程式の両辺の条件付き期待値を計算することにより，次のように求める．

$$\widehat{\beta}_{t\|t-1} \equiv E[\widetilde{\beta}_t|\Omega_{t-1}] = E[d + T\widetilde{\beta}_{t-1} + \widetilde{\varepsilon}_t|\Omega_{t-1}]$$

$$= E[d|\Omega_{t-1}] + TE[\tilde{\beta}_{t-1}|\Omega_{t-1}] + E[\tilde{\varepsilon}_t|\Omega_{t-1}]$$
$$= d + T\hat{\beta}_{t-1|t-1} + 0$$
$$\boxed{\hat{\beta}_{t|t-1} = d + T\hat{\beta}_{t-1|t-1}} \tag{5.15}$$

この結果から $t-1$ 期に事前の値としてわかっている右辺の $\hat{\beta}_{t-1|t-1}$ をもとにして 1 期先の状態変数の期待値 $\hat{\beta}_{t|t-1}$ の予測が可能になる．

同様に，1 期前までに得られた情報 Ω_{t-1} をもとに計算された t 期の状態変数の条件付き分散 $\hat{\Sigma}_{t|t-1}$ は，式 (5.2) の両辺の条件付き分散を計算することにより次のように導くことができる．

$$Var[\tilde{\beta}_t|\Omega_{t-1}] \equiv \hat{\Sigma}_{t|t-1}$$
$$= Var[d + T\tilde{\beta}_{t-1} + \tilde{\varepsilon}_t|\Omega_{t-1}]$$
$$= Var[d|\Omega_{t-1}] + T^2 Var[\tilde{\beta}_{t-1}|\Omega_{t-1}] + Var[\tilde{\varepsilon}_t|\Omega_{t-1}]$$
$$= 0 + T^2 \hat{\Sigma}_{t|t-1} + \sigma_\varepsilon^2$$
$$\boxed{\hat{\Sigma}_{t|t-1} = T^2 \hat{\Sigma}_{t-1|t-1} + \sigma_\varepsilon^2} \tag{5.16}$$

この式を用いると右辺の $\hat{\Sigma}_{t-1|t-1}$ をもとにした左辺の $\hat{\Sigma}_{t|t-1}$ の 1 期先予測が可能になる．

さらに，1 期前までに得られた情報 Ω_{t-1} をもとにした次期の観測値の予測値は，観測方程式 (5.1) の両辺の条件付き期待値を計算することにより次のように計算できる．

$$\hat{Y}_{t|t-1} \equiv E[\tilde{Y}_t|\Omega_{t-1}]$$
$$= E[c + \tilde{\beta}_t X_t + \tilde{e}_t|\Omega_{t-1}]$$
$$= E[c|\Omega_{t-1}] + X_t E[\tilde{\beta}_t|\Omega_{t-1}] + E[\tilde{e}_t|\Omega_{t-1}]$$
$$= c + \hat{\beta}_{t|t-1} X_t + 0$$
$$\boxed{\hat{Y}_{t|t-1} = c + \hat{\beta}_{t|t-1} X_t}$$

5.6 状態変数の期待値と分散のフィルタリング公式の導出

状態変数 β_t と式 (5.1) の観測方程式を次のように書き直してみよう．
$$\tilde{Y}_t = \hat{\beta}_{t|t-1} X_t + c + (\tilde{\beta}_t - \hat{\beta}_{t|t-1}) X_t + \tilde{e}_t \tag{5.17}$$
$$\tilde{\beta}_t = \hat{\beta}_{t|t-1} + (\tilde{\beta}_t - \hat{\beta}_{t|t-1}) \tag{5.18}$$

式 (5.18) は恒等式 $\tilde{\beta}_t = \tilde{\beta}_t$ の右辺に $0 = \hat{\beta}_{t|t-1} - \hat{\beta}_{t|t-1}$ を足したもの，式 (5.17) は観測方程式 $\tilde{Y}_t = c + \tilde{\beta}_t X_t + \tilde{e}_t$ の右辺に $0 = \hat{\beta}_{t|t-1} X_t - \hat{\beta}_{t|t-1} X_t$ を足したものにほかならない．

これら 2 つの式について，$t-1$ 期前までの情報 Ω_{t-1} が与えられたときの両辺

の期待値と分散を計算する．これから左辺の状態変数と観測変数は次のような2変量正規分布に従う．

$$\begin{pmatrix} \widetilde{\beta}_t \\ \widetilde{Y}_t \end{pmatrix} \Big| \Omega_{t-1} \sim N\left(\begin{pmatrix} \widehat{\beta}_{t|t-1} \\ c+\widehat{\beta}_{t|t-1}X_t \end{pmatrix}, \begin{pmatrix} \widehat{\Sigma}_{t|t-1} & \widehat{\Sigma}_{t|t-1}X_t \\ X_t\widehat{\Sigma}_{t|t-1} & \widehat{\Sigma}_{t|t-1}X_t^2+\sigma_e^2 \end{pmatrix} \right) \quad (5.19)$$

なぜならば，この式の右辺の平均値ベクトルと分散共分散行列の各要素は次のように計算できるからである．

$$E[\widetilde{\beta}_t|\Omega_{t-1}] \equiv \widehat{\beta}_{t|t-1} \quad (5.20)$$

$$E[\widetilde{Y}_t|\Omega_{t-1}] \equiv \widehat{Y}_{t|t-1} = c+\widehat{\beta}_{t|t-1}X_t \quad (5.21)$$

$$Var(\widetilde{\beta}_t|\Omega_{t-1}) \equiv \widehat{\Sigma}_{t|t-1} \quad (5.22)$$

$$Var(\widetilde{Y}_t|\Omega_{t-1}) = \widehat{\Sigma}_{t|t-1}X_t^2+\sigma_e^2 \quad (5.23)$$

$$\begin{aligned} Cov(\widetilde{\beta}_t, \widetilde{Y}_t|\Omega_{t-1}) &= Cov(\widetilde{Y}_t, \widetilde{\beta}_t|\Omega_{t-1}) = Cov(c+\widetilde{\beta}_tX_t+\widetilde{\varepsilon}_t, \widetilde{\beta}_t|\Omega_{t-1}) \\ &= Cov(\widetilde{\beta}_tX_t+\widetilde{\varepsilon}_t, \widetilde{\beta}_t|\Omega_{t-1}) \\ &= Cov(\widetilde{\beta}_tX_t, \widetilde{\beta}_t|\Omega_{t-1}) + Cov(\widetilde{\varepsilon}_t, \widetilde{\beta}_t|\Omega_{t-1}) \\ &= \widehat{\Sigma}_{t|t-1}X_t+0 \end{aligned} \quad (5.24)$$

式 (5.19) は Z と Y の2変量正規分布に関する行列表現である式 (5.3) に対応していることに注意しよう．したがって章末の数学付録 A5-1 に示す2変量正規分布に従う2つの確率変数の条件付き期待値と条件付き分散の公式

$$\widetilde{Z}|(\widetilde{Y}=y) \sim N(\ \mu_Z+K(y-\mu_Y),\ (1-\rho^2)\sigma_Z^2\ )$$

を適用することによってカルマンフィルターのフィルタリング公式をただちに導くことができる．ただし，ここで ρ は相関係数，K は回帰直線の傾きを表している．以下に詳しい導出を示す．

5.7 状態変数の期待値のフィルタリング公式

$\widetilde{Z} \equiv \widetilde{\beta}_t|\Omega_{t-1}$ かつ $\widetilde{Y} \equiv \widetilde{Y}_t|\Omega_{t-1}$ と考えて，式 (5.3) と式 (5.19) を対比させ，比較する．さらに，t 期に確率変数 $\widetilde{Y}_t$ の観測値 $Y_t=y_t$ が得られたという条件のもとで，正規分布の条件付き期待値の公式である式 (5.8) を適用すると，状態変数のフィルタリング公式は次のように表現できた．

正規分布の条件付き期待値 $\mu_{Z|Y=y}=\mu_Z+K(y-\mu_Y)$

KF のフィルタリング公式 $\Rightarrow$ $\boxed{\widehat{\beta}_{t|t}=\widehat{\beta}_{t|t-1}+K_t(y_t-\widehat{Y}_{t|t-1})}$ (5.25)

ここで，カルマンゲイン K_t は，式 (5.9) より

$$\left(K \equiv \frac{\sigma_{ZY}}{\sigma_Y^2}\right) \Rightarrow \left(K_t = \frac{Cov(\widetilde{\beta}_t, \widetilde{Y}_t|\Omega_{t-1})}{Var(\widetilde{Y}_t|\Omega_{t-1})}\right) \quad (5.26)$$

であるので，式 (5.24) と式 (5.23) を式 (5.26) に代入することにより，カルマンゲインは次のようになる．

$$K_t = \frac{X_t \widehat{\Sigma}_{t|t-1}}{X_t^2 \widehat{\Sigma}_{t|t-1} + \sigma_e^2} \tag{5.27}$$

5.8 状態変数の分散のフィルタリング公式

$Z \equiv \beta_t | \Omega_{t-1}$ かつ $Y \equiv Y_t | \Omega_{t-1}$ と置き，正規分布の条件付き分散公式である式 (5.10) を適用すると，

正規分布の条件付き分散　　$Var[\widetilde{Z}|\widetilde{Y}=y] = (1-\rho_{ZY}^2)\sigma_Z^2$

KFの分散のフィルタリング公式

$$\Rightarrow \widehat{\Sigma}_{t|t} = (1-\rho_{\beta Y}^2)\widehat{\Sigma}_{t|t-1} \tag{5.28}$$

として，状態変数の分散のフィルタリング公式を得ることができる．

ここで，上の式 (5.28) の Z と Y との間で，$t-1$ 期までの情報 Ω_{t-1} が与えられたときの相関係数の二乗を，カルマンフィルターで用いる変数を用いると $\widetilde{\beta}_t$ と $\widetilde{Y}_t$ の相関係数の二乗は，式 (5.20) から式 (5.24) を用いて，

$$\rho_{\beta Y}^2 = \left(\frac{Cov(\widetilde{\beta}_t, \widetilde{Y}_t|\Omega_{t-1})}{\sqrt{Var(\widetilde{\beta}_t|\Omega_{t-1})} \cdot \sqrt{Var(\widetilde{Y}_t|\Omega_{t-1})}}\right)^2 = \frac{(X_t \widehat{\Sigma}_{t|t-1})^2}{\widehat{\Sigma}_{t|t-1}(X_t^2 \widehat{\Sigma}_{t|t-1} + \sigma_e^2)}$$

$$= \frac{X_t^2 (\widehat{\Sigma}_{t|t-1})^2}{\widehat{\Sigma}_{t|t-1}(X_t^2 \widehat{\Sigma}_{t|t-1} + \sigma_e^2)} = X_t \frac{X_t \widehat{\Sigma}_{t|t-1}}{X_t^2 \widehat{\Sigma}_{t|t-1} + \sigma_e^2} = X_t K_t \tag{5.29}$$

となる．この結果を式 (5.28) に代入すると，次のような状態変数の分散のフィルタリング公式を得る．

$$\widehat{\Sigma}_{t|t} = (1-X_t K_t)\widehat{\Sigma}_{t|t-1} \tag{5.30}$$

式 (5.29) で示される $X_t K_t$ は相関係数を二乗したものなので必ず 0 と 1 の間の値を取る．

しかし第4章の4.6節での数値シミュレーションの結果からわかるように，状態空間モデルの固定パラメータが時間依存でない定数の場合，カルマンゲインは時間経過とともに急速に一定値に収束する[19]．したがって，そうした場合，状態変数の分散のフィルタリング公式での係数である自己回帰係数 $(1-X_t K_t)$ は結局のところモデルの外からその値が決まる独立変数 X_t の動きに連動することになる．

---

[19] こうしたモデルを「定常カルマンフィルター」と呼ぶ．例えば片山 (1983) の第6章を参照．

5.9 カルマンゲイン K_t の意味

フィルタリング公式ではカルマンゲインが重要な役割を果たす．第4章の4.3節で説明したが，状態変数の期待値と分散のフィルタリング公式との関係を考慮してカルマンゲインの意味を再度考え直してみよう．

式 (5.24) と (5.23) を上の式 (5.26) に代入することにより次の結果を得る．

$$K_t = \frac{X_t \widehat{\Sigma}_{t|t-1}}{X_t^2 \widehat{\Sigma}_{t|t-1} + \sigma_e^2} \tag{5.31}$$

両辺に X_t をかけると，

$$0 \leq X_t K_t = \frac{X_t^2 \widehat{\Sigma}_{t|t-1}}{X_t^2 \widehat{\Sigma}_{t|t-1} + \sigma_e^2} \leq 1 \tag{5.32}$$

明らかに $X_t K_t$ は 0 と 1 の間をとることがわかる．

カルマンゲイン K_t は回帰係数を意味する

式 (5.26) と式 (5.32) で示されるカルマンゲインは図5.5からもわかるように次のような簡単な線形回帰モデルの回帰係数と考えることができる[20]．

$$\tilde{\beta}_t = a + K_t \tilde{Y}_t + \tilde{u}_t \tag{5.33}$$

通常の線形の回帰分析では左辺の従属変数と右辺の独立変数が与えられたとして，この2つの間の関係を示す直線の傾きである回帰係数を求める．カルマンフィルターは未知の状態変数 β_t を右辺で示される観測変数（の実現値 $Y_t = y$）で「説明」しようとする．その意味でカルマンゲインは観測変数 Y_t によって状態変数 β_t がどの程度説明できるのかを示していると解釈できる．カルマンゲイン（の絶対値）が 0 あるいは小さな値をとれば，観測値を得ても状態変数の推定には役立たないことを意味するし，カルマンゲインが大きな値をとれば，予測誤差（驚き）の多くを状態変数のフィルタリングに生かすことができる．

---

[20] 式 (5.35) の線形回帰式における従属変数と独立変数はそれぞれ1期前までに得られた情報 Ω_{t-1} で条件付けられていることに注意．このように考えると回帰係数は条件付き共分散を条件付き分散で割った $K_t = Cov(\tilde{\beta}_t, \tilde{Y}_t | \Omega_{t-1}) / Var(\tilde{Y}_t | \Omega_{t-1})$ として計算できる．観測方程式 $\tilde{Y}_t = c + \tilde{\beta}_t X_t + \tilde{e}_t$ と状態方程式を式 (5.35) に代入して整理するとカルマンゲインを得る．

5.10 スムージング公式の導出

第 4 章で導出過程を示さずにスムージング公式と数値例を示した．この節では，次のような一般的な状態空間モデルを念頭に置きスムージング公式を導く．

観測方程式 $\quad \widetilde{Y}_t = c + \widetilde{\beta}_t X_t + \tilde{e}_t$ (5.34)

状態方程式 $\quad \widetilde{\beta}_t = d + T\widetilde{\beta}_{t-1} + \tilde{\varepsilon}_t$ (5.35)

一般にスムージング公式の導出は複雑であるため，あえて説明をせずに結果のみを示すことが多いが，ここでは Rauch, Striebe and Tung (1965) で示された状態変数 β_t と β_{t-1} が 2 変量正規分布に従うという仮定のもとでの導出を説明する[21]．状態変数のフィルタリング値 $\hat{\beta}_{t|t}$ は全期間にわたりすでに計算されていることを前提とし，以下の 4 つの段階を経てスムージング公式を導く．

Step 1：β_{t-1} と β_t の期待値と分散・共分散の計算　　式 (5.36) で示される $t-1$ 期と t 期の状態変数 β_{t-1} と β_t が 2 変量正規分布に従うと仮定すると，1 期前までの情報 Ω_{t-1} が与えられたときの，その平均（ベクトル）と分散・共分散（行列）は次のように表すことができる．

$$\begin{pmatrix} \widetilde{\beta}_{t-1} | \Omega_{t-1} \\ \widetilde{\beta}_t \phantom{_{-1}} | \Omega_{t-1} \end{pmatrix} \sim N \left(\begin{pmatrix} \mu_1 \\ \mu_2 \end{pmatrix}, \begin{pmatrix} v_{11} & v_{12} \\ v_{21} & v_{22} \end{pmatrix} \right) \quad (5.36)$$

ここで，右辺の平均ベクトルと分散共分散行列の要素は，式 (5.36) の Ω_{t-1} に関する条件付き期待値と分散を計算することにより次のようになる．

$\mu_1 \equiv E[\widetilde{\beta}_{t-1}|\Omega_{t-1}] = \hat{\beta}_{t-1|t-1}, \quad \mu_2 \equiv E[\widetilde{\beta}_t|\Omega_{t-1}] = \hat{\beta}_{t|t-1} = d + T\hat{\beta}_{t-1|t-1}$

$v_1 \equiv Var(\widetilde{\beta}_{t-1}|\Omega_{t-1}) = \hat{\Sigma}_{t-1|t-1}, \quad v_2 \equiv Var(\widetilde{\beta}_t|\Omega_{t-1}) = \hat{\Sigma}_{t|t-1} = T^2\hat{\Sigma}_{t-1|t-1} + \sigma_e^2$

$v_{12} = v_{21} \equiv Cov(\widetilde{\beta}_{t-1}, \widetilde{\beta}_t|\Omega_{t-1}) = Cov(\widetilde{\beta}_{t-1}, d + T\widetilde{\beta}_{t-1} + \tilde{e}_t|\Omega_{t-1})$

$\phantom{v_{12} = v_{21}} = Cov(\widetilde{\beta}_{t-1}, d|\Omega_{t-1}) + Cov(\widetilde{\beta}_{t-1}, T\widetilde{\beta}_{t-1}|\Omega_{t-1}) + Cov(\widetilde{\beta}_{t-1}, \tilde{e}_t|\Omega_{t-1})$

$\phantom{v_{12} = v_{21}} = 0 + T\hat{\Sigma}_{t-1|t-1} + 0 = T\hat{\Sigma}_{t-1|t-1}$ (5.37)

Step 2：状態変数 $\beta_{t-1}|\beta_t=b_t$ の条件付き平均値と条件付き分散　　本章の付録 A5-1 で説明した 2 変量正規分布に従う 2 つの確率変数の条件付き期待値と条件付き分散の公式から，t 期の状態変数の特定の値 $\beta_t=b_t$ が与えられたという条件のもとで $t-1$ 期の状態変数 β_{t-1} の条件付き期待値と分散は次のよ

---

[21] より緩やかな仮定のもとでのスムージング公式の複雑な導出については，片山 (1983) の第 7 章，片山 (2011) 第 3 章の 3.5 節，Durbin and Koopman (2012) の第 4 章の 4.4 節，あるいは Tsay (2005) の 11 章の 11.1.4 項および 11.4.3 項などを参照．

うになる.

$$\widehat{\beta}_{t-1|t} = E[\widetilde{\beta}_{t-1}|\beta_t = b_t, \Omega_{t-1}] = \widehat{\beta}_{t-1|t-1} + \frac{T\widehat{\Sigma}_{t-1|t-1}}{\widehat{\Sigma}_{t-1|t-1}}(b_t - \widehat{\beta}_{t|t-1}) \quad (5.38)$$

$$\widehat{\Sigma}_{t-1|t} = Var(\widetilde{\beta}_{t-1}|\beta_t = b_t, \Omega_{t-1}) = \widehat{\Sigma}_{t-1|t-1} - \frac{(T\widehat{\Sigma}_{t-1|t-1})^2}{\widehat{\Sigma}_{t|t-1}} \quad (5.39)$$

スムージングは最終時点から後向きに状態変数の値を推定していくので，ここでは t 期の情報が与えられたときの 1 期前の状態変数の平均と分散を求めている．

　これからただちに式（5.38）と（5.39）を用いてスムージング値を計算できるように思える．事実，式（5.38）と式（5.39）はフィルタリング公式である式（5.12）と式（5.14）とよく似ている．しかし問題は式（5.38）の右辺第 2 項で t 期の状態変数が取る値 b_t があたかもわかった $\beta_t = b_t$ としている点である．フィルタリング計算における式（5.12）の右辺では t 期になり観測変数の実現値 $\widetilde{Y}_t = y_t$ を得ることができるので，それを今期の状態変数のフィルタリング計算に用いることができた．しかし，上の式（5.38）のスムージング計算ではそうはいかない．状態変数 β_t は確率変数であり，フィルタリングによって β_t の「平均」と「分散」を知っただけであり，t 期の具体的なフィルタリング値 b_t はわからない．そこで，t 期の状態変数の特定の値 $\beta_t = b_t$ を t 期のスムージング値 $\widehat{\beta}_{t|N}$ で置き換えることにする．しかし式（5.38）において機械的に $\widetilde{\beta}_t = b_t = \widehat{\beta}_{t|N}$ と置き換えることは正しくない．なぜなら式（5.39）の分散のフィルタリング公式は陽に b_t を含まないためまったく変わらない．「何かがおかしい」．そこで次のような式展開をおこなう．

Step 3：繰返し期待値と全分散公式を適用しスムージング公式を導く　式（5.38）における b_t は確率変数である．そこで，式（5.38）について b_t が確率変数であり $\widetilde{b}_t = \widehat{\beta}_{t|N}$ であるという条件のもとでの期待値を，本章の付録 A5-2 に示した「繰返し期待値公式（law of iterated expectation）」を用いて計算する．結果は次のようになる．

$$\widehat{\beta}_{t-1|N} = E[\widehat{\beta}_{t-1|t}|b_t = \widehat{\beta}_{t|N}] = \widehat{\beta}_{t-1|t-1} + \frac{T\widehat{\Sigma}_{t-1|t-1}}{\widehat{\Sigma}_{t-1|t-1}}(\widehat{\beta}_{t|N} - \widehat{\beta}_{t|t-1}) \quad (5.40)$$

式（5.38）の左辺が上の式（5.40）では $\widehat{\beta}_{t-1|t} \Rightarrow \widehat{\beta}_{t-1|N}$ と添え字が t から最終時点 N に変わっているのは，式（5.38）の右辺で $\widetilde{b}_t = \widehat{\beta}_{t|N}$ と置き換えたことにより，式（5.40）の左辺の $t-1$ 期の状態変数のスムージング値も t 期

から N 期までの情報を用いて計算することになるからである.

式 (5.39) の状態変数の条件付き分散公式に対しても数学付録 A5-3 で示した「全分散の法則 (law of total variance)」を用いて，無条件の分散を次のように計算する．この計算にあたって注意すべき点は，式 (5.40) で右辺の $\beta_{t|N}$ を確率変数として取り扱うことである．

$$\begin{aligned}\widehat{\Sigma}_{t-1|N} &= Var(\widehat{\beta}_{t-1|t}|b_t=\beta_{t|N}) \\ &= E[Var(\widehat{\beta}_{t-1|t}|b_t=\beta_{t|N})] + Var(E[\widehat{\beta}_{t-1|t}|b_t=\beta_{t|N}]) \\ &= \left(\widehat{\Sigma}_{t-1|t-1} - \frac{(T\widehat{\Sigma}_{t-1|t-1})^2}{\widehat{\Sigma}_{t|t-1}}\right) + \left(\frac{T\widehat{\Sigma}_{t-1|t-1}}{\widehat{\Sigma}_{t-1|t-1}}\right)^2 Var(\widetilde{\beta}_{t|N}-\widehat{\beta}_{t-1}) \\ &= \widehat{\Sigma}_{t-1|t-1} - \left(\frac{T\widehat{\Sigma}_{t-1|t-1}}{\widehat{\Sigma}_{t-1|t-1}}\right)^2 \widehat{\Sigma}_{t|t-1} + \left(\frac{T\widehat{\Sigma}_{t-1|t-1}}{\widehat{\Sigma}_{t-1|t-1}}\right)^2 \widehat{\Sigma}_{t|N} \\ &= \widehat{\Sigma}_{t-1|t-1} + \left(\frac{T\widehat{\Sigma}_{t-1|t-1}}{\widehat{\Sigma}_{t-1|t-1}}\right)^2 (\widehat{\Sigma}_{t|N} - \widehat{\Sigma}_{t|t-1}) \end{aligned} \quad (5.41)$$

Step 4：スムージング公式を得る　式 (5.40) と式 (5.41) で時間を表す添え字を $t-1 \to t$, $t \to t+1$ と 1 期進める．結果は

$$\widehat{\beta}_{t|N} = \widehat{\beta}_{t|t} + \Sigma_t^*(\widehat{\beta}_{t+1|T} - \widehat{\beta}_{t+1|t}) \quad (5.42)$$

$$\widehat{\Sigma}_{t|N} = \widehat{\Sigma}_{t|t} + (\Sigma_t^*)^2 (\widehat{\Sigma}_{t+1|N} - \widehat{\Sigma}_{t+1|t}) \quad (5.43)$$

ここで

$$\Sigma_t^* \equiv \frac{T\widehat{\Sigma}_{t|t}}{\widehat{\Sigma}_{t+1|t}} \quad (5.44)$$

これは第 4 章の式 (4.20)，式 (4.22)，式 (4.21) 同じであり，状態変数のスムージング式を得ることができた．

【数学付録】

A5-1　2 変量正規分布における条件付き期待値と条件付き分散

相関 ρ_{ZY}，平均 μ_Y, μ_Z，分散 σ_Y^2, σ_Z^2 を有する 2 変量 (Z と Y) 正規分布の条件付き分布は

$$\widetilde{Z}|(\widetilde{Y}=y) \sim N(\mu_Z + K(y-\mu_Y), \ (1-\rho^2)\sigma_Z^2)$$

と表すことができる．ただしここで，

$$\rho_{ZY} = \frac{\sigma_{ZY}}{\sigma_Z \sigma_Y}, \qquad K = \frac{\sigma_{ZY}}{\sigma_Y^2} = \rho_{ZY} \frac{\sigma_Z}{\sigma_Y}$$

はそれぞれ相関係数と回帰直線の傾きを表している．

証明：　2 変量正規密度関数は次のように表すことができる．

数 学 付 録

$f_{ZY}(z, y)$
$$=\frac{1}{\sqrt{2^2\pi^2\sigma_Z^2\sigma_Y^2(1-\rho^2)}}\exp\left\{-\frac{(z-\mu_z)^2}{2\sigma_Z^2(1-\rho^2)}-\frac{2\rho\sigma_Z\sigma_Y(z-\mu_Z)(y-\mu_Y)}{2\sigma_Y^2\sigma_Z^2(1-\rho^2)}-\frac{(y-\mu_Y)^2}{2\sigma_Y^2(1-\rho^2)}\right\}$$
(A5.1)

また，正規分布する Y の密度関数は，

$$f_Y(y)=\frac{1}{\sqrt{2\pi\sigma_Y^2}}\exp\left\{-\frac{(y-\mu_Y)^2}{2\sigma_Y^2}\right\}$$
(A5.2)

であるので，条件付き密度関数は，式（A5.1）と式（A5.2）の比として次のように定義できる．

$$f_{Z|Y=y}(z|Y=y)=\frac{f_{ZY}(z,y)}{f_Y(y)}$$
(A5.3)

式（A5.1）の右辺の指数部分 $\exp\{\ \}$ は，$u\equiv(z-\mu_z)/\sigma_z$, $v\equiv(y-\mu_y)/\sigma_Y$ と定義すると，以下のように展開できる．

$$\exp\left\{-\frac{(z-\mu_z)^2}{2\sigma_Z^2(1-\rho^2)}-\frac{2\rho\sigma_Z\sigma_Y(z-\mu_Z)(y-\mu_Y)}{2\sigma_Y^2\sigma_Z^2(1-\rho^2)}-\frac{(y-\mu_Y)^2}{2\sigma_Y^2(1-\rho^2)}\right\}$$

$$=\exp\left\{\frac{-1}{2(1-\rho^2)}\left(\frac{(z-\mu_z)^2}{\sigma_Z^2}-\frac{2\rho\sigma_Z\sigma_Y(z-\mu_Z)(y-\mu_Y)}{\sigma_Y^2\sigma_Z^2}+\frac{(y-\mu_Y)^2}{\sigma_Y^2}\right)\right\}$$

$$=\exp\left\{\frac{-1}{2(1-\rho^2)}(u^2-2\rho uv+v^2)\right\}=\exp\left\{\frac{-1}{2(1-\rho^2)}((u-\rho v)^2+v^2-\rho^2 v^2)\right\}$$

$$=\exp\left\{\frac{-1}{2(1-\rho^2)}((u-\rho v)^2+v^2(1-\rho^2))\right\}$$

$$=\exp\left\{-\frac{(u-\rho v)^2}{2(1-\rho^2)}-\frac{v^2}{2}\right\}=\exp\left\{-\frac{\left(\frac{z-\mu_z}{\sigma_z}-\rho\frac{y-\mu_y}{\sigma_y}\right)^2}{2(1-\rho^2)}-\frac{\left(\frac{y-\mu_y}{\sigma_y}\right)^2}{2}\right\}$$

$$=\exp\left\{-\frac{\left(z-\left(\mu_z+\rho\frac{\sigma_z}{\sigma_y}(y-\mu_y)\right)\right)^2}{2\sigma_z^2(1-\rho^2)}\right\}\exp\left\{-\frac{(y-\mu_y)^2}{2\sigma_y^2}\right\}$$

また，（A5.1）と（A5.2）の右辺の定数（指数部分以外）部分の比は

$$\frac{\frac{1}{\sqrt{2^2\pi^2\sigma_Z^2\sigma_Y^2(1-\rho^2)}}}{\frac{1}{\sqrt{2\pi\sigma_Y^2}}}=\frac{\sqrt{2\pi\sigma_Y^2}}{\sqrt{2^2\pi^2\sigma_Z^2\sigma_Y^2(1-\rho^2)}}=\frac{1}{\sqrt{2\pi\sigma_Z^2(1-\rho^2)}}$$

と表すことができるので，これらの結果と式（A5.2）を式（A5.3）に代入すると，条件付き密度関数は

$$f(Z|Y=y)=\frac{f_{ZY}(z,y)}{f_z(y)}=\frac{1}{\sqrt{2\pi\sigma_Z^2(1-\rho^2)}}\exp\left\{-\frac{1}{2}\frac{(Z-(\mu_z+K(y-\mu_Y)))^2}{\sigma_Z^2(1-\rho^2)}\right\}$$

となり，正規分布の密度関数である式（A5.2）との比較により，条件付き確率変数は

条件付き期待値と条件付き分散によって
$$\tilde{Z}|(\tilde{Y}=y) \sim N(\mu_Z+K(y-\mu_Y),\ (1-\rho^2)\sigma_Z^2)$$
と表現できる．

A5-2　繰返し期待値公式
確率変数 X と Y に対して $E[X]=E[E[X|Y]]$ が成立する．証明は離散的な確率変数の場合次のようになる．
$$\begin{aligned}
E[X] &= E[E[X|Y]] = E_y[E_X[X|Y=y]] \\
&= \sum_y E_X[X|Y=y]\Pr(Y=y) \\
&= \sum_y \sum_x x\Pr(X=x|Y=y)\Pr(Y=y) \\
&= \sum_y \sum_x x \frac{\Pr(X=x,Y=y)}{\cancel{\Pr(Y=y)}}\cancel{\Pr(Y=y)} \\
&= \sum_x x \sum_y \Pr(X=x,Y=y) \\
&= \sum_y x\Pr(X=x) = E[X]
\end{aligned}$$

A5-3　全分散の法則
確率変数 X と Y に対して $Var[X]=E[Var[X|Y]]+Var(E[X|Y])$ が成立する．つまり X の分散は X の条件付き分散の期待値と X の条件付き期待値の分散を合計して得ることができる．
$$\begin{aligned}
Var[X] &= E[X^2]-(E[X])^2 \\
&= E[E[X^2|Y]]-(E[E[X|Y]])^2 \\
&= (E[Var[X|Y]]+(E[X|Y])^2)-(E[E[X|Y]])^2 \\
&= E[Var[X|Y]]+Var(E[X|Y])
\end{aligned}$$
最初の式は分散の定義から $Var[X]=E[(X-E[X])^2]=E[X^2-2XE[X]+(E[X])^2]=E[X^2]-2E[X]^2+E[X]^2=E[X^2]-E[X]^2$ として得られる．X の分散は X の二乗の期待値から期待値の二乗を差し引いたものである．第2番目の式は X^2 と X に対して上の A5-2 で示した繰返し期待値公式を適用することで得られる．第3式は第2式の右辺第1項に対し X^2 に関する分散の定義を適用する．第4列は，第3列の右辺の第2項と3項の差は $E[X|Y]$ の分散に等しいことが分散の定義から導かれることによる．

6

最尤法による固定パラメータの推定

この章で何を学ぶのか？
1. 最尤法によって確率分布のパラメータを推定することを，コイン投げで「表が出る確率」の推定例によって学ぶ．
2. コインの「表の出る確率」の推定値の散らばりである「推定値の標準誤差」とは何か，直観的な理解を試みる．
3. 同様な考え方によってカルマンフィルターにおける固定パラメータの期待値とその分散を計算できることを理論とExcelを用いた数値例で理解する．

6.1 はじめに

基本的な状態空間モデルのスカラー表現は，誤差項の正規性を仮定したとき，次のようであった．

観測方程式 $\quad \widetilde{Y}_t = c + \widetilde{\beta}_t X_t + \tilde{e}_t, \qquad \tilde{e}_t \sim N(0, \sigma_e^2)$ (6.1)

状態方程式 $\quad \widetilde{\beta}_t = d + T \widetilde{\beta}_{t-1} + \tilde{\varepsilon}_t, \qquad \tilde{\varepsilon}_t \sim N(0, \sigma_\varepsilon^2)$ (6.2)

観測方程式と状態方程式には，時間に関する添え字 t が付かない4つの定数 $(c, \sigma_e^2, d, T, \sigma_\varepsilon^2)$ がある．これらを固定パラメータ（あるいはハイパーパラメータ）と呼ぶことにする．状態変数と固定パラメータの推定には表6.1に示されるように3つの方法がある．

表6.1 カルマンフィルターにおける固定パラメータの推定方法

	方法1	方法2	方法3
状態変数 β の推定	カルマンフィルターによる推定	カルマンフィルターによる推定	状態変数 β と固定パラメータをともに状態変数とし，それらの分布を同時にカルマンフィルターによって推定
固定パラメータの推定	外生的に与える	最尤法による推定	

方法1では，状態変数 β_t の平均と分散の推定をカルマンフィルターでおこなうが，固定パラメータに関しては何らかの知見にもとづき外から与える．理工学分野では固定パラメータは物理定数や化学定数として与えられることが多い[22]．

方法2では，最初に固定パラメータの初期値を与えた上で，状態変数の平均と分散をカルマンフィルターで推定し，次にこれらの値のもとで固定パラメータの推定を最尤法（MLM：maximum likelihood method）で推定する．この過程を固定パラメータの推定値が一定値に収束するまで繰り返す．この場合，固定パラメータは母集団からランダムに標本抽出されたものであるとみなし，その標本誤差をも推定する．この章では，この方法について説明する．

方法3では，状態変数も固定パラメータもともに確率（状態）変数であると考え，同時かつ同じ基準をもとに，カルマンフィルターやマルコフ連鎖モンテカルロ（MCMC：Markov chain Monte Carlo）法によって推定する．非線形の状態空間モデルの推定にあたり用いられることが多いが，本書ではこの方法に言及しない．

以下では，第1に最尤法の考え方を簡単なコイン投げ実験でのコインの「表が出る確率 q」の期待値 $\hat{q}$ と，q を確率変数とみなしたときの推定値 $\hat{q}$ の散らばりの度合いである $\hat{q}$ の標準誤差 $\hat{\sigma}_q$ の最尤法による推定例を説明する．次に連続確率変数として代表的な正規分布に従う誤差項を有する2変量回帰モデルの切片，傾き，そして誤差項の標準誤差のパラメータ推定を例にとって最尤法の考え方を説明する．最後に，式 (6.1) と式 (6.2) からなる状態空間モデルの固定パラメータとその標準誤差推定を最尤法によりどのようにおこなうことができるかを説明する．また第4章の4.5節で示した数値例では外から与えた定数であった σ_e，σ_ε，T を Excel のソルバーを用いて最尤法で推定する．

6.2 最尤法による固定パラメータの期待値と標準誤差の推定方法

6.2.1 コインの表が出る確率 q の推定

コイン（硬貨）を3回投げて，表（H），表（H），裏（T）という順番に出たとしよう．この実験，つまり標本抽出（sampling；サンプリング）によってこのコインの表が出る確率 q を推定したい．$q=1/2=0.5$ から「大幅に」ずれていれば，このコインは偽物と判断できるであろう．では，どのようにしたらよいのだ

---

[22] 例えば各年度版の『理科年表』（丸善出版）には数多くの物理定数，化学定数が説明されている．

ろうか？
　まず直観的な推定を試みよう．3回のコイン投げで2回表が出たのであるから，このコインの表が出る確率を2/3＝0.666…と推定することは自然である．またこの判断はより厳密な議論を通じて正しいことがわかる．まずこの3回のコイン投げの結果を表6.2のように表すことにする．ここで$y_i: i=1,2,3$はi回目のコイン投げで表Hが出れば1，裏Tが出れば0の値をとるベルヌイ分布に従う確率変数である．3回のコイン投げ実験の結果は$Y=(y_1, y_2, y_3)=(1,1,0)$と表すことができる．

表6.2 3回のコイン投げ実験（標本抽出）

コイン投げ（i）	1回目	2回目	3回目
結果	表（H）	表（H）	裏（T）
確率変数（y_i）	$y_1=1$	$y_2=1$	$y_3=0$

6.2.2　最尤法による「表が出る確率q」の推定

Step 1：尤度関数　　コイン投げの結果は，表（H），表（H），裏（T）が出た．それぞれが生じる確率は，以下のようになる．

　　第1回目のコイン投げで表が出る確率　　　$\Pr(y_1=1)=\Pr(H)=q$
　　第2回目のコイン投げで表が出る確率　　　$\Pr(y_2=1)=\Pr(H)=q$
　　第3回目のコイン投げで裏が出る確率　　　$\Pr(y_3=0)=\Pr(T)=1-q$

この段階では表の出る確率qの具体的な値はわからない．このコイン投げの結果が互いに独立に起きるならば，3回のコイン投げで，表（H），表（H），裏（T）が同時に起きる確率は，確率のかけ算として次のように表せる．

$$\begin{aligned}L(q)&=\Pr(Y|q)=\Pr(H\cdot H\cdot T|q)=\Pr(y_1=1, y_2=1, y_3=0)\\&=\Pr(y_1=1)\times\Pr(y_2=1)\times\Pr(y_3=0)=q\times q\times(1-q)\\&=q^2(1-q)^1\end{aligned}\tag{6.3}$$

これを尤度関数$L(q)$（likelihood function）と呼ぶ．$L(q)=\Pr(Y|q)=\Pr(H\cdot H\cdot T|q)$は表の出る確率$q$がわかったことを前提に（この段階ではまだわからないが），表（H），表（H），裏（T）がこの順番で同時に起きる確からしさ，すなわち尤度を示している．尤度とはこの場合，表（H），表（H），裏（T）が出る「確からしさ」を示している．尤度「関数」とはこれが未知の「表が出る確率」qの関数とみなすことできることから名付け

6. 最尤法による固定パラメータの推定

られている．

Step 2：尤度関数の最大化　最尤法とは，尤度を最大化するような未知の母数（パラメータ）である「コインの表が出る確率q」を推定することである．このため，式（6.3）の尤度関数を直接最大にする方法と，式（6.3）の対数をとった対数尤度を最大化する2つの方法がある．どちらでも求める結果は同じになるが，以下では両方の場合について検討する．

Step 2-(1)：尤度関数の最大化　尤度関数を最大にする表の出る確率$\hat{q}$の算出は，式（6.3）を表の出る確率qで偏微分して，その結果を0とするような$\hat{q}$を求めればよい．式（6.3）に対して多項式と積の微分の公式を使うと，最大化は次のようになる．

$$0 \equiv \frac{\partial L}{\partial q} = \frac{\partial q^2(1-q)^1}{\partial q} \Leftrightarrow 0 \equiv 2\hat{q}(1-\hat{q})^1 + \hat{q}^2(-1) \tag{6.4}$$

この結果を$\hat{q}$に関して解くと$0 \equiv 2 - 3\hat{q}$，つまり$\hat{q} = 2/3 = 0.666\cdots$を得る．

尤度関数の微分とは何を意味しているのだろうか？　微分してその結果を0と置き$\hat{q}$を求めることは，図6.1に示した尤度関数（縦軸の$L(q)$）を示す山の頂上に対応する特定の「表の出る確率（横軸の$\hat{q}$）」を求めることである．頂上では山（尤度関数）の傾きが0になるので，山（尤度関数）の頂上に対応する横軸で示される「表の出る確率q」の特定の値$q = \hat{q} = 2/3 = 0.666\cdots$が決まる．

Step 2-(2)：「対数」尤度関数の最大化　式（6.3）の両辺の自然対数をとる．対数をとるのは，かけ算をしたものを微分するよりも，足し算をしたも

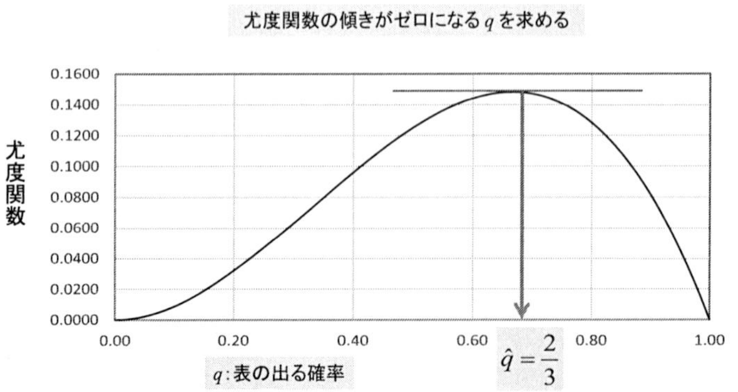

図6.1　尤度関数$L(q) = q^2(1-q)^1$を最大にする表の出る確率$\hat{q}$の推定

のを微分するほうが計算が簡単になるからである．対数変換は単調増加変換であるので尤度関数を最大にする $\hat{q}$ も，対数尤度を最大にする $\hat{q}$ も同じ値を与える．対数尤度は

$$\ln L = \ln (q^2(1-q)^1) = 2\ln q + 1\ln(1-q) \tag{6.5}$$

となり，この尤度関数を対数関数の微分則を用い q で偏微分し，

$$\frac{\partial \ln L}{\partial q} = \frac{\partial[2\ln q + 1\ln(1-q)]}{\partial q} = 2\left(\frac{1}{q}\right) + 1\left(\frac{-1}{1-q}\right) \tag{6.6}$$

結果を0と置く．

$$0 \equiv \frac{\partial \ln L}{\partial q} = 2\left(\frac{1}{\hat{q}}\right) + 1\left(\frac{-1}{1-\hat{q}}\right) \tag{6.7}$$

偏微分は尤度関数の傾きを示しているから，その傾きが0であることは，対数尤度関数という山の頂点にいることを意味する．上の式（6.7）を満足する $\hat{q}$ を計算する．式（6.7）から $\hat{q}$ は，$2\hat{q}=3\hat{q}^2$，つまり

$$\hat{q} = \frac{2}{3} = 0.666\cdots \tag{6.8}$$

となる．結果は最初の直観どおりであり，尤度関数を直接微分した場合の結果と一致する（図6.2）．

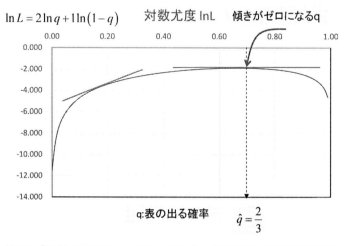

図6.2 「対数」尤度関数 $\ln L = 2\ln q + 1\ln(1-q)$ を最大にする表の出る確率 $\hat{q}$

6.2.3 一般化

今までの結果を，3回のコイン投げでなく，N回のコイン投げの結果として示す．このとき，式 (6.3) に対応する尤度関数は

$$L(q) = \Pr(y_1) \times \Pr(y_2) \times \cdots \times \Pr(y_N)$$
$$= [q^{y_1}(1-q)^{1-y_1}] \times [q^{y_2}(1-q)^{1-y_2}] \times \cdots \times [q^{y_N}(1-q)^{1-y_N}] \quad (6.9)$$

と表される．y_i は i 回目のコイン投げで表が出れば1を，裏が出れば0をとるような確率変数，すなわちベルヌイ確率変数であることに注意すれば，上の式 (6.9) の2行目が，式 (6.3) の2行目を一般化したものであることが理解である．対数尤度は，この式の両辺の自然対数をとると，式 (6.10) のようになる．

$$\ln L(q) = \ln[q^{y_1}(1-q)^{1-y_1}] + \ln[q^{y_2}(1-q)^{1-y_2}] + \cdots + \ln[q^{y_N}(1-q)^{1-y_N}]$$
$$= y_1 \ln q + (1-y_1)\ln(1-q) + y_2 \ln q + (1-y_2)\ln(1-q)$$
$$\quad + \cdots + y_N \ln q + (1-y_N)\ln(1-q)$$
$$= \sum_{i=1}^{N} (y_i \ln q + (1-y_i)\ln(1-q))$$
$$= \ln q \sum_{i=1}^{N} y_i + \ln(1-q) \sum_{i=1}^{N} (1-y_i) \quad (6.10)$$

この結果を q で偏微分して0と置くと

$$0 \equiv \frac{\partial \ln L}{\partial q} \Rightarrow 0 = \frac{1}{\hat{q}} \sum_{i=1}^{N} y_i + \frac{-1}{1-\hat{q}} \sum_{i=1}^{N} (1-y_i) \quad (6.11)$$

となるから，対数尤度を最大にする表の出る確率 $\hat{q}$ は，

$$\hat{q} = \frac{1}{N} \sum_{i=1}^{N} y_i \quad (6.12)$$

となる．N はコイン投げの回数，$\sum y_i$ は表の出た回数を示している．6.2.1項で見た表 6.2 の場合 $N=3$，$\sum y_i = 2$ であるので $\hat{q}=2/3$ となる．

6.3 「表が出る確率の推定値 $\hat{q}$」のばらつきの度合い：標準誤差

6.3.1 標本情報：$I(q)$

ここで計算した表の出る確率 $\hat{q}$ は真（母集団）の値 q の推定（期待，平均）値である．わずか3回のコイン投げであり，再度3回のコイン投げをすれば違った結果が出るかもしれない．また，コイン投げの実験の回数を増加すればより正確な値が得られると期待してもよい．したがって，コインの表が出る確率の推定値 $\hat{q}$ は確率変数である．確率変数であるから，その平均値ばかりでなく，そのばらつきの度合（分散）やその平方根をとった標準偏差も考えなければならな

い．$\hat{q}$ の分散は対数尤度関数を二階偏微分した結果にマイナスをつけたものの期待値の逆数によって計算できる．証明は示さないが，なぜこのような式で分散が計算できるか，その「直観的」な理解を示そう．まず表の出る確率の推定値 $\hat{q}$ の標本情報 $I(q)$ を以下のように定義する．

$$I(q) \equiv E\left[-\frac{\partial^2 \ln L}{\partial q^2}\right] \tag{6.13}$$

表が出る確率の「推定値」$\hat{q}$ の分散はその逆数

$$Var(q) = I(q)^{-1} = E\left[-\frac{\partial^2 \ln L}{\partial q^2}\right]^{-1} \tag{6.14}$$

で計算できる．ただし，式（6.13）の標本情報の期待値を解析的に計算することは困難であることが多いので，それを表が出る確率の期待値 $q=\hat{q}$ で評価して（置き換えて）$\hat{q}$ の分散を計算することが多い．

$$Var(\hat{q}) = I(\hat{q})^{-1} = \left[-\frac{\partial^2 \ln L}{\partial \hat{q}^2}\right]^{-1} \tag{6.15}$$

これらの式の意味を，図 6.3 を用いて考えてみよう．

6.3.2 対数尤度関数の二階偏微分の意味

対数尤度関数の表の出る確率の一階偏微分 $\partial \ln L/\partial q$ は，特定の q に対応する対数尤度関数の接線の傾きを示している．傾きが正であることは，山（対数尤度関数）の頂上方向に登っていくことを意味する．傾きが負であることは，逆に山の頂上から下がっていくことを意味している．すでに述べたように傾きが 0 であ

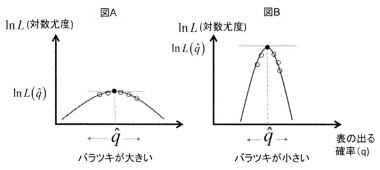

図 6.3 対数尤度関数を最大にする $q=\hat{q}$ とそのまわりの「ばらつき」は何を意味するのか？横軸がコインの表の出る確率，縦軸が対数尤度関数の値．黒丸●は対数尤度が最大の点．$\hat{q}$ は対数尤度が最大になる q の特定の値．図 A では最大尤度のまわりの尤度関数値（白丸○）は●のまわりに広く散らばっているのに対し，図 B ではその近辺に散らばっている．

ることは山（尤度関数）の頂点にいることを意味している．

　図6.3の●は対数尤度が最大（頂上）の点を示し，対応する$\hat{q}$は対数尤度が最大になる表の出る確率qの値である$q=\hat{q}$を示している．図6.3の左の図Aでは，○が山の頂上のまわりを示す●の近辺のまわりに広く散らばっている．つまり●の近辺の傾きがなだらかである．このことは最大尤度を示す●の尤度が近辺の○の尤度とそれほど変わらないこと意味している．逆にいえば，最尤法で求めた表の出る確率$\hat{q}$の「信頼性」が低いといえる．

　図6.3の右の図Bでは反対のことがいえる．図Bにおける●の尤度はそのまわりの○の尤度と大きく異なる．●に対応する表の出る確率$\hat{q}$は○に対応する表の出る確率qとの差が小さい．言い換えれば，最尤法で求めた表の出る確率$\hat{q}$の「信頼性」が高いと判断できよう．

　したがって，$q=\hat{q}$の近辺で，何がおきているかに注目すれば，コインの表が出る確率の推定値の信頼度であるその分散や標準誤差を知ることができる．

　●のまわりに○がどのように散らばっているかを，もう少し正確に表現するには，「傾き」の「傾き」が黒丸の近辺の白丸の近くでどうなっているかを調べればよい．図6.3の図Aの○における接線の傾きは緩やかであるのに対し，図Bにおいては接線の傾きは急である．つまり，●のまわりの○の接線の傾きは，図Aでは●に向かって左右から近づくにつれてゆっくりと小さくなっていくのに対し，図Bでは急激に減少している．こうしたことを示すのが対数尤度関数の二階微分である．

　なお，式（6.13）を「標本情報」と呼ぶのは，ある時点のqがその近辺のqと比較したときに，どのくらい大きな違い（情報）を有しているのかを示しているからである．図Aの場合，対数尤度を最大にする$\hat{q}$の標本情報が小さいのに対し，図Bの$\hat{q}$の標本情報は大きい．

分析例6-1　コインの表が出る確率：ベルヌイ確率推定値の標準誤差

　対数尤度の二階偏微分は，式（6.10）を$q=\hat{q}$のまわりで再度偏微分することにより，

$$\frac{\partial^2 \ln L}{\partial \hat{q}^2} = \frac{-1}{\hat{q}^2}\sum_{i=1}^{N} y_i + \frac{1}{(1-\hat{q})^2}\sum_{i=1}^{N}(1-y_i)$$

$$= \frac{-1}{\hat{q}^2}\sum_{i=1}^{N} y_i + \frac{1}{(1-\hat{q})^2}[N-\sum_{i=1}^{N} y_i] = \frac{-N\hat{q}}{\hat{q}^2} - \frac{1}{(1-\hat{q})^2}[N-N\hat{q}]$$

$$= \frac{-N}{\hat{q}} - \frac{N(1-\hat{q})}{(1-\hat{q})^2} = \frac{-N}{\hat{q}} - \frac{N}{(1-\hat{q})} = \frac{-N}{\hat{q}(1-\hat{q})}$$

として得られる．分散は標本情報を表す式（6.13）の逆数として式（6.15）で計算できる．

$$Var(\hat{q}) = I(\hat{q})^{-1} = \frac{\hat{q}(1-\hat{q})}{N}$$

表の出る確率 $\hat{q}$ の散らばりはコイン投げの試行回数 N が大きくなるにつれてより小さくなることがわかる．

6.4　2変量回帰モデルのパラメータ推定

次のような線形回帰分析において①Y切片 c，②傾き β，そして③誤差項 e_t の標準誤差 σ_e を最尤法で推定する．

$$Y_t = c + \beta X_t + e_t \tag{6.16}$$

ここで全てのパラメータは固定されており時間依存ではない．誤差項が平均 0，分散 σ_e^2 の正規分布をすると仮定しよう．t 期の尤度関数 L_t は，誤差項が $e_t = Y_t - (c + \beta X_t)$ であるので，

$$L_t = \frac{1}{\sqrt{2\pi\sigma_e^2}} \exp\left\{-\frac{e_t^2}{2\sigma_e^2}\right\}, \qquad t = 1, 2, \cdots, N$$

と表現できる．誤差項が互いに独立に分布しているという仮定のもとで，全期間の尤度関数は，上の式の積を考えて，

$$L = \prod_{t=1}^{N} L_t = \prod_{t=1}^{N} \frac{1}{\sqrt{2\pi\sigma_e^2}} \exp\left\{-\frac{e_t^2}{2\sigma_e^2}\right\}$$

となる．両辺の対数をとって対数尤度関数を計算すると，

$$\begin{aligned}\ln L &= \sum_{t=1}^{N} \ln L_t = \sum_{t=1}^{N} \ln\left(\frac{1}{\sqrt{2\pi\sigma_e^2}} \exp\left\{-\frac{e_t^2}{2\sigma_e^2}\right\}\right) \\ &= \sum_{t=1}^{N} (\ln 1 - \ln(\sqrt{2\pi\sigma_e^2})) - \frac{1}{2\sigma_e^2} \sum_{t=1}^{N} e_t^2 \\ &= -\frac{N}{2}\ln(2\pi) - \frac{N}{2}\ln(\sigma_e^2) - \frac{1}{2\sigma_e^2}\sum_{t=1}^{N}(y_t - (c + \beta X_t))^2 \end{aligned} \tag{6.17}$$

となる．最後の式（6.17）の右辺第1項が定数であることに注意しよう．対数尤度を最大にする固定パラメータの値は式（6.17）の右辺の2番目と3番目の項を3つの未知パラメータ（c, β, σ_e^2）に関して偏微分して結果を0と置いて求めればよい．

6.5 カルマンフィルターにおける最尤法を用いた固定パラメータ推定

次のような状態変数(回帰係数)がランダムウォークに従うような状態空間モデルを考え,このモデルに含まれる2つ固定パラメータ $(\sigma_e, \sigma_\varepsilon)$ を最尤法で推定する.

観測方程式　　　$\widetilde{Y}_t = \widetilde{\beta}_t X_t + \tilde{e}_t, \quad \tilde{e}_t \sim N(0, \sigma_e^2)$ 　　　　(6.18)

状態方程式　　　$\widetilde{\beta}_t = \widetilde{\beta}_{t-1} + \tilde{\varepsilon}_t, \quad \tilde{\varepsilon}_t \sim N(0, \sigma_\varepsilon^2)$ 　　　　(6.19)

観測方程式と状態方程式の誤差項はそれぞれ平均0,分散 σ_e^2 と σ_ε^2 の正規分布に従い,互いに独立に分布していると仮定する.推定すべき固定パラメータは σ_e^2 と σ_ε^2 の2つである.

まず① t 期の観測変数 Y_t と② $t-1$ 期までの情報 Ω_{t-1} をもとにした1期先予測値 $\widehat{Y}_{t|t-1}$ の差である観測変数の1期先予測誤差 v_t を次のように定義する.

$$\bar{v}_t | \Omega_{t-1} \equiv \widetilde{Y}_t - \widehat{Y}_{t|t-1} = (\widetilde{\beta}_t - \widehat{\beta}_{t|t-1}) X_t + \tilde{e}_t \quad (6.20)$$

式(6.18)と式(6.19)の誤差項が互いに独立な正規分布に従うことから,1期先予測誤差 $\bar{v}_t$ は平均が0,分散が V_t の正規分布をすることが次の計算からわかる.1期先予測誤差の平均は,

$$\begin{aligned}
E[\bar{v}_t | \Omega_{t-1}] &= E[(\widetilde{\beta}_t - \widehat{\beta}_{t|t-1}) X_t + \tilde{e}_t | \Omega_{t-1}] \\
&= E[(\widetilde{\beta}_t - \widehat{\beta}_{t|t-1}) X_t | \Omega_{t-1}] + E_{t-1}[\tilde{e}_t | \Omega_{t-1}] \\
&= (\widehat{\beta}_{t|t-1} - \widehat{\beta}_{t|t-1}) X_t + 0 \\
&= 0 \quad (6.21)
\end{aligned}$$

であり,予測誤差の分散は

$$\begin{aligned}
V_t &\equiv Var(\bar{v}_t | \Omega_{t-1}) = E[(\bar{v}_t - E[\bar{v}_t | \Omega_{t-1}])^2 | \Omega_{t-1}] \\
&= E[\bar{v}_t^2 | \Omega_{t-1}] = E[((\widetilde{\beta}_t - \widehat{\beta}_{t|t-1}) X_t + \tilde{e}_t)^2 | \Omega_{t-1}] \\
&= E[((\widetilde{\beta}_t - \widehat{\beta}_{t|t-1}) X_t)^2 | \Omega_{t-1}] + 2E[(\widetilde{\beta}_t - \widehat{\beta}_{t|t-1}) X_t \tilde{e}_t | \Omega_{t-1}] + E[\tilde{e}_t^2 | \Omega_{t-1}] \\
&= E[(\widetilde{\beta}_t - \widehat{\beta}_{t|t-1})^2 | \Omega_{t-1}] X_t^2 + 2E[(\widetilde{\beta}_t - \widehat{\beta}_{t|t-1}) \tilde{e}_t | \Omega_{t-1}] X_t + \sigma_e^2 \\
&= \widehat{\Sigma}_{t|t-1} X_t^2 + 0 + \sigma_e^2 = \widehat{\Sigma}_{t|t-1} X_t^2 + \sigma_e^2 \quad (6.22)
\end{aligned}$$

すなわち　　　　$\boxed{V_t = \widehat{\Sigma}_{t|t-1} X_t^2 + \sigma_e^2}$ 　　　　(6.23)

となる[23].t 期の1期先予測誤差が平均0,分散が $V_t \equiv \widehat{\Sigma}_{t|t-1} X_t^2 + \sigma_e^2$ の正規分布に従うことから,t 期の尤度関数とその全期間の積で表される全期間の尤度関数を次のように表すことができる.

---

[23] なぜならば観測方程式の右辺において状態変数と観測誤差は独立であり,観測誤差の期待値は0であるからである.

$$L_t = \frac{1}{\sqrt{2\pi V_t}} \exp\left\{-\frac{v_t^2}{2V_t}\right\}, \qquad L \equiv \prod_{t=1}^{N} \frac{1}{\sqrt{2\pi V_t}} \exp\left\{-\frac{v_t^2}{2V_t}\right\} \qquad (6.24)$$

したがって，対数尤度関数は，式（6.19）の導出と同様にして，

$$\ln L = -\frac{N}{2}\ln 2\pi - \frac{1}{2}\sum_{t=1}^{N} \ln V_t - \frac{1}{2}\sum_{t=1}^{N} \frac{v_t^2}{V_t}$$

となるが，右辺第1項には推定すべき固定パラメータ σ_e^2 と σ_ε^2 は含まれていないので，最大にすべき対数尤度関数は第1項を除いて次のようになる．

$$\ln L(\sigma_e^2, \sigma_\varepsilon^2) = -\frac{1}{2}\sum_{t=1}^{N}\left(\ln V_t + \frac{v_t^2}{V_t}\right) \qquad (6.25)$$

ここで，予測誤差の分散 V_t は式（6.22）で，予測誤差 v_t は式（6.20）で与えられている．実績値 y_t と説明変数 X_t は毎時点でモデルの外から与えられる．状態変数（確率変動する回帰係数）の1期先推定値 $\widehat{\beta}_{t|t-1}$ とその分散 $\widehat{\Sigma}_{t|t-1}$ も時点 t ですでに $t-1$ 期でカルマンフィルターによって計算された値としてわかっている．2つの固定パラメータ σ_e^2 と σ_ε^2 の推定値は次の連立方程式を満足するものとして得ることができる．

$$0 \equiv \frac{\partial \ln L}{\partial \sigma_e^2} = \frac{\partial}{\partial \sigma_e^2}\sum_{t=1}^{N}\left(\ln V_t + \frac{v_t^2}{V_t}\right)$$

$$0 \equiv \frac{\partial \ln L}{\partial \sigma_\varepsilon^2} = \frac{\partial}{\partial \sigma_\varepsilon^2}\sum_{t=1}^{N}\left(\ln V_t + \frac{v_t^2}{V_t}\right) \qquad (6.26)$$

この式の右辺の（ ）内の v_t, V_t が求めるべきパラメータ σ_e^2 と σ_ε^2 の複雑な非線形関数であるので，σ_e^2 と σ_ε^2 に関する解析解を得ることは困難であり，数値解法に頼らざるをえない．そのためには式（6.25）の尤度関数の二階偏微分（つまり式（6.26）を再度 σ_e^2 と σ_ε^2 で偏微分）した結果である「情報量行列 $I(\widehat{\sigma}_e^2, \widehat{\sigma}_\varepsilon^2)$」の逆行列を計算する必要がある．$\sigma_e^2$ と σ_ε^2 の推定値の分散共分散行列も情報量行列の逆行列によって得ることができる．

$$Cov(\sigma_e^2, \sigma_\varepsilon^2) = I(\widehat{\sigma}_e^2, \widehat{\sigma}_\varepsilon^2)^{-1} = E\left[-\begin{bmatrix} \dfrac{\partial^2 \ln L}{\partial (\widehat{\sigma}_e^2)^2} & \dfrac{\partial^2 \ln L}{\partial \widehat{\sigma}_e^2 \partial \widehat{\sigma}_\varepsilon^2} \\ \dfrac{\partial^2 \ln L}{\partial \widehat{\sigma}_\varepsilon^2 \partial \widehat{\sigma}_e^2} & \dfrac{\partial^2 \ln L}{\partial (\widehat{\sigma}_\varepsilon^2)^2} \end{bmatrix}\right]^{-1} \qquad (6.27)$$

6.6　カルマンフィルターにおける固定パラメータの推定：アルゴリズム

以上の結果から，固定パラメータの推定値とその標準誤差のアルゴリズムを式

(6.18) と式 (6.19) の状態空間モデルを念頭において，以下にまとめておこう．

Step 0: 次の3つを決定する．①繰り返し回数 k を0とする（$k\to 0$）．②固定パラメータ（$\sigma_\eta^2, \sigma_\varepsilon^2$）について，その真の値に近いと思われる初期値を与える．③状態変数の期待値 $\hat{\beta}_{0|0}$ と分散 $\hat{\Sigma}_{0|0}$ の初期値を与える．初期値の設定次第では，尤度関数の計算が収束しないこと，大域的な尤度の最大値を求めることができない場合があるので，異なる初期値を幾通りか試してみることが必要である．

Step 1: ① $k \to k+1$．繰り返し回数を増やす．全期間（$t=1, 2, \cdots, N$）に対して，②カルマンフィルターを実行する．すなわち，外生変数 X_t と観測変数の実現値 y_t をもとに，毎期の状態変数 β_t の1期先予測値 $\hat{\beta}_{t|t-1}$ とそのフィルタリング値 $\hat{\beta}_{t|t}$ を計算する．③式 (6.20) の予測誤差と式 (6.22) に示された予測誤差の分散を計算する．④式 (6.25) の対数尤度を計算する．

Step 2: 対数尤度を最大にする固定パラメータの推定値とその分散を計算する．

Step 3: k 回目と $k-1$ 回目の繰り返しで最尤法による固定パラメータの推定値の差の絶対値が事前に決めた閾値より小さくなったら計算を終了する．そうでなければ，Step 1 に戻る．

6.7 Excel を用いた数値例

第4章の4.5節で固定パラメータの値をわかっているものとして，Excel によるカルマンフィルターによって状態変数の期待値と分散の計算例を示した．ここでは固定パラメータの値と状態変数の平均を最尤法とカルマンフィルターの繰り返しによってどのように計算するか，数値例を通じて理解を深める．

分析例 6-2　対数尤度の最大化計算：数値例 (1)

図 6.4 は各時点での対数尤度と，全期間にわたる対数尤度の計算を Excel を用いて示したものである．図 6.4 は第4章の図 4.2 の B 列から L 列までと同じである．図 6.4 のセル N9 から N12 までの範囲に 6.5 節で示した式 (6.25) の右辺の $\ln V_t + v_t^2/V_t$（$for\ t=1,2,3,4$）の値が，セル N2 でその合計が計算されている．対数尤度を最大にする固定パラメータは Excel で，＞データ＞ソルバー，とするとソルバーのパラメータ設定画面（図 6.5）が現れるので，「目的セルの指定」に \$N\$2 を，「変数セルの変更」で \$C\$2 から \$D\$2 の範囲を指定し

6.7 Excel を用いた数値例

A	B	C	D	E	F	G	H	I	J	K	L	M	N
	T	σ_e	σ_ε	$\beta_{0|0}$	$\Sigma_{0|0}$								対数尤度
	1	4	4	4	1000								18.326
	時間	観測値	外生変数	状態予測	状態分散予測	観測変数予測	予測誤差	予測誤差分散	カルマンゲイン	状態変数期待値	状態変数分散		1期の対数尤度
	(1)	(2)	(3)	(4)	(5)	(6)	(7)	(8)	(9)	(10)	(11)		(12)
	t	y_t	X_t	$\hat{\beta}_{t|t-1}$	$\Sigma_{t|t-1}$	$\hat{Y}_{t|t-1}$	$v_t = y_t - \hat{y}_{t|t-1}$	$V_t = X_t^2 \Sigma_{t|t-1} + \sigma_\varepsilon^2$	K_t	$\hat{\beta}_{t|t}$	$\hat{\Sigma}_{t|t}$		$\ln V_t + v_t^2/V_t$
				$T*(1)$	$T^2*(11)+\sigma e^2$	$(4)*(3)$	$(2)-(6)$	$(3)^2*(5)+\sigma e^2$	$[(3)*(5)]/(8)$	$(4)+(9)*(7)$	$(1-(9)*(3))*(5)$		$\ln((8))+(7)^2/(8)$
0				4.000	1016.00					4.000	1000.000		
1		4.4	1	4.000	1016.00	4.00	0.400	1032.000	0.984	4.394	15.7519		6.939
2		4.0	1	4.394	31.75	4.39	-0.394	47.752	0.665	4.132	10.6390		3.869
3		3.5	1	4.132	26.64	4.13	-0.632	42.639	0.625	3.737	9.9961		3.762
4		4.6	1	3.737	26.00	3.74	0.863	41.996	0.619	4.271	9.9042		3.755
平均		4.125					0.059			4.134	11.573		18.326
標準偏差		0.421											

図 6.4 尤度の計算例

図 6.5 Excel ソルバーのパラメータ設定画面

「解決」ボタンを押す.

ただし，この場合はデータ個数が4つしかない．最尤法を適用して2つの固定パラメータを推定するにはあまりにもデータ数が少ない．この場合，観測変数の予測誤差は正規分布すると仮定したが，4つの標本数ではそうした仮定を置くことは不可能である．あくまでも，最尤法による固定パラメータ推定のアルゴリズムを理解するものであると考えてほしい．次に標本数のより多い事例を考えよう．

分析例 6-3　対数尤度の最大化計算：数値例 (2)

第4章の4.5節の「数値例」で示した東京電力の投資収益率の「真」の値をカルマンフィルターで推定する問題では2つの固定パラメータを最尤法によって求める．

観測方程式　　$\widetilde{Y}_t = \widetilde{\beta}_t X_t + \tilde{e}_t, \quad \tilde{e}_t \sim N(0, \sigma_e^2)$ 　　　　(6.28)

状態方程式　　$\widetilde{\beta}_t = T\widetilde{\beta}_{t-1} + \tilde{\varepsilon}_t, \quad \tilde{\varepsilon}_t \sim N(0, \sigma_\varepsilon^2)$ 　　　　(6.29)

6.7 Excelを用いた数値例

	A	B	C	D	E	F	G	H	I	J	K	L	M	N
1		T	σ_ε	σ_s	$\beta_{0|0}$	$\Sigma_{0|0}$								対数尤度関数
2		0.327438	4.155	5.901	0.1	100								−609.63
3														
4	日付	時間	観測値	外生変数	状態予測	状態分散予測	観察変数予測	予測誤差	予測誤差分散	カルマンゲイン	状態変数期待値	状態変数分散		期の対数尤度
5		t	y_t	X_t	$\hat{\beta}_{t|t-1}$	$\hat{\Sigma}_{t|t-1}$	$\hat{Y}_{t|t-1}$	$v_t = y_t - \hat{Y}_{t|t-1}$	$V_t = X_t^2 \Sigma_{t|t-1} + \sigma_\varepsilon^2$	K_t	$\hat{\beta}_{t|t}$	$\Sigma_{t|t}$		$\ln V_t + v_t^2/V_t$
6	Date	Ser num.	ROR_TOPX		$T*(1)$	$T^2*(11)+\sigma e^2$	$(4)*(3)$	$(2)-(6)$	$(3)^2*(5)+\sigma e^2$	$[(3)*(5)]/(8)$	$(4)+(9)*(7)$	$(1-(9)*(3))*(5)$		(12) $\ln(8)+(7)^2/(8)$
7		(1)	(2)	(3)	(4)	(5)	(6)	(7)	(8)	(9)	(10)	(11)		
8		0									0.100	20.000		
9	2011/1/4	1	0.151	1	0.033	36.97	0.03	0.1185	54.231	0.68164	0.114	11.76859		3.994
10	2011/1/5	2	0.050	1	0.037	36.08	0.04	0.0132	53.349	0.67637	0.046	11.67766		3.977
11	2011/1/6	3	0.050	1	0.015	36.07	0.02	0.0352	53.339	0.67631	0.039	11.67664		3.977
12	2011/1/7	4	−0.352	1	0.013	36.07	0.01	−0.3649	53.339	0.67631	−0.234	11.67663		3.979
13	2011/1/11	5	−0.303	1	−0.077	36.07	−0.08	−0.2263	53.339	0.67631	−0.230	11.67663		3.978
14	2011/1/12	6	0.101	1	−0.075	36.07	−0.08	0.1765	53.339	0.67631	−0.044	11.67663		3.977
15	2011/1/13	7	0.000	1	0.014	36.07	0.01	−0.0145	53.339	0.67631	0.005	11.67663		3.977
16	2011/1/14	8	−0.202	1	−0.002	36.07	0.00	−0.2039	53.339	0.67631	−0.136	11.67663		3.977
17	2011/1/17	9	−0.051	1	−0.045	36.07	−0.04	−0.0060	53.339	0.67631	−0.049	11.67663		3.977
18	2011/1/18	10	0.811	1	−0.016	36.07	−0.02	0.8273	53.339	0.67631	0.544	11.67663		3.990
19	2011/1/19	11	−0.805	1	0.178	36.07	0.18	−0.9828	53.339	0.67631	−0.487	11.67663		3.995
20	2011/1/20	12	0.254	1	−0.159	36.07	−0.16	0.4129	53.339	0.67631	0.120	11.67663		3.980

図 6.6 東京電力の 2011 年度の「真」の株式投資収益率の推定と固定パラメータの推定
標本数は 244 個（2011 年 1 月 4 日〜12 月 30 日）のうちの最初の 12 営業日の計算結果のみを示している.

今回は最尤法により推定すべき固定パラメータは $\sigma_e, \sigma_\varepsilon, T$ の3つになる．これらの固定パラメータの初期値として $\sigma_e=5, \sigma_\varepsilon=3, T=0.5$ と置いて Excel ソルバーで解いたところ，次の結果

$$\sigma_e=4.155, \quad \sigma_\varepsilon=5.901, \quad T=0.3274$$

を得た．詳細な計算過程は図 6.6 の Excel シートに示されている．他方，計量経済学ソフトウェアである EViews を用いた固定パラメータの標準誤差や有意確率を含む推定結果は表 6.3 のようになった．両者の計算結果はほぼ同一である．

表 6.3 東京電力の「真」の期待収益率：EViews による固定パラメータの推定

変数名	係数	標準誤差	z 値	有意確率
σ_e 観測誤差の標準誤差	4.218	2.838	1.486	0.1372
σ_ε 状態誤差の標準誤差	5.870	2.190	2.680	0.0074
T 状態とリフト	0.331	0.193	1.710	0.0873

対数尤度は -831.865，収束までの回数は 16 回．

最尤法により 3 つの固定パラメータ $(\sigma_e, \sigma_\varepsilon, T)$ とカルマンフィルターにより状態変数のフィルタリング値 $\hat{\beta}_{t|t}$ を同時に推定した結果が図 6.7 に示されている．東日本大震災の前と後で期待収益率が大きく変化したことがわかる．

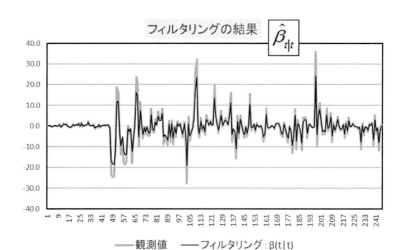

図 6.7 東京電力の投資収益率のフィルタリングの結果

7

カルマンフィルターの導出
―平均・分散アプローチ―

> **この章で何を学ぶのか？**
> 1. 状態変数が正規分布に従うことを仮定せずに，単に状態変数の平均と分散だけに注目し，最良線形不偏推定量（BLUE）基準にもとづき，カルマンフィルターを導出できることを知る．
> 2. この考え方の背後にある直観的な考え方を知った上で，平均・分散基準によりカルマンフィルターの厳密な展開を学ぶ．

7.1 はじめに

　状態変数や観測変数は必ずしも 2 変量正規分布に従うとは限らない．正規分布以外であっても，分布の平均と分散だけに注目して，カルマンフィルター公式を導出できることを明らかにする．しかし，このことは分布が平均と分散で完全に表せることを仮定しているのではない．分布がどのような形をしていようとも，その平均と分散「だけ」に注目すればカルマンフィルター公式を導くことができることを意味しているだけである．

　この点を考慮しながら，正規性という厳しい仮定を置かなくても，カルマンフィルターを導けることを明らかにする．なおこの章での説明は観測変数が 1 つ，状態変数が 1 つのスカラーで表現できるモデルに限定する．

7.2 平均・分散アプローチの直観的な理解

7.2.1 確率変数 Z の不偏かつ最小分散推定量とは[24]？

確率変数 Z がある．それを例えば物の重さを何回も測った場合の値や，マスコミ各社が行う内閣支持率，将来時点の期の株価であると考えよう．

確率変数 Z の分布 $F_Z(z)$ がどのような形をしているかはわからない．しかし，Z の平均 $\mu_Z = E[Z]$ と分散 $\sigma_Z^2 = Var(Z)$ だけに関心を払うとしよう．例えば図 7.1 のような分布を考え，その平均と分散（標準偏差）のみに注目してみよう．

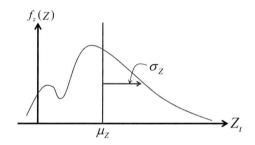

図 7.1 分布の平均と標準偏差だけに注目する

確率変数 Z は「ばらついて」いる．「ばらつき」の度合いを示す確率変数 U を次のように定義する．

$$\tilde{U} \equiv \tilde{Z} - \mu_Z \tag{7.1}$$

つまり U は，重さの測定の場合であれば，毎回の推定結果とその平均値からの乖離である．

われわれは平均と分散（標準偏差）で分布を代表させようと考えた．それは妥当な判断なのだろうか？ 次のような2つの基準，①不偏推定基準と，②最小分散基準に照らして考えてみることにしよう．

1) 不偏推定量（unbiased estimator）： 不偏推定値とは偏りがない推定値（estimates）を意味する．つまり式 (7.1) が散らばり度合いを示すとして，その「期待値」が 0 であることを示す．言い換えると，

---

[24] 推定量とは母集団の統計量（平均とか分散など）をそれから抽出した標本によって推定する場合の関数を指し，推定値とはその関数にもとづいて得た具体的な値をいう．カルマンフィルターでの状態変数のフィルタリング推定は明示的に標本抽出を考えないので，ここではあたかも母集団の統計量推定に伴う関数を示していると考える．

7.2 平均・分散アプローチの直観的な理解

$$0 = E[\tilde{U}] = E[\tilde{Z}] - \mu_Z \tag{7.2}$$

が成立するような推定値 μ_Z が何かを考えるのである．平均値 μ_Z は確率変数 Z の偏りのない推定値である．

2) 最小分散推定量（minimum variance estimation）： 平均値 μ_Z は確率変数 Z の偏りのない推定値になっていることがわかった．それにもとづいて2つ目の基準である最小分散推定の話に進もう．最小分散推定量とは不偏な推定値のなかでその分散を最小にする推定値を意味する．平均値 μ_Z がそうした性格を有しているかどうか確かめてみよう．まず，分布の代表値を M としよう．M が何であるかはこの段階では問わない．確率変数 Z の M からの散らばり度合いを示す分散は次のように計算できる．

$$Var(U) = E[(Z-M)^2] \tag{7.3}$$

分散を最小にする確率変数 Z の代表値 M はこの式を M で偏微分した結果を0と置いて M に関して解き，それがどのようなものであるかを検討すればよい．結果は次のように M = 平均値 μ_Z となる．

$$0 \equiv \frac{\partial Var(U)}{\partial M} \Rightarrow M = \mu_Z \tag{7.4}$$

これら2つの結果は，平均値 μ_Z は確率変数 Z の不偏推定値であるばかりでなく，最小分散推定値であることをも示している．このように，2つの基準を満たしたものを最良不偏推定量という．

7.2.2 2つの確率変数の和の最良不偏推定量[25]

さて，7.2.1項では確率変数 Z に関する最小分散推定量について考えた．次に確率変数 Z が次のような2つの<u>互いに独立</u>な確率変数 X と Y の加重平均である場合を考えてみよう．X と Y はものの重さであれば，ある物を2つの異なる測定機器で測った重さであり，内閣支持率であればX新聞とY新聞の調査結果と考えればよい．

$$\tilde{Z} = (1-K)\tilde{X} + K\tilde{Y} \tag{7.5}$$

ここで K は加重平均を計算するための重みである．7.2.1項と同様に，不偏推定値と最小分散推定値にもとづいて考えよう．

1) 不偏推定値： 式（7.5）の両辺の期待値を計算すると，

$$\mu_Z = (1-K)\mu_X + K\mu_Y \tag{7.6}$$

---

[25] 以下ではMaybeck（1982）第1章の考え方をさらにわかりやすく説明することに努めた．

となる．ここで $\mu_X=E[X]$ かつ $\mu_Y=E[Y]$ であり，これら2つは期待値を表している．式 (7.6) の意味するところは Z の期待値が X と Y の期待値の加重平均であることである．すでに示した式 (7.1) と同様，Z のばらつきの程度を示す確率変数 $U=Z-\mu_Z$ を定義すれば，Z の不偏推定値は上の式 (7.6) で示される．この式 (7.6) を書き換えると，

$$\mu_Z=\mu_X+K(\mu_Y-\mu_X) \tag{7.7}$$

となる．以下で重み K が何を意味しているのか考えよう．

2) 最小分散推定値: 式 (7.5) で示される2つの確率変数の加重和として示される確率変数の分散は，X と Y が独立であると仮定したので，

$$\sigma_Z^2=(1-K)^2\sigma_X^2+K^2\sigma_Y^2 \tag{7.8}$$

となる．σ_Z^2 は Z の分散，σ_X^2 は X の分散，そして σ_Y^2 は Y の分散である．ここで X の期待値のみならず Y の期待値を知ることにより，Z の期待値を知ることができた．しかしそのためには重み K をも知る必要がある．Z は確率変数であるので，その期待値のまわりを散らばっている．重み K はその散らばりを最小にするように決定することにする．つまり Z の分散を最小にする重み K を決定する．式 (7.8) を K で偏微分した結果を 0 と置き，K に関して解くと次のようになる．

$$0<K=\frac{\sigma_X^2}{\sigma_X^2+\sigma_Y^2}<1 \tag{7.9}$$

この結果を式 (7.8) に代入すると，次のようなわかりやすいフィルタリング公式を得る．

$$\sigma_Z^2=(1-K)\sigma_X^2 \tag{7.10}$$

この重み K の計算式の背後にある直観的な意味は明らかである．X と Y の不確実性の大きさを示す分散が等しい $\sigma_X^2=\sigma_Y^2$ 場合を考えてみよう．その場合，式 (7.9) により $K=1/2$ となり，この結果を式 (7.7) と式 (7.8) に代入すると，確率変数 Z の平均と分散は，それぞれ確率変数 X と Y の平均の平均，X と Y の分散の平均の半分となる．これに対し，X の分散が Y の分散より大きい場合，式 (7.9) の重みは $K>1/2$ となり，Z の分散は式 (7.10) から X の分散に $1/2$ 以下の重みをかけたものになる．また Z の期待値は式 (7.7) より X より Y の期待値により大きな重みをかけて計算される．したがって重み K は，新しい確率変数 Z の期待値を計算する場合2つの確率変数 X と Y のどちらに大きな重みを与えるべきかを，2つの確率変数の分散の相対的な大きさで示される信頼性によって決定しようとしているものである．また，それにより，K が Z の

分散を最小にするものである.

7.2.3　2時点の時系列データ：$\tilde{\beta}_1$ と $\tilde{\beta}_2$ を用いてよりよい β 値を求める

次に問題を2時点間の「時系列分析」に拡張することを考えてみよう．ここでは時点1と時点2で得られる2つの確率変数があったときに，時点1だけでなく時点2でのデータも用いてよりよい値を得ることを考える．時点1で得られる確率変数を $\tilde{\beta}_1$，時点2で得る確率変数を $\tilde{\beta}_2$ としよう．つまり7.2.2項の式（7.5）の X を $\tilde{\beta}_1$ に，Y を $\tilde{\beta}_2$ に置き換えて考えるのである．ここで $\tilde{\beta}_1$ と $\tilde{\beta}_2$ の分布関数 F が，平均と分散 $(\hat{\beta}_t, \hat{\sigma}_t^2), t=1, 2$ によって次のように表されるとしよう．

$$\tilde{\beta}_1 \sim F(\hat{\beta}_1, \hat{\sigma}_1^2), \qquad \tilde{\beta}_2 \sim F(\hat{\beta}_2, \hat{\sigma}_2^2) \tag{7.11}$$

分布関数 F は必ずしも正規分布するとは限らないが，分布はおおよそその平均と分散で表すことができるとする．このように考えたとき，われわれの目的は重み K_2 を用いて $\tilde{\beta}_1$ と $\tilde{\beta}_2$ の加重平均である $\tilde{\beta}$

$$\tilde{\beta} = (1-K_2)\tilde{\beta}_1 + K_2\tilde{\beta}_2 \tag{7.12}$$

によって，時点2における確率変数 β_2 のよりよい推定値（その平均と分散）を得ることである．上の式（7.7）と同じ計算によって次のような期待（平均）値のフィルタリング公式を得ることができる．

$$\hat{\beta} = \hat{\beta}_1 + K_2(\hat{\beta}_2 - \hat{\beta}_1) \tag{7.13}$$

この式（7.13）をローカルモデルにカルマンフィルターを適用して得た状態変数 β_t の期待値のフィルタリング公式（式（7.31）の最後の式）と比較してみよう．

$$\hat{\beta}_{t|t} = \hat{\beta}_{t|t-1} + K_t(y_t - \hat{\beta}_{t|t-1}) \underset{t=2}{\Rightarrow} \hat{\beta}_{2|2} = \hat{\beta}_{2|1} + K_2(y_2 - \hat{\beta}_{2|1}) \tag{7.14}$$

2つは極めてよく似ているが，2つの違いがある．第1の違いは，式（7.14）の最初の式では時間を表す添え字が t になっている．この式で $t=2$ かつ $t-1=1$ と置き換えると，式（7.14）の2番目の式は式（7.13）と同じ形になる．第2に，右辺の（ ）内の第1項が式（7.13）では2期目のベータの期待値になっている．しかし式（7.13）で $\hat{\beta}_2$ を $t=2$ 期目における実測値 y_2 で置き換えれば同等の表現を得る．

重みも式（7.9）と同じ計算により

$$K_2 = \frac{\sigma_1^2}{\sigma_1^2 + \sigma_2^2} \tag{7.15}$$

となる．他方で以下の7.3節で示すカルマンゲインを示す式（7.37）において

$t=2$, $t-1=1$ とすると,

$$K_t = \frac{\Sigma_{t|t-1}}{\Sigma_{t|t-1}+\sigma_e^2} \underset{t=2}{\Rightarrow} K_2 = \frac{\Sigma_{2|1}}{\Sigma_{2|1}+\sigma_e^2} \tag{7.16}$$

を得る.この結果は式(7.15)とよく似ている.

また時点2における確率変数βの分散のフィルタリング公式も式(7.10)と同様に

$$\sigma_\beta^2 = (1-K_2)\sigma_1^2 \tag{7.17}$$

となる.この結果をカルマンフィルターの分散のフィルタリング公式である以下の式(7.39)

$$\Sigma_{t|t} = (1-K_t)\Sigma_{t|t-1} \underset{t=2}{\Rightarrow} \Sigma_{2|2} = (1-K_2)\Sigma_{2|1} \tag{7.18}$$

と比較してみよう.変数名の違いと時間に関する添え字の表現を除いて同じ表現を得ている.

以上の説明は状態変数が正規分布に従わなくても,その平均と分散に注目するだけでカルマンフィルターのフィルタリング公式を導くことができる「かもしれない」ことを示唆している.またカルマンフィルターによるフィルタリング公式の導出の背後にある考え方はこうした直観的にわかりやすい考え方にもとづいていることを示唆している.

以上の議論をふまえて,状態変数と観測変数の平均と分散だけに注目してカルマンフィルターを「厳密」に導くことにする.この場合2つの状態空間モデルを考える.以下の7.3節では,理解を容易にするために最も簡単な状態空間モデル,つまりローカルモデルを考えてカルマンフィルターを導出する.7.4節で,より一般的な状態空間モデルにもとづいてカルマンフィルターを導出する.

7.3 ローカルモデルに対するカルマンフィルターの導出

ローカルモデルとは観測方程式と状態方程式が次のような形をとるものであった.

観測方程式 $\quad \widetilde{Y}_t = \widetilde{\beta}_t + \widetilde{e}_t \tag{7.19}$

状態方程式 $\quad \widetilde{\beta}_t = \widetilde{\beta}_{t-1} + \widetilde{\varepsilon}_t \tag{7.20}$

第5章での議論と異なり誤差項が正規分布に従うことは仮定しないが,観測誤差と状態誤差に関し,平均が0,分散一定,互いの共分散(相関)が0,それぞれに関して系列相関が存在しないこと,以上の4つを仮定する.つまり

$$E[e_t]=0, \quad Var(e_t)=\sigma_e^2, \quad E[\varepsilon_t]=0, \quad Var(\varepsilon_t)=\sigma_\varepsilon^2$$
$$0=Cov(e_t,\varepsilon_t)=E[e_t e_s]=E[\varepsilon_t \varepsilon_s]=E[e_t \varepsilon_s], \quad \text{all } t\neq s \qquad (7.21)$$

が成立するとする．こうした仮定のもとカルマンフィルターを導出する．

7.3.1 予測誤差とフィルタリング値が満足すべき特性

次に，平均・分散アプローチによるカルマンフィルターの導出にあたって必要とする定義と仮定を明らかにする．状態変数のフィルタリング値が満足すべき性質として次の3つを考える．

性質1：線形性（linearity）　状態変数の条件付き期待値 $\widehat{\beta}_{t|t}$（フィルタリング値）は，①時点 t ですでにわかっている1期前のフィルタリング値 $\widehat{\beta}_{t-1|t-1}$ と，② t 期始めに得られた観測変数 y_t の「1次（線形）結合」，言い換えると加重平均で表現できると仮定する．このことを数式で表すと次のようになる．

$$\widehat{\beta}_{t|t}=J_t\widehat{\beta}_{t-1|t-1}+K_t y_t \qquad (7.22)$$

ここで，J_t と K_t は右辺の変数に対する「重み」である．以下の議論を通じてそれらがどのような意味をもっているかがわかる．

性質2：不偏性（unbiasedness）　カルマンフィルターでは状態変数の平均と分散を推定することが目的である．不偏性とはこの場合，状態変数 $\widetilde{\beta}_t$ に関する予測誤差に偏りがないことを意味する．言い換えれば，予測誤差の条件付き期待値が0でなければならない．状態変数 $\widetilde{\beta}_t$ の予測誤差を次のように定義する．

$$\widetilde{U}_t \equiv \widetilde{\beta}_t - E_t[\widetilde{\beta}_t|\Omega_t] = \widetilde{\beta}_t - \widehat{\beta}_{t|t} \qquad (7.23)$$

時点 t において，確率変数である状態変数値 β_t と t 期までに得られた情報 Ω_t をもとに計算される状態変数の条件付き期待値 $\widehat{\beta}_{t|t}$（フィルタリング値）との差を「状態変数の予測誤差」と定義する．不偏性を満たすとは「状態変数の予測誤差」の期待値が0であることである．

$$E_t[U_t|\Omega_t]=0 \qquad (7.24)$$

言い換えれば，状態変数のフィルタリング値 $\widehat{\beta}_{t|t}$ は予測誤差を不偏にするようなものとして求められる．

性質3：最小分散性（minimum variance）　最小分散性とは，状態変数のフィルタリング値 $\widehat{\beta}_{t|t}$ は偏りがないばかりでなく，そうした不偏性を満たす推定値のうちで，分散を最小にする推定値である．言い換えれば，式（7.24）を満足する推定値のなかで，分散を最小にするようなフィルタリング値 $\widehat{\beta}_{t|t}$ を求める．形式的にこれらの基準を式で表現すると次のようになる．

$$\underset{(\tilde{\beta}_{t|t})}{\text{最小化}} \Rightarrow Var(U_t|\Omega_t) \tag{7.25}$$

$$\text{制約条件}: E_t[U_t|\Omega_t]=0 \tag{7.26}$$

この2つの式は，式（7.6）の状態変数の不偏性を表す制約条件の下で（Subject to:)，式（7.5）の目的関数である誤差分散を最小にする（Minimize）ことを意味している．つまり，以下に述べる最良線形不偏推定量（BLUE）であるような状態変数を求めようとすることを表している．

望ましい状態変数の推定特性：BLUE 推定量

上の性質1から3までを満足するような確率変数が満足すべき性質を最良線形不偏推定量（BLUE：Best Linear Unbiased Estimator）と呼ぶ．性質1の線形性を満足する確率変数 β_t が，性質2である不偏性を満足し，かつ性質2の予測誤差分散を最小にする（性質3）．計量経済学を学んだ人は線形回帰分析，例えば $\tilde{Y}_t = a + bX_t + \tilde{e}_t$ におけるパラメータ a と b の推定値 $\hat{a}$ と $\hat{b}$ が満足すべき望ましい性質として BLUE を考え，それが最小二乗法によって実現できることを学んだ．計量経済学では，パラメータ a と b の不確実性は従属変数 Y が母集団から抽出された標本であることから生じる標本抽出誤差（sampling errors）から生じていると考えている．

7.3.2　カルマンフィルターの導出

以上の仮定のもと次のような4つのステップを経てカルマンフィルターを導出する．

Step 1：状態変数の期待値のフィルタリング公式を導出する　予測誤差が不偏であるような重みを決定する．線形条件を示す式（7.22）を，予測誤差を示す式（7.23）に代入し整理すると次式が得られる．

$$\begin{aligned}
\tilde{U}_t|\Omega_t &\equiv \tilde{\beta}_t - E_t[\tilde{\beta}_t|\Omega_t] = \tilde{\beta}_t - \hat{\beta}_{t|t} \\
&= \tilde{\beta}_t - (J_t\hat{\beta}_{t-1|t-1} + K_t y_t) \\
&= (\tilde{\beta}_{t-1} + \tilde{\varepsilon}_t) - J_t(\tilde{\beta}_{t-1} - \tilde{\xi}_{t-1}) - K_t(\tilde{\beta}_t + \tilde{e}_t) \\
&= (\tilde{\beta}_{t-1} + \tilde{\varepsilon}_t) - J_t(\tilde{\beta}_{t-1} - \tilde{\xi}_{t-1}) - K_t(\tilde{\beta}_{t-1} + \tilde{\varepsilon}_t + \tilde{e}_t) \\
&= ((1-K_t) - J_t)\tilde{\beta}_{t-1} + (1-K_t)\tilde{\varepsilon}_t - K_t\tilde{e}_t + J_t\tilde{\xi}_{t-1}
\end{aligned} \tag{7.27}$$

2行目から3行目の導出にあたって，t 期の状態変数 $\tilde{\beta}_t$ が，① $t-1$ 期までの情報 Ω_{t-1} にもとづく期待値 $\hat{\beta}_{t|t-1}$ と，②その平均値が0であるような誤差項 $\tilde{\xi}_t$ との合計によって表現できることを仮定している．言い換えると

$$\tilde{\beta}_t = \hat{\beta}_{t|t-1} + \tilde{\xi}_t, \quad E[\xi_t] = 0, \quad Var(\tilde{\xi}_t) = Var(\tilde{\beta}_t|\Omega_{t-1}) = \hat{\Sigma}_{t|t-1} \tag{7.28}$$

である．ここで ξ は $\widehat{\beta}_{t|t-1}$ が与えられたときの状態変数 $\widetilde{\beta}_t$ の誤差項であり，その平均は0，分散が有限，かつ観測誤差 e_t と状態誤差 ε_t は互いに独立であるとする．式（7.28）の両辺の1期間ラグは $\widetilde{\beta}_{t-1}=\widehat{\beta}_{t-1|t-1}+\widetilde{\xi}_{t-1}$ であるので，この Ω_{t-1} に関する条件付き期待値は $\widehat{\beta}_{t-1|t-1}=\widetilde{\beta}_{t-1}-\widetilde{\xi}_{t-1}$ となる．この結果を上の式（7.27）の2行目から3行目の導出に用いる．また2行目から3行目で観測変数の実測値 y_t を観測変数の事前の値 Y_t に置き換えている．

式（7.27）の最後の式の右辺第2, 3, 4項の誤差項の平均が0であることに注意し，式（7.27）の両辺の期待値をとると，式（7.24）で示した不偏性基準から次の結果が成立する．

$$0 \equiv E[\widetilde{U}_t|\Omega_t] = ((1-K_t)-J_t)E[\widetilde{\beta}_{t-1}] \tag{7.29}$$

言い換えるならば，次式が成立しなければならない．

$$(1-K_t)-J_t=0 \quad \Rightarrow \quad J_t=1-K_t \tag{7.30}$$

この結果を，線形性を示す式（7.22）に代入すると次の結果を得る.

$$\begin{aligned}
\widehat{\beta}_{t|t} &= J_t \widehat{\beta}_{t-1|t-1} + K_t y_t \\
&= (1-K_t)\widehat{\beta}_{t-1|t-1} + K_t y_t \\
&= (1-K_t)\widehat{\beta}_{t|t-1} + K_t y_t \\
&= \widehat{\beta}_{t|t-1} + K_t (y_t - \widehat{\beta}_{t|t-1}) \\
&= \widehat{\beta}_{t|t-1} + K_t (y_t - \widehat{Y}_{t|t-1})
\end{aligned} \tag{7.31}$$

つまり状態変数のフィルタリング公式

$$\boxed{\widehat{\beta}_{t|t} = \widehat{\beta}_{t|t-1} + K_t(y_t - \widehat{Y}_{t|t-1})} \tag{7.32}$$

を得ることができた．ここで，式（7.31）の2行目は状態変数のフィルタリング値 $\widehat{\beta}_{t|t}$ が，1期前のフィルタリング値 $\widehat{\beta}_{t-1|t-1}$ と今期になって得られた観測値との加重平均であることを示している．この場合，重みは K_t である．2行目から3行目の導出は，式（7.20）の状態方程式の両辺の1期前までに得られた情報 Ω_{t-1} での条件付き期待値を計算することにより導かれる．

Step 2：状態変数の分散のフィルタリング公式を導出する　このことはまだ決定されていなかった重み K_t を決めることにほかならない．予測誤差式が不偏であるためには式（7.30）で示される $J_t=1-K_t$ が成立しなければいけなかった．この条件を予測誤差の定義式（7.27）に代入すると，

$$\widetilde{U}_t = (1-K_t)\widetilde{\varepsilon}_t - K_t\widetilde{e}_t + (1-K_t)\widetilde{\xi}_{t-1} = (1-K_t)(\varepsilon_t + \widetilde{\xi}_{t-1}) - K_t\widetilde{e}_t \tag{7.33}$$

と書き直すことができる．したがって予測誤差の分散は，上の式（7.33）の両辺の分散を計算し，K_t の関数として次のように表すことができる．

$$Var(\widetilde{U}_t) = Var(\widetilde{\beta}_t - E_t[\widetilde{\beta}_t|\Omega_t]) = Var(\widetilde{\beta}_t - \widehat{\beta}_{t|t}) \equiv \widehat{\Sigma}_{t|t} \tag{7.34}$$

また，
$$Var(\widetilde{U}_t) = (1-K_t)^2 Var(\tilde{\varepsilon}_t + \tilde{\xi}_{t-1}) + K_t^2 Var(\tilde{e}_t)$$
$$= (1-K_t)^2 (\sigma_\varepsilon^2 + \widehat{\Sigma}_{t-1|t-1}) + K_t^2 \sigma_e^2$$
$$= (1-K_t)^2 \widehat{\Sigma}_{t|t-1} + K_t^2 \sigma_e^2 \tag{7.35}$$

1行目から2行目の導出には式（7.28）の1期ラグを用いている．結局，状態変数 β_t の分散 $\widehat{\Sigma}_{t|t}$ のフィルタリング公式を得ることができた．つまり，
$$\widehat{\Sigma}_{t|t} = (1-K_t)^2 \widehat{\Sigma}_{t|t-1} + K_t^2 \sigma_e^2 \tag{7.36}$$

しかし，この分散のフィルタリング公式は，重み K_t の具体的な値がどうなるかがわかれば，より見通しのよい結果を得ることができる．次に K_t の閉じた解を求めることにしよう．

Step 3：カルマンゲイン K_t を導出する　予測誤差の分散を最小にする重み K_t は，式（7.35）を重み K_t で偏微分し0と置いた結果を満足する K_t として得られる．

$$0 \equiv \frac{\partial Var(\widetilde{U}_t)}{\partial K_t} = -2(1-K_t)\widehat{\Sigma}_{t|t-1} + 2K_t\sigma_e^2 \Rightarrow 0 = \widehat{\Sigma}_{t|t-1} - K_t(\widehat{\Sigma}_{t|t-1} + \sigma_e^2)$$

が得られる．これを K_t に関して解くことにより，
$$\boxed{0 < K_t = \frac{\widehat{\Sigma}_{t|t-1}}{\widehat{\Sigma}_{t|t-1} + \sigma_e^2} < 1} \tag{7.37}$$

を得る．つまり予測誤差を最小にするカルマンゲインを得た．

注意：なぜ状態分散 $\widehat{\Sigma}_{t|t}$ のカルマンゲインに関する最小化が $\widehat{\beta}_{t|t}$ の最小分散性を保証しているのか？　カルマンフィルターの平均・分散アプローチによる状態変数のフィルタリング公式の導出にあたって $\widehat{\beta}_{t|t}$ が不偏であるばかりでなく最小分散性を有することを要求した．しかるに，上の議論では状態分散 $\widehat{\Sigma}_{t|t}$ をカルマンゲイン K_t に関して最小化することを議論している．しかし，状態変数の予測誤差分散を表す式（7.35）のカルマンゲイン K_t に関する最小化が，なぜ $\widehat{\beta}_{t|t}$ に関する最小化になっているのであろうか？

答えは簡単である．式（7.35）の1行目を見てもわかるように，$Var(U_t)$ を $\widehat{\beta}_{t|t}$ に関して最小化することは，式（7.32）の $\widehat{\beta}_{t|t}$ のフィルタリング公式 $\widehat{\beta}_{t|t} = \widehat{\beta}_{t|t-1} + K_t(y_t - \widehat{Y}_{t|t-1})$ からわかるように右辺のカルマンゲイン K_t に関して $Var(U_t)$ を最小化することに等しい．なぜならこの式で，①右辺の $\widehat{\beta}_{t|t-1}$，$\widehat{Y}_{t|t-1}$ は今から1期前の $t-1$ 期ですでに決まっており，②観測変数の実現値 y_t も所与であり，いずれもが今期 t で動かすことができないからである．したがって状態誤差分散を最小化できるものはカルマンゲインしかない．つまり次のように考えたらよい．

$$0 \equiv \frac{\partial Var(\widetilde{U}_t)}{\partial K_t} \Leftrightarrow 0 \equiv \frac{\partial Var(\widetilde{U}_t)}{\partial \widehat{\beta}_{t|t}}, \quad \widehat{\beta}_{t|t} = \widehat{\beta}_{t|t-1} + K_t(y_t - \widehat{Y}_{t|t-1}) \text{ を通じて}$$

Step 4：より簡単な状態変数の分散のフィルタリング公式 カルマンゲインを示す式（7.37）を観測誤差項の分散 σ_e^2 に関して解いた結果である $\sigma_e^2 = 1/K_t(1-K_t)\widehat{\Sigma}_{t|t-1}$ を式（7.36）に代入することにより，状態変数の分散のフィルタリング公式は次のように簡単になる．

$$\begin{aligned}
\widehat{\Sigma}_{t|t} &= (1-K_t)^2 \widehat{\Sigma}_{t|t-1} + K_t^2 \sigma_e^2 \\
&= (1-K_t)^2 \widehat{\Sigma}_{t|t-1} + K_t^2 \frac{1}{K_t}(1-K_t)\widehat{\Sigma}_{t|t-1} \\
&= (1-K_t)\widehat{\Sigma}_{t|t-1}((1-K_t) + K_t) \\
&= (1-K_t)\widehat{\Sigma}_{t|t-1}
\end{aligned} \tag{7.38}$$

結局より簡潔な状態変数の分散のフィルタリング公式

$$\boxed{\widehat{\Sigma}_{t|t} = (1-K_t)\widehat{\Sigma}_{t|t-1}} \tag{7.39}$$

を得ることができた．

7.4 一般的な状態空間モデルからのカルマンフィルターの導出

次に，より一般的な状態空間モデルを考え，平均・分散アプローチにもとづくカルマンフィルターを導出する

観測方程式　　　$\widetilde{Y}_t = c + \widetilde{\beta}_t X_t + \widetilde{e}_t$ 　　　　　　　　　　(7.40)

状態方程式　　　$\widetilde{\beta}_t = d + T\widetilde{\beta}_{t-1} + \widetilde{\varepsilon}_t$ 　　　　　　　　　　(7.41)

ここで，c, d, T は固定パラメータである．誤差項 e_t, ε_t が正規分布に従うことは仮定しないが，その平均は 0，分散が一定，互いの共分散（相関）が 0，それぞれに関して系列相関が存在しないことを仮定する．つまりローカルモデルの場合と同様に，誤差項に関して式（7.21）が成立すると仮定する．

7.4.1 予測誤差とフィルタリング値が満足すべき特性

カルマンフィルターを導くにあたり必要な仮定と考え方はローカルモデルと同様であるが，より一般的な状態空間モデルを考えたことにより，状態変数の線形性条件はやや複雑になる．

性質 1：線形性 (linearity) 　　状態変数の条件付き期待値 $\widehat{\beta}_{t|t}$（フィルタリング値）は t 時点で<u>観測できる（た）</u>変数 ($\widehat{\beta}_{t-1|t-1}, y_t$) だけでなく，観測方程式と

状態方程式に現れる定数項の線形結合で表されると仮定する．
$$\widehat{\beta}_{t|t} = J_t \widehat{\beta}_{t-1|t-1} + K_t y_t + L_t c + M_t d \tag{7.42}$$
ここで，J_t, K_t, L_t, M_t はそれぞれ右辺の変数や定数に対する重みである．

性質2の不偏性と最小分散性条件はローカルモデルの場合と同様，式（7.24），式（7.25）と式（7.26）でそれぞれ示される．

この結果得られる状態変数の期待値と分散はローカルモデルの場合と同様，最良線形不偏推定量になる．以下に導出の詳細を説明する．

7.4.2 カルマンフィルターの導出：回帰モデルの場合

Step 1：状態変数の期待値のフィルタリング公式を導出する 状態変数のフィルタリング値が観測できる変数と定数項の線形関数であるとしたとき，状態変数 $\widetilde{\beta}_t$ の予測誤差は次のようになる．ローカルモデルと異なり決定すべき未知数が J と K のみならず，L と M が追加されたことでやや複雑になるが，基本的な考え方はローカルモデルの場合と同じである．

$$\begin{aligned}
\widetilde{U}_t | \Omega_t &\equiv \widetilde{\beta}_t - E_t[\widetilde{\beta}_t | \Omega_t] = \widetilde{\beta}_t - \widehat{\beta}_{t|t} \\
&= \widetilde{\beta}_t - (J_t \widehat{\beta}_{t-1|t-1} + K_t y_t + L_t c + M_t d) \quad [\text{式 (7.42) より}] \\
&= (d + T\widetilde{\beta}_{t-1} + \widetilde{\varepsilon}_t) - J_t(\widetilde{\beta}_{t-1} - \widetilde{\xi}_{t-1}) - K_t(c + \widetilde{\beta}_t X_t + \widetilde{e}_t) - L_t c - M_t d \\
&= (d + T\widetilde{\beta}_{t-1} + \widetilde{\varepsilon}_t) - J_t(\widetilde{\beta}_{t-1} - \widetilde{\xi}_{t-1}) - K_t(c + (d + T\widetilde{\beta}_{t-1} + \widetilde{\varepsilon}_t) X_t + \widetilde{e}_t) \\
&\quad - L_t c - M_t d \\
&= (T(1 - K_t X_t) - J_t)\widetilde{\beta}_{t-1} + (1 - K_t X_t)\widetilde{\varepsilon}_t - K_t \widetilde{e}_t + J_t \widetilde{\xi}_{t-1} - (K_t + L_t)c \\
&\quad + (1 - K_t X_t - M_t)d \tag{7.43}
\end{aligned}$$

最後の式の右辺の第2, 3, 4項の誤差項 $\varepsilon_t, e_t, \xi_{t-1}$ の期待値が0であることに注意し，両辺の期待値をとると，式（7.24）で示した不偏性条件から次の結果が成立する．

$$0 \equiv E[\widetilde{U}_t | \Omega_t] = (T(1 - K_t X_t) - J_t) E[\widetilde{\beta}_{t-1}] - (K_t + L_t)c + (1 - K_t X_t - M_t)d \tag{7.44}$$

このことは右辺の3つの既知の状態変数の期待値と定数項の係数が0であること，すなわち次の3つの式が成立しなければならないことを意味する．

$$\begin{aligned}
T(1 - K_t X_t) - J_t &= 0 \\
K_t + L_t &= 0 \\
1 - K_t X_t - M_t &= 0
\end{aligned} \tag{7.45}$$

3本の方程式があるので，未知数である3つの重み係数 J_t, L_t, M_t を決定することができる．式（7.45）から $J_t = T(1 - K_t X_t), L_t = -K_t, M_t = 1 -$

7.4 一般的な状態空間モデルからのカルマンフィルターの導出

$K_t X_t$ として，これらの結果を式（7.42）の線形条件式に代入すると次の結果を得る．

$$\begin{aligned}\widehat{\beta}_{t|t}&=J_t\widehat{\beta}_{t-1|t-1}+K_t y_t+L_t c+M_t d\\&=T(1-K_t X_t)\widehat{\beta}_{t-1|t-1}+K_t y_t-K_t c+(1-K_t X_t)d\\&=d+T\widehat{\beta}_{t-1|t-1}+K_t(y_t-(c+(d+T\widehat{\beta}_{t-1|t-1})X_t))\\&=\widehat{\beta}_{t|t-1}+K_t(y_t-(c+\widehat{\beta}_{t|t-1}X_t))\\&=\widehat{\beta}_{t|t-1}+K_t(y_t-\widehat{Y}_{t|t-1})\end{aligned}$$

つまり状態変数のフィルタリング公式

$$\boxed{\widehat{\beta}_{t|t}=\widehat{\beta}_{t|t-1}+K_t(y_t-\widehat{Y}_{t|t-1})} \tag{7.46}$$

を得たことになる．ここで状態変数の1期先予測値は $\widehat{Y}_{t|t-1}=c+\widehat{\beta}_{t|t-1}X_t$ で示されている．

Step 2：状態変数の分散のフィルタリング公式を導出する　予測誤差式が不偏であることを保証する式（7.45）の3つの条件式を式（7.43）に代入すると状態変数 $\widetilde{\beta}_t$ の予測誤差は次のようになる．

$$\widetilde{U}_t=(1-K_t X_t)(\widetilde{\varepsilon}_t+T\widetilde{\xi}_{t-1})-K_t\widetilde{e}_t \tag{7.47}$$

この結果はローカルモデルにおける式（7.33）と右辺第1項の（ ）内に観測方程式の独立変数 X_t と状態方程式の係数 T が現れていることだけが異なる．いずれも確率変数でなく定数であることに注意をすると状態変数の（予測誤差）の分散はカルマンゲイン K_t の関数として次のように表すことができる．

$$\begin{aligned}Var(\widetilde{U}_t)&=Var(\widetilde{\beta}_t-E_t[\widetilde{\beta}_t|\Omega_t])=Var(\widetilde{\beta}_t-\widehat{\beta}_{t|t})\equiv\widehat{\Sigma}_{t|t}\\&=(1-K_t X_t)^2 Var(\widetilde{\varepsilon}_t+T\widetilde{\xi}_{t-1})+K_t^2 Var(\widetilde{e}_t)\\&=(1-K_t X_t)^2(\sigma_\varepsilon^2+T^2\widehat{\Sigma}_{t-1|t-1})+K_t^2\sigma_e^2\\&=(1-K_t X_t)^2\widehat{\Sigma}_{t|t-1}+K_t^2\sigma_e^2\end{aligned}$$

この結果を重み K_t で偏微分し0と置くと，

$$0\equiv\frac{\partial Var(\widetilde{U}_t)}{\partial K_t}=-X_t 2(1-K_t X_t)\widehat{\Sigma}_{t|t-1}+2K_t\sigma_e^2$$

$$\Rightarrow\quad 0=X_t\widehat{\Sigma}_{t|t-1}-K_t(X_t^2\widehat{\Sigma}_{t|t-1}+\sigma_e^2)$$

が得られる．これを K_t に関して解くことにより，カルマンゲイン

$$\boxed{K_t=\frac{X_t\widehat{\Sigma}_{t|t-1}}{X_t^2\widehat{\Sigma}_{t|t-1}+\sigma_e^2}} \tag{7.48}$$

を得る．この結果はローカルモデルを想定したときのカルマンゲインである．7.3.2項で見た式（7.37）とは，分母・分子に外から与えられている説

明変数 X_t とその二乗 X_t^2 が現れていることだけが違う.この場合の K_t はローカルモデルの場合と異なり負になりうる.しかし,以下の式 (7.50) に示すように両辺に X_t をかけた $K_t X_t$ は 0 と 1 の間にある.

状態変数の分散のフィルタリング公式: 状態変数の分散もローカルモデルの場合と同様にして導くことができる.

$$\boxed{\hat{\Sigma}_{t|t}=(1-K_t X_t)\hat{\Sigma}_{t|t-1}} \tag{7.49}$$

この式の右辺の ( ) 内の $K_t X_t$ は式 (7.48) の両辺に独立変数 X_t をかけた結果からわかるように

$$0 < K_t X_t = \frac{X_t^2 \Sigma_{t|t-1}}{X_t^2 \Sigma_{t|t-1} + \sigma_e^2} < 1 \tag{7.50}$$

を満足する.

【文献解題】

7.2.2 項の直観的な説明は Maybeck (1982) の第 1 章を参考にした.平均・分散アプローチの行列による導出については谷崎 (1993) の第 1 章 pp. 17-18,片山 (1983) の第 5 章の pp. 80-82,有本 (1977) の第 3 章,Simon (2006) の第 5 章などを参照されたい.

8
カルマンフィルターの導出
― ベイジアンアプローチ ―

この章で何を学ぶのか？
1. 「ベイズ公式」ついて復習するともに，それが今まで学んだカルマンフィルターとどのような関係にあるかを理解する．
2. 線形の状態空間モデルと，状態変数と観測変数が 2 変量正規分布に従うと仮定し，ベイズ公式を用いてカルマンフィルターを導出する．

8.1 はじめに

　第 6 章と 7 章では，新しいデータ y_t が観測されるごとに未知の状態変数 β_t の平均と分散をどのようにフィルタリング（更新）するのか，つまりカルマンフィルターのフィルタリング公式を，①正規性を仮定する場合，②状態変数の平均と分散にのみ注目をする場合，の 2 つの異なる方法で導いた．

　この第 8 章では，確率論でよく知られているベイズ公式を用いてカルマンフィルターを導くことができることを示す．ただし第 5 章と同様にして状態変数と観測変数が 2 変量正規分布に従うと仮定し，ベイズ定理を適用しカルマンフィルターを導く．

　どのような分布に対しても，また非線形の観測方程式と状態方程式からなる状態空間モデルに対しても，ベイジアンアプローチによって「一般的」な予測とフィルタリング公式を得ることができる．このことは，ベイジアンアプローチが，非線形，非正規な仮定のもとでもフィルタリング公式を求めるための基礎的な考え方になっていることを表している．この章では状態空間モデルの線形性と分布の正規性を仮定した上で，ベイジアンアプローチによるカルマンフィルターの導出に議論を限定する．しかしそうした強い条件のもとでもベイジアンアプローチを学ぶことは，非線形のフィルターを学ぶための一歩となる．

以下ではまずベイズ公式を復習し，なぜベイズ公式を用いるとカルマンフィルターを導くことができるのか直観的な説明を試みる．その後で数式を用いたより詳細な証明と説明をおこなう．

8.2 なぜベイズ公式を適用できるのか？

8.2.1 ベイズ公式の意味

2つの確率変数 A と B があるとしよう．2つの確率変数がどのような分布に従うのかは予め想定しないことにする．条件付き確率の公式から次のようなベイズ公式を導くことができる（導出については章末の数学付録 A8-1 を参照）．

$$\Pr(B|A) = \frac{\Pr(A|B)\Pr(B)}{\Pr(A)} \tag{8.1}$$

この公式が何を意味するのか具体例を用いて説明しよう．例えば，事象 B を「風邪をひいている」，事象 A を「体温」ということにしよう．

$\Pr(B)$ は彼が風邪をひいている事前確率とする．「事前」の意味はこの人について何ら情報がないときこの人が風邪をひいている確率である．例えば現在風邪をひいている人の割合をこの事前確率としよう．$\Pr(A)$ はこの人が特定の体温である確率を意味する．

$\Pr(A|B)$ はこの人が風邪をひいている（事象 B）ということがわかったときに体温（事象 A）がどのくらいであるかの条件付き確率，「確からしさ（尤度）」を示している．

これに対し，式 (8.1) の左辺の $\Pr(B|A)$ は，体温がいくらであるかがわかったとき，この人が風邪をひく確率を表している．つまり式 (8.1) は，①体温という情報が得られたときに，②それ以前（事前）に想定した風邪をひいている確率（事前確率）を，③新しい情報をもとにして修正し，より確かな風邪をひいている確率（事後確率）を計算するためにはどのようにしたらよいかを示している．

なお式 (8.1) を次のように表現する場合がある．

$$\Pr(B|A) \propto \Pr(A|B)\Pr(B) \tag{8.2}$$

ここで記号「$\propto$」は左辺が右辺の定数倍である，すなわち比例していることを示す記法である．式 (8.1) と式 (8.2) を比較するとわかるように，式 (8.2) の左辺は右辺の $1/\Pr(A)$ 倍になっている．式 (8.2) は事象 A という情報を得たという条件のもとで B がおきる確率を示しているので，事象 A はこの式で所与

(given) の情報になっている．その意味で $\Pr(A)$ は一定（定数）とみなせる．その逆数も定数である．

8.2.2 ベイズ公式とカルマンフィルターの関係

上で示した議論とこれまでの章で議論をしたカルマンフィルターとの関係は，次の式に示される．

$$\underbrace{\Pr(\tilde{\beta}_t|Y_t=y_t)}_{\text{事後分布}} \propto \underbrace{\Pr(\tilde{Y}_t|\beta_t)}_{\text{尤度}} \underbrace{\Pr(\tilde{\beta}_t)}_{\text{事前分布}} \tag{8.3}$$

$\tilde{\beta}_t$ は状態変数の t 期の不確実な値を示している．ここで，第 5 章では状態変数が正規分布すると仮定して $t-1$ 期までの情報が与えられたときの t 期の状態変数 $\tilde{\beta}_t|\Omega_t$ は，平均 $\hat{\beta}_{t|t-1}$，分散 $\hat{\Sigma}_{t|t-1}$ の正規分布に従うとしたことを思い出そう（5.6 節）．つまり，$\tilde{\beta}_t|\Omega_t \sim N(\hat{\beta}_{t|t-1}, \hat{\Sigma}_{t|t-1})$ である．これが未知の状態変数の事前分布（確率）になっている．

これに対し，t 期に $\tilde{\beta}_t$ の**特定の値**（β_t）がわかったという条件のもとでの条件付き観測値 $\tilde{Y}_t|(\tilde{\beta}_t=\beta_t)$ の分布は，次節で確認する式 (8.4) の観測方程式から平均 $\beta_t X_t$，分散 σ_e^2 の正規分布に従う．これが式 (8.3) の右辺第 1 項の尤度である．言い換えると，尤度 $\Pr(\tilde{Y}_t|\beta_t)$ は状態変数の特定の値 β_t がわかったときに観測変数 $\tilde{Y}_t$ がとる値の「確からしさ」を示している．

この 2 つの確率のかけ算であるベイズ公式によって，観測変数の特定の値がわかったとき，つまり $Y_t=y_t$ としたときに，未知の状態変数 $\tilde{\beta}_t$ がとる値の可能性，つまり事後確率を求めることができる．状態変数と観測変数が 2 変量正規分布をすると仮定したので，新しい状態変数の値の可能性も正規分布に関する事後確率として計算できる．正規分布を仮定した場合，確率分布や密度関数を直接求めるのではなく正規分布の平均と分散を求める．正規分布に従う確率変数の分布は平均と分散がわかれば容易に計算できるからである．

t 期から $t+1$ 期に時間が進むと，式 (8.3) の左辺で計算した $\tilde{\beta}_t$ のフィルタリング値 $\hat{\beta}_{t|t}$ を状態方程式を用いて 1 期先予測値に変換（$\hat{\beta}_{t|t} \to \hat{\beta}_{t+1|t}$）し，それを右辺の第 2 項の事前分布の計算に用いればよい．

8.3 ベイズ公式によるカルマンフィルターの導出

以下では，次のような線形状態空間モデルにベイズ公式を適用することによりどのようにしてカルマンフィルターを導くことができるかを示す．

| 観測方程式 | $\widetilde{Y}_t = \widetilde{\beta}_t X_t + \tilde{e}_t$ | (8.4) |
| 状態方程式 | $\widetilde{\beta}_t = T\widetilde{\beta}_{t-1} + \tilde{\varepsilon}_t$ | (8.5) |

この状態空間モデルに対し第5章と同様な仮定を置くことにする．ベイズ公式を用いたカルマンフィルターの導出は次の7つのステップを経る．

Step 1：事前分布 $f(\widetilde{\beta}_t)$ の計算　　事前分布 $f(\widetilde{\beta}_t)$ は，観測値 Y_t の特定の値 $Y_t = y$ が得られる「以前」の状態変数 $\widetilde{\beta}_t$ の無条件の確率密度を表している．状態変数 $\widetilde{\beta}_t$ の値は正確にはわからないが，それは正規分布に従い，かつ $t-1$ 期までに得られた情報 Ω_{t-1} を用いて $\widetilde{\beta}_t | \Omega_{t-1} \sim N(\widehat{\beta}_{t|t-1}, \widehat{\Sigma}_{t|t-1})$ と表現できるとする．したがって，その密度関数は正規分布の密度関数として次のように表すことができる．

$$f(\widetilde{\beta}_t) = \frac{1}{\sqrt{2\pi\widehat{\Sigma}_{t|t-1}}} \exp\left\{-\frac{1}{2} \frac{(\widetilde{\beta}_t - \widehat{\beta}_{t|t-1})^2}{\widehat{\Sigma}_{t|t-1}}\right\} \qquad (8.6)$$

Step 2：観測変数 Y_t の尤度 $f(Y_t|\beta_t)$ を計算　　原因である状態変数 $\widetilde{\beta}_t$ の具体的な値がわかったときの観測変数 Y_t：$Y_t|(\widetilde{\beta}_t = \beta_t)$ の分布は式（8.4）によって，平均が $\beta_t X_t$，分散が σ_e^2 の正規分布に従う．つまり $Y_t|(\widetilde{\beta}_t = \beta_t) \sim N(\beta_t X_t, \sigma_e^2)$ と表現できるから，その尤度は，正規分布の密度関数の定義から次のようになる．

$$f(\widetilde{Y}_t|\beta_t) = \frac{1}{\sqrt{2\pi\sigma_e^2}} \exp\left\{-\frac{1}{2} \frac{(\widetilde{Y}_t - \beta_t X_t)^2}{\sigma_e^2}\right\} \qquad (8.7)$$

ここで右辺の β_t に確率変数であることを示すチルダ（～）記号がついていないことに注意しよう．状態変数は確率変数であるが，その具体的な値が観測できた後では確率変数でなく定数として取り扱うからである．

Step 3：ベイズ公式を用いて事後分布 $f(\beta_t|Y_t = y_t)$ を計算　　ベイズ公式による事後確率の計算は，式（8.3）により，Step 1 と Step 2 で求めた2つの正規分布の密度関数の積で表され，次のようになる（詳細な導出は章末の数学付録 A8-2 を参照）．

$$\begin{aligned} f(\widetilde{\beta}_t|Y_t = y_t) &= \frac{1}{\sqrt{2\pi\sigma_e^2}} \exp\left\{-\frac{1}{2} \frac{(y_t - \widetilde{\beta}_t X_t)^2}{\sigma_e^2}\right\} \\ &\quad \times \frac{1}{\sqrt{2\pi\widehat{\Sigma}_{t|t-1}}} \exp\left\{-\frac{1}{2} \frac{(\widetilde{\beta}_t - \widehat{\beta}_{t|t-1})^2}{\widehat{\Sigma}_{t|t-1}}\right\} \\ &\propto \exp\left\{-\frac{1}{2}\left(\frac{X_t^2}{\sigma_e^2} + \frac{1}{\widehat{\Sigma}_{t|t-1}}\right)\widetilde{\beta}_t^2 + \left(\frac{X_t y_t}{\sigma_e^2} + \frac{\widehat{\beta}_{t|t-1}}{\widehat{\Sigma}_{t|t-1}}\right)\widetilde{\beta}_t\right\} \end{aligned} \qquad (8.8)$$

Step 4：事後分布 $f(\tilde{\beta}_t|Y_t=y_t)$ を「直接」計算する　　次にベイズ公式を用いずに直接事後分布を計算することにしよう．第5章では，状態変数の特定の値が得られたという条件のもとで状態変数の期待値は $\hat{\beta}_{t|t} \equiv E[\tilde{\beta}_t|Y_t=y_t]$，分散は $\hat{\Sigma}_{t|t} \equiv Var(\tilde{\beta}_t|Y_t=y_t)$ と表現した．これらから事後分布は次のようになる．

$$f(\tilde{\beta}_t|Y_t=y_t) = \frac{1}{\sqrt{2\pi\hat{\Sigma}_{t|t}}} \exp\left\{-\frac{1}{2}\frac{(\tilde{\beta}_t - \hat{\beta}_{t|t})^2}{\hat{\Sigma}_{t|t}}\right\} \propto \exp\left\{-\frac{1}{2}\frac{\tilde{\beta}_t^2 - 2\tilde{\beta}_t\hat{\beta}_{t|t} + \hat{\beta}_{t|t}^2}{\hat{\Sigma}_{t|t}}\right\}$$

$$\propto \exp\left\{-\frac{1}{2}\frac{\tilde{\beta}_t^2 - 2\tilde{\beta}_t\hat{\beta}_{t|t}}{\hat{\Sigma}_{t|t}}\right\} = \exp\left\{-\frac{1}{2}\frac{1}{\hat{\Sigma}_{t|t}}\tilde{\beta}_t^2 + \frac{\hat{\beta}_{t|t}}{\hat{\Sigma}_{t|t}}\tilde{\beta}_t\right\} \quad (8.9)$$

ここでも $\hat{\beta}_{t|t}^2$ と $\hat{\Sigma}_{t|t}$ は推定値であるので，確率変数でなく定数であることを式の展開で利用している．

Step 5：Step 3 と Step 4 で得た結果を比較する　　式 (8.8) と式 (8.9) の左辺の値は等しいので，それぞれの最後の式の右辺 $\tilde{\beta}_t^2$ と $\tilde{\beta}_t$ にかかる係数が等しくなければいけない．したがって，式 (8.8) と式 (8.9) を比較することにより次の2つの等式を導くことができる．

$$\frac{1}{\hat{\Sigma}_{t|t}} = \frac{X_t^2}{\sigma_e^2} + \frac{1}{\hat{\Sigma}_{t|t-1}} \quad (8.10)$$

$$\frac{\hat{\beta}_{t|t}}{\hat{\Sigma}_{t|t}} = \frac{X_t y_t}{\sigma_e^2} + \frac{\hat{\beta}_{t|t-1}}{\hat{\Sigma}_{t|t-1}} \quad (8.11)$$

2つの方程式に対して2つの未知数，状態変数の期待値 $\hat{\beta}_{t|t}$ と分散 $\hat{\Sigma}_{t|t}$ が存在するので，そのフィルタリング公式を次のようにして求めることができる．

Step 6：状態変数の分散のフィルタリング公式　$\hat{\Sigma}_{t|t}=(1-X_t K_t)\hat{\Sigma}_{t|t-1}$ を導く

式 (8.10) から

$$\frac{1}{\hat{\Sigma}_{t|t}} = \left\{\frac{X_t^2}{\sigma_e^2} + \frac{1}{\hat{\Sigma}_{t|t-1}} = \frac{X_t^2 \hat{\Sigma}_{t|t-1} + \sigma_e^2}{\sigma_e^2 \hat{\Sigma}_{t|t-1}}\right\} \Rightarrow \hat{\Sigma}_{t|t} = \frac{\sigma_e^2}{X_t^2 \hat{\Sigma}_{t|t-1} + \sigma_e^2}\hat{\Sigma}_{t|t-1} \quad (8.12)$$

を得る．右辺の $\hat{\Sigma}_{t|t-1}$ と左辺の $\hat{\Sigma}_{t|t}$ との間で状態変数の分散に関するフィルタリング公式を得ることができた．これら2つの式は第5章と第7章で求めた状態変数の分散のフィルタリング公式 $\hat{\Sigma}_{t|t}=(1-X_t K_t)\hat{\Sigma}_{t|t-1}$ とは一見すると異なる表現であるように思えるが，式 (8.12) の右辺の分子に $X_t^2 \hat{\Sigma}_{t|t-1} - X_t^2 \hat{\Sigma}_{t|t-1} = 0$ を加えて整理をすることにより，第5章と第7章と同様な結果

$$\hat{\Sigma}_{t|t} = (1 - X_t K_t)\hat{\Sigma}_{t|t-1} \quad (8.13)$$

を得ることができる．ただし，K_t はカルマンゲインである．

$$K_t \equiv \frac{X_t \widehat{\Sigma}_{t|t-1}}{X_t^2 \widehat{\Sigma}_{t|t-1} + \sigma_e^2} \tag{8.14}$$

Step 7：状態変数の期待値のフィルタリング公式 $\widehat{\beta}_{t|t} = \widehat{\beta}_{t|t-1} + K_t(y_t - \widehat{y}_{t|t-1})$ **を導く**　式 (8.11) の両辺に $\widehat{\Sigma}_{t|t}$ をかけることにより状態変数のフィルタリング公式

$$\widehat{\beta}_{t|t} = \frac{X_t \widehat{\Sigma}_{t|t}}{\sigma_e^2} y_t + \frac{\widehat{\Sigma}_{t|t}}{\widehat{\Sigma}_{t|t-1}} \widehat{\beta}_{t|t-1} \tag{8.15}$$

を得る．これからやや冗長な計算により第 4 章と第 5 章で得たのと同じ状態変数の期待値のフィルタリング公式

$$\widehat{\beta}_{t|t} = \widehat{\beta}_{t|t-1} + K_t(y_t - \widehat{Y}_{t|t-1}) \tag{8.16}$$

を得ることができる（詳細な導出に関しては章末の数学付録 A8-3 を参照）．

【文献解題】

カルマンフィルターがベイズ統計の観点から導出できることを示した初期の論文に Meinhold and Singpurwalla（1983）がある．ベイジアンアプローチによって線形，非線形の状態空間モデル全般にわたって解説をしたものに Särkkä (2013) がある．この章での説明では状態変数と説明変数がそれぞれ 1 つで正規分布に従うことを仮定した．正規性や線形性を仮定しないときのベイジアンアプローチに関しては多くのカルマンフィルターについての本で説明がされている．例えば，谷崎（1993）の第 1 章，北川（2005）の第 14 章を参照してほしい．この章での直観的な説明に関しては Kyriazis, Martins and Kalid（2012）を参照した．なお，カルマンフィルターとデータ同化（data assimilation）は密接な関係にある．この問題についてのベイジアン統計学からの説明が Wikle and Berliner (2007) でされている．またデータ同化とカルマンフィルターとの関係については淡路ほか（2009）の第 5 章を参照するとよい．

【数学付録】

A8-1　ベイズ公式の導出

Step 1：　条件付き確率．事象 A が与えられたときに事象 B が起きる「条件付き」確率，あるいは B が与えられたとき A がおきる「条件付き」確率は

数 学 付 録　　　　　　　　　　　　　　　　　　　　　　　　　　　　　　　　　*105*

$$\Pr(B|A) = \frac{\Pr(A, B)}{\Pr(A)} \tag{A8.1}$$

$$\Pr(A|B) = \frac{\Pr(A, B)}{\Pr(B)} \tag{A8.2}$$

この背後にある考え方は次のベン図（図 A8.1）から容易に理解できる．

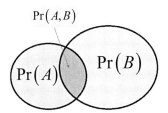

図 A8.1　条件付き確率のベン図を用いたイメージ図

Step 2：　式（A8.1）と式（A8.2）の右辺の $\Pr(A, B)$ は，
$$\Pr(A, B) = \Pr(B|A)\Pr(A)$$
$$\Pr(A, B) = \Pr(A|B)\Pr(B) \tag{A8.3}$$
と表現できる．

Step 3：　この2つの式から次の等式を得る．
$$\Pr(B|A)\Pr(A) = \Pr(A|B)\Pr(B) \tag{A8.4}$$

Step 4：　この式（A8.4）の両辺を A が起きる確率で割ることによりベイズ公式を得る．

$$\Pr(B|A) = \frac{\Pr(A|B)\Pr(B)}{\Pr(A)}$$

A8-2　式（8.8）の導出

$$f(\widetilde{\beta}_t|Y_t = y_t) = \frac{1}{\sqrt{2\pi\sigma_e^2}}\exp\left\{-\frac{1}{2}\frac{(y_t - \widetilde{\beta}_t X_t)^2}{\sigma_e^2}\right\} \times \frac{1}{\sqrt{2\pi\widehat{\Sigma}_{t|t-1}}}\exp\left\{-\frac{1}{2}\frac{(\widetilde{\beta}_t - \widehat{\beta}_{t|t-1})^2}{\widehat{\Sigma}_{t|t-1}}\right\}$$

$$\propto \exp\left\{-\frac{1}{2}\frac{(y_t - \widetilde{\beta}_t X_t)^2}{\sigma_e^2}\right\}\exp\left\{-\frac{1}{2}\frac{(\widetilde{\beta}_t - \widehat{\beta}_{t|t-1})^2}{\widehat{\Sigma}_{t|t-1}}\right\}$$

$$= \exp\left\{-\frac{1}{2}\frac{(y_t - \widetilde{\beta}_t X_t)^2}{\sigma_e^2} - \frac{1}{2}\frac{(\widetilde{\beta}_t - \widehat{\beta}_{t|t-1})^2}{\widehat{\Sigma}_{t|t-1}}\right\}$$

$$= \exp\left\{-\frac{1}{2}\frac{y_t^2 - 2y_t\widetilde{\beta}_t X_t + \widetilde{\beta}_t^2 X_t^2}{\sigma_e^2} - \frac{1}{2}\frac{\widetilde{\beta}_t^2 - 2\widetilde{\beta}_t\widehat{\beta}_{t|t-1} + \widehat{\beta}_{t|t-1}^2}{\widehat{\Sigma}_{t|t-1}}\right\}$$

$$\propto \exp\left\{-\frac{1}{2}\frac{-2y_t\widetilde{\beta}_t X_t + \widetilde{\beta}_t^2 X_t^2}{\sigma_e^2} - \frac{1}{2}\frac{\widetilde{\beta}_t^2 - 2\widetilde{\beta}_t\widehat{\beta}_{t|t-1}}{\widehat{\Sigma}_{t|t-1}}\right\}$$

$$= \exp\left\{-\frac{1}{2}\left(\frac{X_t^2}{\sigma_e^2}+\frac{1}{\widehat{\Sigma}_{t|t-1}}\right)\widetilde{\beta}_t^2 + \left(\frac{X_t y_t}{\sigma_e^2}+\frac{\widehat{\beta}_{t|t-1}}{\widehat{\Sigma}_{t|t-1}}\right)\widetilde{\beta}_t\right\}$$

1行目から2行目の展開では$2\pi\sigma_e^2$と$2\pi\widehat{\Sigma}_{t|t-1}$, 4行目から5行目の展開では$y_t^2$, $\widehat{\beta}_{t|t-1}^2$, σ_e^2, $\widehat{\Sigma}_{t|t-1}$が確率変数でなく定数であることを用いている.y_tは状態空間モデルにとって外から与えられた観測値であり,かつ$\widehat{\Sigma}_{t|t-1}$と$\widehat{\beta}_{t|t-1}$は$t-1$期からみた1期先予測値であるので,t期にこれらは所与の値であり,定数とみなせる.

A8-3 式 (8.16), 状態変数の期待値のフィルタリング公式の導出

本文の式 (8.15) をさらに変形すると,

$$\widehat{\beta}_{t|t} = \widehat{\Sigma}_{t|t}\left(\frac{X_t y_t}{\sigma_e^2}+\frac{\widehat{\beta}_{t|t-1}}{\widehat{\Sigma}_{t|t-1}}\right)$$

$$= \boxed{\widehat{\Sigma}_{t|t}}\left(\frac{X_t y_t \widehat{\Sigma}_{t|t-1}+\widehat{\beta}_{t|t-1}\sigma_e^2}{\sigma_e^2 \widehat{\Sigma}_{t|t-1}}\right)$$

$$= \boxed{\frac{\sigma_e^2}{X_t^2 \widehat{\Sigma}_{t|t-1}+\sigma_e^2}\widehat{\Sigma}_{t|t-1}} \frac{X_t y_t \widehat{\Sigma}_{t|t-1}+\widehat{\beta}_{t|t-1}\sigma_e^2}{\sigma_e^2 \widehat{\Sigma}_{t|t-1}}$$

$$= \frac{X_t y_t \widehat{\Sigma}_{t|t-1}+\widehat{\beta}_{t|t-1}\sigma_e^2}{X_t^2 \widehat{\Sigma}_{t|t-1}+\sigma_e^2}$$

$$= \frac{\widehat{\beta}_{t|t-1}\sigma_e^2}{X_t^2 \widehat{\Sigma}_{t|t-1}+\sigma_e^2}+\frac{X_t \widehat{\Sigma}_{t|t-1}}{X_t^2 \widehat{\Sigma}_{t|t-1}+\sigma_e^2}y_t$$

$$= \frac{\widehat{\beta}_{t|t-1}\sigma_e^2}{X_t^2 \widehat{\Sigma}_{t|t-1}+\sigma_e^2}+K_t y_t + (K_t \widehat{\beta}_{t|t-1} X_t - \boxed{K_t \widehat{\beta}_{t|t-1} X_t})$$

$$= \frac{\sigma_e^2}{X_t^2 \widehat{\Sigma}_{t|t-1}+\sigma_e^2}\widehat{\beta}_{t|t-1}+\boxed{\frac{X_t \widehat{\Sigma}_{t|t-1}}{X_t^2 \widehat{\Sigma}_{t|t-1}+\sigma_e^2} X_t \widehat{\beta}_{t|t-1}}+K_t(y_t - \widehat{\beta}_{t|t-1} X_t)$$

$$= \left(\frac{\sigma_e^2}{X_t^2 \widehat{\Sigma}_{t|t-1}+\sigma_e^2}+\frac{X_t^2 \widehat{\Sigma}_{t|t-1}}{X_t^2 \widehat{\Sigma}_{t|t-1}+\sigma_e^2}\right)\widehat{\beta}_{t|t-1}+K_t(y_t - \widehat{Y}_{t|t-1})$$

$$= \widehat{\beta}_{t|t-1}+K_t(y_t - \widehat{Y}_{t|t-1})$$

を得る.2行目から3行目の導出にあたっては状態変数の分散のフィルタリング公式である式 (8.12) を用いている.また6行目の最後の式では$0 = K_t \widehat{\beta}_{t|t-1} X_t - K_t \widehat{\beta}_{t|t-1} X_t$を加えて変形を容易にしている.

9

カルマンフィルター
—行列による表現と導出—

この章で何を学ぶのか？
1. これまで，状態方程式と観測方程式がそれぞれ1つの場合，すなわちスカラー表現の状態空間モデルを考えた．状態・観測変数が2つ以上あるときの線形の状態空間モデルについてスカラー表現と行列を用いた表現を対応させることにより，行列での表現を理解する．
2. 行列を用いた1期先予測，フィルタリング公式の導出を，状態変数と観測変数が多変量正規分布に従う場合について試みる．

9.1 はじめに

これまで状態空間モデルを行列やベクトルを用いずにカルマンフィルターについて説明してきた．これは次のような説明変数が1つの単回帰モデル

$$\tilde{Y}_t = c + \beta X_t + \tilde{e}_t, \quad t = 1, 2, \cdots, N$$

を考え，カルマンフィルターを用いて，時間とともに確率的に変化する傾き $\tilde{\beta}_t$ を推定しようとしたからである．

しかし，単回帰で表現できる経済現象は多くない．例えば，消費 Y_t は所得 X_t ばかりでなく，過去の消費 Y_{t-1} や富の水準 W_t などにも依存する．株式の収益率も，株価指数の収益率だけでなくマクロ経済指標やそのほかのファクター（要因）によって説明できることがわかっている（第13章を参照）．こうした場合，独立変数が2つ以上の多変量回帰分析を用いることになる．

この章では，観測変数と状態変数が複数になったときには行列を用いることにより状態空間モデルの表現と理解が容易になること，また行列を用いることによりカルマンフィルターの導出を簡潔に表現できることを学ぶ．

また実証分析をおこなう場合に必要となる計算ソフトウェアでは，行列表記を

前提としたモデルの記述，データの入力や結果の出力をおこなっているものが多い．そのためにも行列表現を理解することが必要になる[26]．

具体的な説明をおこなう前に，表9.1にスカラー表現と行列表現の対比表を，表9.2にカルマンフィルターにおける状態空間モデル，1期先予測とフィルタリング（更新）公式のスカラー表現と行列表現の比較を示した．

表9.1 t期における変数とパラメータのスカラーと行列表現

変数名	スカラー表現 (1×1)	行列表現	行列の次元
観測変数	$\widetilde{Y}_t$	$\widetilde{\mathbf{Y}}_t$	$N \times 1$
説明変数	X_t	$\mathbf{X}_t$	$N \times K$
観測誤差項	$\tilde{e}_t$	$\tilde{\mathbf{e}}_t$	$N \times 1$
観測誤差の分散（共分散）	σ_e^2	$\mathbf{H}$	$N \times N$
定数項	c_t	$\mathbf{c}_t$	$N \times 1$
状態変数	$\widetilde{\beta}_t$	$\widetilde{\boldsymbol{\beta}}_t$	$K \times 1$
係数	T	$\mathbf{T}$	$K \times K$
定数項	d_t	$\mathbf{d}_t$	$K \times 1$
状態誤差項	$\tilde{\varepsilon}_t$	$\tilde{\boldsymbol{\varepsilon}}_t$	$K \times 1$
状態誤差の分散（共分散）	σ_ε^2	$\mathbf{Q}$	$K \times K$
状態誤差の係数	r_t	$\mathbf{R}_t$	$K \times K$

表9.2 カルマンフィルターのスカラー表現と行列表現

変数と方程式	スカラー	行列	左辺の次元	式番号
観測方程式	$\widetilde{Y}_t = c_t + \widetilde{\beta}_t X_t + \tilde{e}_t$	$\widetilde{\mathbf{Y}}_t = \mathbf{c}_t + \mathbf{X}_t \widetilde{\boldsymbol{\beta}}_t + \tilde{\mathbf{e}}_t$	$N \times 1$	(9.23)
状態方程式	$\widetilde{\beta}_t = d_t + T\widetilde{\beta}_{t-1} + r_t \tilde{\varepsilon}_t$	$\widetilde{\boldsymbol{\beta}}_t = \mathbf{d}_t + \mathbf{T}\widetilde{\boldsymbol{\beta}}_{t-1} + \mathbf{R}_t \tilde{\boldsymbol{\varepsilon}}_t$	$K \times 1$	(9.29)
状態変数の1期先期待値	$\widehat{\beta}_{t\|t-1} = d_t + T\widehat{\beta}_{t-1\|t-1}$	$\widehat{\boldsymbol{\beta}}_{t\|t-1} = \mathbf{d}_t + \mathbf{T}\widehat{\boldsymbol{\beta}}_{t-1\|t-1}$	$K \times 1$	(9.36)
状態変数の1期先分散	$\widehat{\Sigma}_{t\|t-1} = T^2 \widehat{\Sigma}_{t-1\|t-1} + r_t^2 \sigma_\varepsilon^2$	$\widehat{\boldsymbol{\Sigma}}_{t\|t-1} = \mathbf{T}\widehat{\boldsymbol{\Sigma}}_{t-1\|t-1}\mathbf{T}' + \mathbf{R}_t \mathbf{Q}_t \mathbf{R}'$	$K \times K$	(9.37)
観測変数の1期先期待値	$\widehat{Y}_{t\|t-1} = c_t + \widehat{\beta}_{t\|t-1} X_t$	$\widehat{\mathbf{Y}}_{t\|t-1} = \mathbf{c}_t + \mathbf{X}_t \widehat{\boldsymbol{\beta}}_{t\|t-1}$	$N \times 1$	(9.38)
カルマンゲイン	$K_t \equiv \dfrac{X_t \widehat{\Sigma}_{t\|t-1}}{X_t^2 \widehat{\Sigma}_{t\|t-1} + \sigma_e^2}$	$\mathbf{K}_t = \widehat{\boldsymbol{\Sigma}}_{t\|t-1} \mathbf{X}_t' (\mathbf{X}_t \widehat{\boldsymbol{\Sigma}}_{t\|t-1} \mathbf{X}_t' + \mathbf{H}_t)^{-1}$	$K \times N$	(9.44)
状態変数のフィルタリング値	$\widehat{\beta}_{t\|t} = \widehat{\beta}_{t\|t-1} + K_t(y_t - \widehat{Y}_{t\|t-1})$	$\widehat{\boldsymbol{\beta}}_{t\|t} = \widehat{\boldsymbol{\beta}}_{t\|t-1} + \mathbf{K}_t(\mathbf{y}_t - \widehat{\mathbf{Y}}_{t\|t-1})$	$K \times 1$	(9.45)
状態変数の分散更新値	$\widehat{\Sigma}_{t\|t} = (1 - X_t K_t)\widehat{\Sigma}_{t\|t-1}$	$\widehat{\boldsymbol{\Sigma}}_{t\|t} = (\mathbf{I} - \mathbf{K}_t \mathbf{X}_t)\widehat{\boldsymbol{\Sigma}}_{t\|t-1}$	$K \times 1$	(9.46)

注）$\mathbf{I}$ は次元が $K \times K$ の単位行列を示す．

---

[26] スカラー表現の理解だけでモデルの設定が可能なのは EViews のみである．

9.2 行列を用いた一般的な表現

9.2.1 多変量回帰モデル

例えば，説明変数が2つある場合の多重（多変量）回帰モデルは

$$\widetilde{Y}_t = c + \beta_1 X_{1,t} + \beta_2 X_{2,t} + \tilde{e}_t, \quad t=1,2,\cdots,N \tag{9.1}$$

と表現できる．これに対するカルマンフィルターモデルは

観測方程式 $\quad \widetilde{Y}_t = c_t + \tilde{\beta}_{1,t} X_{1,t} + \tilde{\beta}_{2,t} X_{2,t} + \tilde{e}_t \tag{9.2}$

状態方程式 $\quad \tilde{\beta}_{1,t} = d_{1,t} + T_1 \tilde{\beta}_{1,t-1} + r_{11,t} \tilde{\varepsilon}_{1,t}$

$$\tilde{\beta}_{2,t} = d_{2,t} + T_2 \tilde{\beta}_{2,t-1} + r_{22,t} \tilde{\varepsilon}_{2,t} \tag{9.3}$$

と書くことができる．ただし，定数項 c_t と $d_{1,t}, d_{2,t}$ は時間とともに確定的に変わることができるものとした．また状態誤差項には時間とともに確定的に変化する外生変数 $r_{11,t}, r_{22,t}$ を付け加えた．これは状態誤差項の分散・共分散が時間とともに確定的に変化する様子を表現したいからである[27]．これらの観測方程式と状態方程式を行列で表現してみよう．

式（9.2）の観測方程式は1本であるので行列を用いて表現する必要はないが，行列を用いると次のようになる（スカラーは 1×1 の行列と，ベクトルは 1×2 あるいは 2×1 の行列と考える）．

$$[\widetilde{Y}_t] = [c_t] + [X_{1,t}\ X_{2,t}] \begin{bmatrix} \tilde{\beta}_{1,t} \\ \tilde{\beta}_{2,t} \end{bmatrix} + [\tilde{e}_t], \quad \tilde{e}_t \sim N(\ 0\ , H\ ) \tag{9.4}$$

$\underbrace{}_{(1\times 1)} \underbrace{}_{(1\times 1)} \underbrace{}_{(1\times 2)} \underbrace{}_{(2\times 1)} \underbrace{}_{(1\times 1)} \underbrace{}_{(1\times 1)} \underbrace{}_{(1\times 1)(1\times 1)}$

または太字を用い，一般的な場合 $N>1$ 本の観測方程式（観測変数）と $K>1$ 個（本）の状態方程式がある場合を行列で表現すると次のようになる[28]．

$$\widetilde{\mathbf{Y}}_t = \mathbf{c}_t + \mathbf{X}_t \tilde{\boldsymbol{\beta}}_t + \tilde{\mathbf{e}}_t, \quad \tilde{\mathbf{e}}_t \sim N(\ \mathbf{0}\ ,\ \mathbf{H}\ ) \tag{9.5}$$

$\underbrace{}_{(N\times 1)} \underbrace{}_{(N\times 1)} \underbrace{}_{(N\times K)(K\times 1)} \underbrace{}_{(N\times 1)} \underbrace{}_{(N\times 1)} \underbrace{}_{(N\times 1)(N\times N)}$

一方，式（9.3）の状態方程式を行列を用いて表現すると，以下のようになる．

$$\begin{bmatrix} \tilde{\beta}_{1,t} \\ \tilde{\beta}_{2,t} \end{bmatrix} = \begin{bmatrix} d_{1,t} \\ d_{2,t} \end{bmatrix} + \begin{bmatrix} T_1 & 0 \\ 0 & T_2 \end{bmatrix} \begin{bmatrix} \tilde{\beta}_{1,t-1} \\ \tilde{\beta}_{2,t-1} \end{bmatrix} + \begin{bmatrix} r_{11,t} & 0 \\ 0 & r_{22,t} \end{bmatrix} \begin{bmatrix} \tilde{\varepsilon}_{1,t} \\ \tilde{\varepsilon}_{2,t} \end{bmatrix} \tag{9.6}$$

$\underbrace{}_{(2\times 1)} \underbrace{}_{(2\times 1)} \underbrace{}_{(2\times 2)} \underbrace{}_{(2\times 1)} \underbrace{}_{(2\times 2)} \underbrace{}_{(2\times 1)}$

その誤差項の期待値ベクトルと分散共分散行列は

---

[27] こうした定式化は第13章で，誤差項の分散，共分散が東日本大震災でどのような変化を示したかを示すために用いられている．

[28] 通常ベクトルは太字の小文字で表現することが多い．式(9.5)の左辺の観測変数ベクトルも小文字で表現すべきであるが，ここでは大文字が確率変数であり，小文字がその実現値であることを示してきたためにあえて大文字の太字で表現することにする．

$$E[\mathbf{R}_t\tilde{\boldsymbol{\varepsilon}}_t] = \mathbf{R}_t E[\tilde{\boldsymbol{\varepsilon}}_t] = \underbrace{\begin{bmatrix} r_{11,t} & 0 \\ 0 & r_{22,t} \end{bmatrix}}_{(2\times 2)} \underbrace{\begin{bmatrix} E[\tilde{\varepsilon}_{1,t}] \\ E[\tilde{\varepsilon}_{2,t}] \end{bmatrix}}_{(2\times 1)} = \underbrace{\begin{bmatrix} 0 \\ 0 \end{bmatrix}}_{(2\times 1)} \quad (9.7)$$

$$\underbrace{Var(\mathbf{R}_t\tilde{\boldsymbol{\varepsilon}}_t)}_{(2\times 2)} = E[\mathbf{R}_t\tilde{\boldsymbol{\varepsilon}}_t \cdot \tilde{\boldsymbol{\varepsilon}}_t' \mathbf{R}_t'] = \underbrace{\mathbf{R}_t}_{(2\times 2)} \underbrace{E[\tilde{\boldsymbol{\varepsilon}}_t \cdot \tilde{\boldsymbol{\varepsilon}}_t']}_{(2\times 2)} \underbrace{\mathbf{R}_t'}_{(2\times 2)}$$

$$= \underbrace{\begin{bmatrix} r_{11,t} & 0 \\ 0 & r_{22,t} \end{bmatrix}}_{(2\times 2)} \underbrace{\begin{bmatrix} E[\tilde{\varepsilon}_{1,t}\tilde{\varepsilon}_{1,t}] & E[\tilde{\varepsilon}_{1,t}\tilde{\varepsilon}_{2,t}] \\ E[\tilde{\varepsilon}_{1,t}\tilde{\varepsilon}_{2,t}] & E[\tilde{\varepsilon}_{2,t}\tilde{\varepsilon}_{2,t}] \end{bmatrix}}_{(2\times 2)} \underbrace{\begin{bmatrix} r_{11,t} & 0 \\ 0 & r_{22,t} \end{bmatrix}}_{(2\times 2)}$$

$$= \underbrace{\begin{bmatrix} r_{11,t} & 0 \\ 0 & r_{22,t} \end{bmatrix}}_{(2\times 2)} \underbrace{\begin{bmatrix} \sigma_1^2 & \sigma_{12} \\ \sigma_{21} & \sigma_2^2 \end{bmatrix}}_{(2\times 2)} \underbrace{\begin{bmatrix} r_{11,t} & 0 \\ 0 & r_{22,t} \end{bmatrix}}_{(2\times 2)}$$

$$\equiv \underbrace{\mathbf{R}_t}_{(2\times 2)} \underbrace{\mathbf{Q}}_{(2\times 2)} \underbrace{\mathbf{R}_t'}_{(2\times 2)} = \underbrace{\begin{bmatrix} r_{11,t} & 0 \\ 0 & r_{22,t} \end{bmatrix}}_{(2\times 2)} \underbrace{\begin{bmatrix} q_{11} & q_{12} \\ q_{21} & q_{22} \end{bmatrix}}_{(2\times 2)} \underbrace{\begin{bmatrix} r_{11,t} & 0 \\ 0 & r_{22,t} \end{bmatrix}}_{(2\times 2)} \quad (9.8)$$

となる。太字を用いた状態方程式，式 (9.3) の行列表現は，状態変数の数を K とすると，以下のとおりである。

$$\underbrace{\tilde{\boldsymbol{\beta}}_t}_{(K\times 1)} = \underbrace{\mathbf{d}_t}_{(K\times 1)} + \underbrace{\mathbf{T}_t}_{(K\times K)} \underbrace{\tilde{\boldsymbol{\beta}}_{t-1}}_{(K\times 1)} + \underbrace{\mathbf{R}_t}_{(K\times K)} \underbrace{\tilde{\boldsymbol{\varepsilon}}_t}_{(K\times 1)} \quad \underbrace{\mathbf{R}_t\tilde{\boldsymbol{\varepsilon}}_t}_{(K\times 1)} \sim N(\underbrace{\mathbf{0}}_{(K\times 1)}, \underbrace{\mathbf{R}_t\mathbf{Q}\mathbf{R}_t'}_{(K\times K)}) \quad (9.9)$$

式 (9.5) と式 (9.9) をまとめて表現すると状態空間モデルは，式 (9.10) 〜式 (9.13) のようになる。

観測方程式　　　$\tilde{\mathbf{Y}}_t = \mathbf{c}_t + \mathbf{X}_t\tilde{\boldsymbol{\beta}}_t + \tilde{\mathbf{e}}_t$　　　　　　　　　　　　(9.10)

状態方程式　　　$\tilde{\boldsymbol{\beta}}_t = \mathbf{d}_t + \mathbf{T}\tilde{\boldsymbol{\beta}}_{t-1} + \mathbf{R}_t\tilde{\boldsymbol{\varepsilon}}_t$　　　　　　　　(9.11)

誤差項の分散共分散行列　　$\begin{pmatrix} \tilde{\mathbf{e}}_t \\ \mathbf{R}_t\tilde{\boldsymbol{\varepsilon}}_t \end{pmatrix} \sim N\left(\begin{pmatrix} \mathbf{0} \\ \mathbf{0} \end{pmatrix}, \begin{pmatrix} \mathbf{H} & \mathbf{0} \\ \mathbf{0} & \mathbf{R}_t\mathbf{Q}\mathbf{R}_t' \end{pmatrix}\right)$　(9.12)

状態変数の初期値分布　　$\tilde{\boldsymbol{\beta}}_{0|0} \sim N(\hat{\boldsymbol{\beta}}_{0|0}, \boldsymbol{\Sigma}_{0|0})$　　　　　　　(9.13)

9.2.2 連立方程式モデル

経済分析では多くの事柄を同時に説明できるようなモデルの構築が求められる。例えば，家計の消費内容をより細かに分け，食料品のような消費財と家電や車のような耐久消費財の消費に分けて分析をする場合がある。また株式の収益率の分析も，多くの企業の株式を同時に分析する場合がある。こうした場合には連立方程式としてのモデルを考える必要がある。

家計の消費 Y_t の分析において，式 (9.1) を消費財の消費（需要）$Y_{1,t}$ と耐久

消費財の消費（需要）$Y_{2,t}$ に分けて分析をしたいとする．それぞれを説明する説明変数は同じかもしれないし，また違うかもしれない．また一部は同じであるがほかは異なるかもしれない．4つの説明変数を $X_i : i = 1, 2, 3, 4$ としよう．式 (9.2) は2本の多変量回帰式からなる．

$$\widetilde{Y}_{1,t} = c_1 + \beta_1 X_{1,t} + \beta_2 X_{2,t} + \tilde{e}_{1,t}$$
$$\widetilde{Y}_{2,t} = c_2 + \beta_3 X_{3,t} + \beta_4 X_{4,t} + \tilde{e}_{2,t} \tag{9.14}$$

これを行列で書き表すと，

$$\begin{bmatrix} \widetilde{Y}_{1,t} \\ \widetilde{Y}_{2,t} \end{bmatrix} = \begin{bmatrix} c_1 \\ c_2 \end{bmatrix} + \begin{bmatrix} X_{1,t} & X_{2,t} & 0 & 0 \\ 0 & 0 & X_{3,t} & X_{4,t} \end{bmatrix} \begin{bmatrix} \beta_1 \\ \beta_2 \\ \beta_3 \\ \beta_4 \end{bmatrix} + \begin{bmatrix} \tilde{e}_{1,t} \\ \tilde{e}_{2,t} \end{bmatrix}, \quad t = 1, 2, \cdots, T \tag{9.15}$$

$$\underbrace{}_{(2\times 1)} \quad \underbrace{}_{(2\times 1)} \quad \underbrace{}_{(2\times 4)} \quad \underbrace{}_{(4\times 1)} \quad \underbrace{}_{(2\times 1)}$$

これに対応する線形状態空間モデルによる定式化は，観測方程式の回帰直線の傾きが確率的に変動しかつ時間依存になるため，下付き添え字 t を付与した．さらに確率変数であることを示すためにチルダ記号（~）を付けて次のように書き直す．

観測方程式
$$\widetilde{Y}_{1,t} = c_1 + \widetilde{\beta}_{1,t} X_{1,t} + \widetilde{\beta}_{2,t} X_{2,t} + \tilde{e}_{1,t}$$
$$\widetilde{Y}_{2,t} = c_2 + \widetilde{\beta}_{3,t} X_{3,t} + \widetilde{\beta}_{4,t} X_{4,t} + \tilde{e}_{2,t} \tag{9.16}$$

これを行列とベクトルを用いて表現すると次のようになる．

$$\begin{bmatrix} \widetilde{Y}_{1,t} \\ \widetilde{Y}_{2,t} \end{bmatrix} = \begin{bmatrix} c_1 \\ c_2 \end{bmatrix} + \begin{bmatrix} X_{1,t} & X_{2,t} & 0 & 0 \\ 0 & 0 & X_{3,t} & X_{4,t} \end{bmatrix} \begin{bmatrix} \widetilde{\beta}_{1,t} \\ \widetilde{\beta}_{2,t} \\ \widetilde{\beta}_{3,t} \\ \widetilde{\beta}_{4,t} \end{bmatrix} + \begin{bmatrix} \tilde{e}_{1,t} \\ \tilde{e}_{2,t} \end{bmatrix} \tag{9.17}$$

$$\underbrace{}_{(2\times 1)} \quad \underbrace{}_{(2\times 1)} \quad \underbrace{}_{(2\times 4)} \quad \underbrace{}_{(4\times 1)} \quad \underbrace{}_{(2\times 1)}$$

式 (9.17) の右辺第2項の列ベクトルの要素 $\beta_{i,t}$ がチルダ記号と時間を表す下付き添え字 t を用いて表現されていることに注意し行列を表す太字を用いると，式 (9.9) と同様に

$$\widetilde{\mathbf{Y}}_t = \mathbf{c} + \mathbf{X}_t \widetilde{\boldsymbol{\beta}}_t + \tilde{\mathbf{e}}_t \tag{9.18}$$

と表現できる．式 (9.9) と上の式 (9.18) の違いは右辺の行列の次元の違いだけである．このように行列を用いると異なるモデルであってもより一般的な表現が可能になる．

他方，状態変数は，観測方程式が増えたことでより複雑になる．状態変数は2つから4つに増える．状態方程式を次のように定式化する．

$$\tilde{\beta}_{1,t} = d_1 + T_1\tilde{\beta}_{1,t-1} + r_{11,t}\tilde{\varepsilon}_{1,t}$$
$$\tilde{\beta}_{2,t} = d_2 + T_2\tilde{\beta}_{2,t-1} + r_{22,t}\tilde{\varepsilon}_{2,t}$$
$$\tilde{\beta}_{3,t} = d_3 + T_3\tilde{\beta}_{3,t-1} + r_{33,t}\tilde{\varepsilon}_{3,t}$$
$$\tilde{\beta}_{4,t} = d_4 + T_4\tilde{\beta}_{4,t-1} + r_{44,t}\tilde{\varepsilon}_{4,t} \tag{9.19}$$

行列を用いて書き直すと以下のようになる.

$$\underbrace{\begin{bmatrix} \tilde{\beta}_{1,t} \\ \tilde{\beta}_{2,t} \\ \tilde{\beta}_{3,t} \\ \tilde{\beta}_{4,t} \end{bmatrix}}_{(4\times 1)} = \underbrace{\begin{bmatrix} d_1 \\ d_2 \\ d_3 \\ d_4 \end{bmatrix}}_{(4\times 1)} + \underbrace{\begin{bmatrix} T_1 & 0 & 0 & 0 \\ 0 & T_2 & 0 & 0 \\ 0 & 0 & T_3 & 0 \\ 0 & 0 & 0 & T_4 \end{bmatrix}}_{(4\times 4)} \underbrace{\begin{bmatrix} \tilde{\beta}_{1,t-1} \\ \tilde{\beta}_{2,t-1} \\ \tilde{\beta}_{3,t-1} \\ \tilde{\beta}_{4,t-1} \end{bmatrix}}_{(4\times 1)} + \underbrace{\begin{bmatrix} r_{11,t} & 0 & 0 & 0 \\ 0 & r_{22,t} & 0 & 0 \\ 0 & 0 & r_{33,t} & 0 \\ 0 & 0 & 0 & r_{44,t} \end{bmatrix}}_{(4\times 4)} \underbrace{\begin{bmatrix} \tilde{\varepsilon}_{1,t} \\ \tilde{\varepsilon}_{2,t} \\ \tilde{\varepsilon}_{3,t} \\ \tilde{\varepsilon}_{4,t} \end{bmatrix}}_{(4\times 1)} \tag{9.20}$$

太字を用いて書き表すと,行ベクトルの次元数だけが異なる式 (9.9) と同一の表現が可能になる.以上を要約すると,線形の状態空間モデルの行列表現は次のようになる.

観測方程式 $\quad \tilde{\mathbf{Y}}_t = \mathbf{c} + \mathbf{X}_t\tilde{\boldsymbol{\beta}}_t + \tilde{\mathbf{e}}_t \tag{9.21}$

状態方程式 $\quad \tilde{\boldsymbol{\beta}}_t = \mathbf{d} + \mathbf{T}\tilde{\boldsymbol{\beta}}_{t-1} + \mathbf{R}_t\tilde{\boldsymbol{\varepsilon}}_t \tag{9.22}$

9.2.3 より一般的な表現

N 本(個)の観測方程式と K 本(個)の状態方程式からなる状態空間モデルを行列とベクトルを用いて表現する.観測方程式と状態方程式について説明をしよう.

観測方程式の行列を用いた表記は

観測方程式 $\quad \underbrace{\tilde{\mathbf{Y}}_t}_{(N\times 1)} = \underbrace{\mathbf{c}_t}_{(N\times 1)} + \underbrace{\mathbf{X}_t}_{(N\times K)}\underbrace{\tilde{\boldsymbol{\beta}}_t}_{(K\times 1)} + \underbrace{\tilde{\mathbf{e}}_t}_{(N\times 1)} \tag{9.23}$

となる.これまでは定数であった固定パラメータベクトルを時間依存に $\mathbf{c} \to \mathbf{c}_t$ とした.

行列とベクトルの要素を明示して式 (9.23) の観測方程式を書き直すと,式 (9.24) のようになる.

$$\underbrace{\begin{bmatrix} \tilde{Y}_{1,t} \\ \tilde{Y}_{2,t} \\ \vdots \\ \tilde{Y}_{N,t} \end{bmatrix}}_{(N\times 1)} = \underbrace{\begin{bmatrix} c_{1,t} \\ c_{2,t} \\ \vdots \\ c_{N,t} \end{bmatrix}}_{(N\times 1)} + \underbrace{\begin{bmatrix} X_{11,t} & X_{21,t} & \cdots & X_{K1,t} \\ X_{12,t} & X_{22,t} & \cdots & X_{K2,t} \\ \vdots & \vdots & \vdots & \vdots \\ X_{1N,t} & X_{2N,t} & \cdots & X_{KN,t} \end{bmatrix}}_{(N\times K)} \underbrace{\begin{bmatrix} \tilde{\beta}_{1,t} \\ \tilde{\beta}_{2,t} \\ \vdots \\ \tilde{\beta}_{K,t} \end{bmatrix}}_{(K\times 1)} + \underbrace{\begin{bmatrix} \tilde{e}_{1,t} \\ \tilde{e}_{2,t} \\ \vdots \\ \tilde{e}_{N,t} \end{bmatrix}}_{(N\times 1)} \tag{9.24}$$

さらに観測方程式の誤差項ベクトル $\tilde{\mathbf{e}}_t$ の期待値と分散共分散行列は以下のよ

9.2 行列を用いた一般的な表現

うになる．

$$E[\tilde{\mathbf{e}}_t] = E\underbrace{\begin{bmatrix} \tilde{e}_{1,t} \\ \tilde{e}_{2,t} \\ \vdots \\ \tilde{e}_{N,t} \end{bmatrix}}_{(N \times 1)} = \mathbf{0} = \underbrace{\begin{bmatrix} 0 \\ 0 \\ \vdots \\ 0 \end{bmatrix}}_{(N \times 1)}, \quad Var(\tilde{\mathbf{e}}_t) = \underbrace{\mathbf{H}_t}_{(N \times N)} = \underbrace{\begin{bmatrix} h_{11,t} & h_{12,t} & \cdots & h_{1N,t} \\ h_{21,t} & h_{22,t} & \cdots & h_{2N,t} \\ \vdots & \vdots & \vdots & \vdots \\ h_{N1,t} & h_{N2,t} & \cdots & h_{NN,t} \end{bmatrix}}_{(N \times N)}$$
(9.25)

こうした結果がどのようにして導かれるかを観測方程式が $N=2$ の場合で考えてみよう．

$$E[\tilde{\mathbf{e}}_t] = E\underbrace{\begin{bmatrix} \tilde{e}_{1,t} \\ \tilde{e}_{1,t} \end{bmatrix}}_{(2 \times 1)} = \begin{bmatrix} E[\tilde{e}_{1,t}] \\ E[\tilde{e}_{2,t}] \end{bmatrix} = \begin{bmatrix} 0 \\ 0 \end{bmatrix}$$
(9.26)

$$Var(\underbrace{\tilde{\mathbf{e}}_t}_{(2 \times 1)}) = E[\underbrace{(\tilde{\mathbf{e}}_t - E[\tilde{\mathbf{e}}_t])}_{(2 \times 1)} \underbrace{(\tilde{\mathbf{e}}_t - E[\tilde{\mathbf{e}}_t])'}_{(1 \times 2)}] = E[\underbrace{(\tilde{\mathbf{e}}_t - 0)}_{(2 \times 1)} \underbrace{(\tilde{\mathbf{e}}_t - 0)'}_{(1 \times 2)}] = E[\underbrace{\tilde{\mathbf{e}}_t}_{(2 \times 1)} \underbrace{\tilde{\mathbf{e}}_t'}_{(1 \times 2)}]$$

$$= E\left[\begin{pmatrix} \tilde{e}_{1,t} \\ \tilde{e}_{2,t} \end{pmatrix}(\tilde{e}_{1,t} \ \tilde{e}_{2,t})\right] = E\begin{bmatrix} \tilde{e}_{1,t}^2 & \tilde{e}_{1,t}\tilde{e}_{2,t} \\ \tilde{e}_{2,t}\tilde{e}_{1,t} & \tilde{e}_{2,t}^2 \end{bmatrix}$$

$$= \begin{bmatrix} E[\tilde{e}_{1,t}^2] & E[\tilde{e}_{1,t}\tilde{e}_{2,t}] \\ E[\tilde{e}_{2,t}\tilde{e}_{1,t}] & E[\tilde{e}_{2,t}^2] \end{bmatrix}$$

$$= \underbrace{\begin{bmatrix} h_{11} & h_{12} \\ h_{21} & h_{22} \end{bmatrix}}_{(2 \times 2)} = \underbrace{\mathbf{H}}_{(2 \times 2)}$$
(9.27)

観測誤差の分散共分散行列は時間とともに変化しないので，その要素は時間 t を表す下付き添え字が付かないことに注意しなければならない．また分散共分散行列の要素をこれまでの表記に合わせて示すと

$$\begin{bmatrix} h_{11} & h_{12} \\ h_{21} & h_{22} \end{bmatrix} \equiv \begin{bmatrix} \sigma_{e,1}^2 & \sigma_{e,12} \\ \sigma_{e,21} & \sigma_{e,2}^2 \end{bmatrix}$$

となる．対角要素は第 i 番目の観測方程式の誤差項の分散を，非対角要素は観測方程式間の誤差項の共分散を表す．分散と共分散は観測方程式ごとに異なる．

状態方程式の行列を用いた表記

$$\underbrace{\begin{bmatrix} \tilde{\beta}_{1,t} \\ \tilde{\beta}_{2,t} \\ \vdots \\ \tilde{\beta}_{K,t} \end{bmatrix}}_{(K \times 1)} = \underbrace{\begin{bmatrix} d_{1,t} \\ d_{2,t} \\ \vdots \\ d_{K,t} \end{bmatrix}}_{(K \times 1)} + \underbrace{\begin{bmatrix} T_{11,t} & T_{12,t} & \cdots & T_{1K,t} \\ T_{21,t} & T_{22,t} & \cdots & T_{2K,t} \\ \vdots & \vdots & \ddots & \vdots \\ T_{K1,t} & T_{K2,t} & \cdots & T_{KK,t} \end{bmatrix}}_{(K \times K)} \underbrace{\begin{bmatrix} \tilde{\beta}_{1,t-1} \\ \tilde{\beta}_{2,t-1} \\ \vdots \\ \tilde{\beta}_{K,t-1} \end{bmatrix}}_{(K \times 1)} + \underbrace{\begin{bmatrix} R_{11,t} & R_{12,t} & \cdots & R_{1K,t} \\ R_{21,t} & R_{22,t} & \cdots & R_{2K,t} \\ \vdots & \vdots & \ddots & \vdots \\ R_{K1,t} & R_{K2,t} & \cdots & R_{KK,t} \end{bmatrix}}_{(K \times K)} \underbrace{\begin{bmatrix} \tilde{\varepsilon}_{1,t} \\ \tilde{\varepsilon}_{2,t} \\ \vdots \\ \tilde{\varepsilon}_{K,t} \end{bmatrix}}_{(K \times 1)} \tag{9.28}$$

行列を表す太字を用いて式 (9.28) を書き表すと次のようになる.

$$\underbrace{\tilde{\boldsymbol{\beta}}_t}_{(K \times 1)} = \underbrace{\mathbf{d}_t}_{(K \times 1)} + \underbrace{\mathbf{T}_t}_{(K \times K)} \underbrace{\tilde{\boldsymbol{\beta}}_{t-1}}_{(K \times 1)} + \underbrace{\mathbf{R}_t}_{(K \times K)} \underbrace{\tilde{\boldsymbol{\varepsilon}}_t}_{(K \times 1)} \tag{9.29}$$

右辺の最初の定数項ベクトル $\mathbf{d}_t$ の要素が時間 t とともに変化しうることを示すために $d_{i,t}$ とし,前期の状態変数が今期の状態変数に与える影響を示す T_{ij} も同様に $T_{ij,t}$ となる.また誤差項ベクトルに時間とともに変化する行列 $\mathbf{R}_t$ がかけ合わされている.

状態方程式の誤差項 $\tilde{\boldsymbol{\varepsilon}}_t$ についても観測方程式の場合と同様,その期待値と分散共分散行列について

$$\underbrace{E[\tilde{\boldsymbol{\varepsilon}}_t]}_{(K \times 1)} = \underbrace{\mathbf{0}}_{(K \times 1)}, \quad \underbrace{Var(\tilde{\boldsymbol{\varepsilon}}_t)}_{(K \times K)} = \underbrace{\mathbf{Q}}_{(K \times K)} \tag{9.30}$$

と仮定する.その解釈についても観測方程式の場合と同様である.このような定式化をおこなうことにより,状態変数の誤差項の期待値ベクトルと分散共分散行列は

$$\underbrace{E[\mathbf{R}_t \tilde{\boldsymbol{\varepsilon}}_t]}_{(K \times 1)} = \underbrace{\mathbf{R}_t}_{(K \times K)} \underbrace{E[\tilde{\boldsymbol{\varepsilon}}_t]}_{(K \times 1)} = \underbrace{\mathbf{0}}_{(K \times 1)}$$

$$\underbrace{Var(\mathbf{R}_t \tilde{\boldsymbol{\varepsilon}}_t)}_{(K \times 1)} = E[\mathbf{R}_t \tilde{\boldsymbol{\varepsilon}}_t (\mathbf{R}_t \tilde{\boldsymbol{\varepsilon}}_t)'] = E[\mathbf{R}_t \tilde{\boldsymbol{\varepsilon}}_t \tilde{\boldsymbol{\varepsilon}}_t' \mathbf{R}_t'] = \mathbf{R}_t E[\tilde{\boldsymbol{\varepsilon}}_t \tilde{\boldsymbol{\varepsilon}}_t'] \mathbf{R}' = \underbrace{\mathbf{R}_t \mathbf{Q} \mathbf{R}_t'}_{(K \times K)}$$
$$\tag{9.31}$$

となる.さらに,次の2つの条件を仮定する.

1) 状態変数の初期期待値ベクトル $\hat{\boldsymbol{\beta}}_{0|0}$ とその分散共分散行列 $\hat{\boldsymbol{\Sigma}}_{0|0}$ が既知である.つまり

$$\underbrace{E[\tilde{\boldsymbol{\beta}}_0]}_{(K \times 1)} = \underbrace{\hat{\boldsymbol{\beta}}_{0|0}}_{(K \times 1)}, \quad \underbrace{Var(\tilde{\boldsymbol{\beta}}_0)}_{(K \times K)} = \underbrace{\hat{\boldsymbol{\Sigma}}_{0|0}}_{(K \times K)} \tag{9.32}$$

2) 観測誤差ベクトルと状態方程式誤差ベクトルは全ての時間 ($s=t$ かつ

$s \neq t$)に関して無相関である[29]．
$$\mathrm{E}[\tilde{e}_s \tilde{\varepsilon}_t] = 0 \quad (\text{for all } s, t) \tag{9.33}$$

以上をまとめると，行列を用いた線形状態空間モデルは次のように表現できる．

観測方程式　　　$\widetilde{Y}_t = c_t + X_t \tilde{\beta}_t + \tilde{e}_t$ (9.34)

状態方程式　　　$\tilde{\beta}_t = d_t + T_t \tilde{\beta}_{t-1} + R_t \tilde{\varepsilon}_t$ (9.35)

9.3 行列を用いたカルマンフィルターの導出

9.3.1 1期先予測公式

状態変数の1期先期待値は，式（9.35）の条件付き期待値を計算することにより次のように求められる．

$$\begin{aligned}
\hat{\beta}_{t|t-1} &\equiv E[\tilde{\beta}_t | \Omega_{t-1}] \\
&= d_t + T_t E[\tilde{\beta}_{t-1} | \Omega_{t-1}] + R_t E[\tilde{\varepsilon}_t | \Omega_{t-1}] \\
&= d_t + T_t \hat{\beta}_{t-1|t-1} + R_t 0 \\
&= d_t + T_t \hat{\beta}_{t-1|t-1}
\end{aligned} \tag{9.36}$$

また状態変数の1期先分散は，式（9.35）の条件付き分散を計算することにより，次のように求められる．

$$\begin{aligned}
\hat{\Sigma}_{t|t-1} &= Var(\tilde{\beta}_t | \Omega_{t-1}) \\
&= Var(d_t | \Omega_{t-1}) + Var(T_t \tilde{\beta}_{t-1} | \Omega_{t-1}) + Var(R_t \tilde{\varepsilon}_t | \Omega_{t-1}) \\
&= 0 + T_t \hat{\Sigma}_{t-1|t-1} T_t' + R_t Q R_t' \\
&= T_t \hat{\Sigma}_{t-1|t-1} T_t' + R_t Q R_t'
\end{aligned} \tag{9.37}$$

観測変数の1期先期待値は，式（9.36）にもとづき，式（9.34）の条件付き期待値を計算することにより，以下のようになる．

$$\begin{aligned}
\hat{Y}_{t|t-1} &= E[\widetilde{Y}_t | \Omega_{t-1}] \\
&= E[c_t + X_t \tilde{\beta}_t + \tilde{e}_t | \Omega_{t-1}] \\
&= E[c_t | \Omega_{t-1}] + E[X_t \tilde{\beta}_t | \Omega_{t-1}] + E[\tilde{e}_t | \Omega_{t-1}] \\
&= c_t + X_t \hat{\beta}_{t|t-1} + 0 \\
&= c_t + X_t \hat{\beta}_{t|t-1}
\end{aligned} \tag{9.38}$$

---

[29] 相関を許容した場合のカルマンフィルターに関してはHarvey（1990）の第3章を参照．

9.3.2 フィルタリング公式

第5章では状態変数と観測変数が2変量正規分布に従うという仮定にもとづいてカルマンフィルターを導出した．ここでは誤差項が多変量正規分布に従う，つまり，状態変数ベクトル $\tilde{\beta}_t$ と観測変数ベクトル $\tilde{Y}_t$ が多変量正規分布に従うという仮定から出発してカルマンフィルター導出の概略を説明する．次の観測変数と状態方程式に関する連立方程式を考えてみよう．

$$\tilde{\beta}_t = \hat{\beta}_{t|t-1} + (\tilde{\beta}_t - \hat{\beta}_{t|t-1}) \tag{9.39}$$

$$\tilde{Y}_t = c_t + X_t \hat{\beta}_{t|t-1} + X_t(\tilde{\beta}_t - \hat{\beta}_{t|t-1}) + \tilde{e}_t \tag{9.40}$$

式(9.39)は単に状態変数に関する恒等式 $\tilde{\beta}_t = \tilde{\beta}_t$ の右辺に $0 = \hat{\beta}_{t|t-1} - \hat{\beta}_{t|t-1}$ を加えたものであり，式(9.40)は観測方程式(9.34)の右辺に $0 = X_t \hat{\beta}_{t|t-1} - X_t \hat{\beta}_{t|t-1}$ を足したものである．この2つの式の右辺で確率変数は $\tilde{\beta}_t$ と $\tilde{e}_t$ の2つであることに注目し，期待値と分散を計算すると，次のようになる．

$$\begin{pmatrix} \tilde{\beta}_t \\ \tilde{Y}_t \end{pmatrix} | \Omega_{t-1} \sim N\left(\begin{pmatrix} \hat{\beta}_{t|t-1} \\ c_t + X_t \hat{\beta}_{t|t-1} \end{pmatrix}, \begin{pmatrix} \hat{\Sigma}_{t|t-1} & \hat{\Sigma}_{t|t-1} X_t' \\ X_t \hat{\Sigma}_{t|t-1} & X_t \hat{\Sigma}_{t|t-1} X_t' + H_t \end{pmatrix} \right) \tag{9.41}$$

状態変数と観測変数の期待値ベクトルは

$$E\left[\begin{pmatrix} \tilde{\beta}_t \\ \tilde{Y}_t \end{pmatrix} | \Omega_{t-1} \right] = \begin{bmatrix} \hat{\beta}_{t|t-1} \\ c_t + X_t \hat{\beta}_{t|t-1} \end{bmatrix} \tag{9.42}$$

となり，その分散共分散行列は次のようになる．

$$Cov\left[\begin{pmatrix} \tilde{\beta}_t \\ \tilde{Y}_t \end{pmatrix} | \Omega_{t-1} \right] = \begin{bmatrix} \hat{\Sigma}_{t|t-1} & \hat{\Sigma}_{t|t-1} X_t' \\ X_t \hat{\Sigma}_{t|t-1} & X_t \hat{\Sigma}_{t|t-1} X_t' + H_t \end{bmatrix} \tag{9.43}$$

ただし，式(9.43)の右辺の行列の各要素は以下のように計算されている．

$$Var(\tilde{\beta}_t | \Omega_{t-1}) = \hat{\Sigma}_{t|t-1}, \quad Cov(\tilde{\beta}_t, \tilde{Y}_t | \Omega_{t-1}) = \hat{\Sigma}_{t|t-1} X_t'$$

$$Cov(\tilde{Y}_t, \tilde{\beta}_t | \Omega_{t-1}) = X_t \hat{\Sigma}_{t|t-1}, \quad Var(\tilde{Y}_t | \Omega_{t-1}) = X_t \hat{\Sigma}_{t|t-1} X_t' + H_t$$

章末の数学付録A9-1に示された多変量正規分布に関する条件付き期待値と条件付き分散公式，状態変数に関する期待値と分散に関しては，行列の反転公式が必要になることを除いて，導出は第5章のスカラー表現の場合（5.6節から5.8節）と同様に考えればよい．次のようなフィルタリング公式が導かれる．

カルマンゲイン $\quad K_t = \hat{\Sigma}_{t|t-1} X_t' (X_t \hat{\Sigma}_{t|t-1} X_t' + H_t)^{-1} \tag{9.44}$

状態変数の期待値フィルタリング公式 $\quad \hat{\beta}_{t|t} = \hat{\beta}_{t|t-1} + K_t(y_t - \hat{Y}_{t|t-1})$
$$\tag{9.45}$$

状態変数の分散のフィルタリング公式 $\quad \hat{\Sigma}_{t|t} = (I - K_t X_t) \hat{\Sigma}_{t|t-1} \tag{9.46}$

ここで式(9.46)の右辺の I は $K \times K$ の単位行列であり，式(9.44)の右辺の $(\ )^{-1}$ は $(\ )$ 内の逆行列を意味する．これはスカラーでいえば逆数を計算する

ことに相当する．

【数 学 付 録】
A9-1　多変量正規分布の条件付き期待値と条件付き分散

証明なしに以下の事実を示す．証明については多くの確率論，数理統計，多変量解析の本で説明されている．例えば，蓑谷(2012)の第11章（11.3と11.4節）を参照のこと．

多変量正規分布に従う2つの確率ベクトル $\mathbf{x}$ と $\mathbf{y}$

$$\begin{pmatrix}\mathbf{x}\\\mathbf{y}\end{pmatrix} \sim N\left(\begin{pmatrix}\boldsymbol{\mu}_\mathbf{x}\\\boldsymbol{\mu}_\mathbf{y}\end{pmatrix},\begin{pmatrix}\boldsymbol{\Sigma}_{\mathbf{xx}} & \boldsymbol{\Sigma}_{\mathbf{xy}}\\\boldsymbol{\Sigma}_{\mathbf{yx}} & \boldsymbol{\Sigma}_{\mathbf{yy}}\end{pmatrix}\right)$$

に対して次が成立する．

条件付き期待値　　　$\boldsymbol{\mu}_{\mathbf{x}|\mathbf{y}} = \boldsymbol{\mu}_\mathbf{x} + \boldsymbol{\Sigma}_{\mathbf{xy}}\boldsymbol{\Sigma}_{\mathbf{yy}}^{-1}(\mathbf{y}-\boldsymbol{\mu}_\mathbf{y})$ 　　　(A9.1)

条件付き分散　　　$\boldsymbol{\Sigma}_{\mathbf{x}|\mathbf{y}} = \boldsymbol{\Sigma}_{\mathbf{xx}} - \boldsymbol{\Sigma}_{\mathbf{xy}}\boldsymbol{\Sigma}_{\mathbf{yy}}^{-1}\boldsymbol{\Sigma}_{\mathbf{yx}}$ 　　　(A9.2)

これら2つの式はスカラー表現の第5章の式（5.11）と式（5.12）に対応している．

10

拡張カルマンフィルター
―非線形をどう取り扱うか？―

この章で何を学ぶのか？
1. 多くの状態空間モデルは状態変数に関して非線形である場合が多い．これに対して線形のカルマンフィルターを適用するための簡便な方法を検討する．そのためにまずテーラー展開について復習する．
2. 観測・状態方程式が状態変数の非線形関数であるが，それを線形近似できる場合のカルマンフィルター（拡張カルマンフィルター）を学ぶ．
3. 拡張カルマンフィルターのファイナンスや経済分析への応用例を知る．

10.1 はじめに

これまで線形の状態空間モデルをカルマンフィルターによって解くことを考えてきた．この場合「線形」の意味は状態変数 β_t に関して観測・状態方程式が線形であることである．固定パラメータやモデルの外から与えられる説明変数 X_t が非線形であっても線形カルマンフィルターを適用することは問題にならない．例えば，次のように観測方程式において説明変数が X_t の2次式や対数式であっても問題はない．

$$\tilde{Y}_t = c + \tilde{\beta}_t X_t^2 + \tilde{e}_t \tag{10.1}$$

しかし状態方程式がこれまでどおり $\beta_t = d + T\beta_{t-1} + \varepsilon_t$ と状態変数に関して線形関数であったとしても，観測方程式が

$$\tilde{Y}_t = c + \tilde{\beta}_t^2 X_t + \tilde{e}_t \tag{10.2}$$

あるいは，次のようであると線形のカルマンフィルターを適用できない．

$$\tilde{Y}_t = c + \ln \tilde{\beta}_t \cdot X_t + \tilde{e}_t \tag{10.3}$$

こうした問題に対して様々な解法が提案されている．本章では状態変数のテーラー展開（線形近似）にもとづく拡張カルマンフィルター（extended Kalman filter）に限って，①その考え方，②アルゴリズム（計算過程），③ファイナンスへの応用，などについて説明する．最初に，観測方程式と状態方程式が状態変数に関して非線形であっても，変数変換によりこれまで学んだカルマンフィルターを適用できる場合を考える．

10.2　対数変換により線形化できる場合

経済学やファイナンス理論で取り扱う問題では変数変換（例えば対数変換）をおこなうことにより非線形モデルを線形化することができる場合が多い．次のような生産関数のパラメータ β の推定問題を考えてみよう．

$$\frac{Y_t}{L_t} = \left(\frac{K_t}{L_t}\right)^\beta \tag{10.4}$$

ここで Y_t は，t 期の一国の総産出量（例えば GDP）を，特定企業を考えた場合にはその企業の売上高を示す．K_t は t 期の資本（設備，工場，土地など）投入量を，L_t は t 期の労働者数ではかった労働投入量を意味する．したがって，Y_t/L_t は 1 人あたりの資本量を，K_t/L_t は 1 人あたりの資本量，いわゆる資本装備率を表す．パラメータ β は右辺の 1 人あたり資本が 1 単位増加したとき，左辺の 1 人あたり生産量がどのくらい増加するか，その「影響度」を表している．例えば $\beta=1$ であれば 1 人あたり資本が 1 単位増加するとそれに正比例して 1 人あたりの産出量（売上高）が増加することを意味している．このような状況を経済学では「規模に関して収穫一定」と呼ぶ．β が 1 よりも大きな（小さな）値をとることは，1 人あたり資本が効率（非効率）的に使われていることを意味している．β が 1 より大きい（小さい）場合を「規模に関して収穫逓増（逓減）」と呼ぶ．線形回帰を用いた分析では β を一定と仮定し，最小二乗法により β を推定する．線形回帰分析を適用するためには式（10.4）に対数正規分布に従う誤差項を付け加え，次のような実証可能なモデルとする[30]．

$$\frac{Y_t}{L_t} = \left(\frac{K_t}{L_t}\right)^\beta \exp\{e_t\}, \quad e_t \sim N(0, \sigma_e^2) \tag{10.5}$$

そのままではパラメータ β に関して非線形であるので両辺の自然対数をとり

---

[30]　式（10.5）で誤差項 e_t は平均 0，分散 σ_e^2 の正規分布に従うと仮定している．正規分布に従う確率変数の指数変換 $\exp\{e_t\}$ は定義によって対数正規分布する．対数正規分布の下限は 0 であるので，このことは産出量が負になる可能性を排除する．経済分析では多くの場合非負の統計量を取り扱うのでこうした配慮が必要になる．

$$\ln\left(\frac{Y_t}{L_t}\right) = \beta \ln\left(\frac{K_t}{L_t}\right) + e_t \tag{10.6}$$

とする．$\ln(K_t/L_t)$ を従属変数，$\ln(K_t/L_t)$ を説明変数として線形回帰分析をおこなう．繰り返しになるが線形回帰分析をおこなう場合の問題点は観測期間を通じて β は変化しないと仮定することである．

カルマンフィルターを用いれば β が時間とともに確率的にどのように変化するのかを知ることができる．そのときどきで規模に関して収穫が逓減，一定，逓増しているのかを知ることができる．β_t を時間とともに確率的に変化をする状態変数とし，状態空間モデルを次のように定式化する．

観測方程式 $\quad \widetilde{\ln(Y_t/L_t)} = \widetilde{\beta}_t \ln(K_t/L_t) + \tilde{e}_t, \quad \tilde{e}_t \sim N(0, \sigma_e^2) \tag{10.7}$

状態方程式 $\quad \widetilde{\beta}_t = d + T\widetilde{\beta}_{t-1} + \tilde{\varepsilon}_t, \quad \tilde{\varepsilon}_t \sim N(0, \sigma_\varepsilon^2) \tag{10.8}$

対数変換により状態空間モデルは状態変数 β_t に関して線形になりカルマンフィルターを適用できる．

以下ではこのような変換によって状態空間モデルを状態変数に関して線形化できない場合を考える．まずテーラー展開の考えを復習し，次に非線形の状態空間モデルを線形化したときのカルマンフィルター，すなわち拡張カルマンフィルターを学ぶ．

10.3 テーラー展開の考え方

よく知られた2次関数 $Y = X^2$ のテーラー展開を考えてみよう．図 10.1 に2次曲線 $Y = X^2$ の $X = 1$ における接線を示した．つまりこの図は非線形関数（2次関数）を $X = 1$ の近辺で線形関数（1次関数，直線）により近似したものである．線形近似とはこの直線の形状，つまり $X = 1$ での直線の Y 切片と傾きを知ることである．

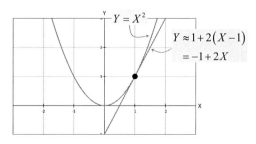

図 10.1 2次関数 $Y = X^2$ と $X = 1$ での接線の方程式

10.3 テーラー展開の考え方

　図 10.1 を観察すると $X=1$ の近辺であれば $Y=X^2$ という 2 次曲線を $Y=-1+2X$ という直線によってよく近似できている．しかし近似の程度は X 軸とこの 2 次曲線が接する点から遠ざかるほど悪くなる．このように近似の程度は，①非線形関数がどのような形をしているか，②非線形関数をどの点で近似するかに依存している．

　接線の方程式は $Y=X^2$ を特定の点，例えば $X=X_0=1$ でテーラー展開し，その結果について 1 次の項のみ採用することで計算できる．非線形関数を $Y=f(X)=X^2$ と書くと接線の方程式は次のようになる．

$$Y \approx f(X)_{|X=X_0} + \frac{\partial f(X)}{\partial X}_{|X=X_0}(X-X_0)$$

$$= X^2_{|X=X_0} + 2X_{|X=X_0}(X-X_0) = X_0^2 + 2X_0(X-X_0)$$

$$= 1^2 + 2\times 1(X-1) = -1+2X \tag{10.9}$$

ここで -1 が Y 切片を，2 が直線の傾きを示す．カルマンフィルターにおい

表 10.1 線形カルマンフィルターと拡張カルマンフィルターの比較（スカラー表現の場合）

	カルマンフィルター（5〜8章）	拡張カルマンフィルター（10章）
観測方程式	$\tilde{Y}_t = c + \tilde{\beta}_t X_t + \tilde{e}_t$	$\tilde{Y}_t = f(\tilde{\beta}_t) + \tilde{e}_t$
観測方程式を線形化したもの		$\tilde{Y}_t \approx \hat{c}_t + \tilde{\beta}_t \hat{X}_t + \tilde{e}_t$ ここで，$\hat{c}_t \equiv f(\hat{\beta}_{t|t-1}) - f'(\hat{\beta}_{t|t-1})\hat{\beta}_{t|t-1}$, $\hat{X}_t \equiv f'(\hat{\beta}_{t|t-1})$ は定数
状態方程式	$\tilde{\beta}_t = d + T\tilde{\beta}_{t-1} + \tilde{\varepsilon}_t$	$\tilde{\beta}_t = g(\tilde{\beta}_{t-1}) + \tilde{\varepsilon}_t$
状態方程式を線形化したもの		$\tilde{\beta}_t \approx \hat{d}_t + \hat{T}_t \tilde{\beta}_{t-1} + \tilde{\varepsilon}_t$ $\hat{d}_t \equiv g(\hat{\beta}_{t-1|t-1}) - g'(\hat{\beta}_{t-1|t-1})\hat{\beta}_{t-1|t-1}, \hat{T}_t \equiv g'(\hat{\beta}_{t-1|t-1})$
状態変数の 1期先予測と分散	$\hat{\beta}_{t|t-1} = d + T\hat{\beta}_{t-1|t-1}$ $\hat{\Sigma}_{t|t-1} = T^2 \hat{\Sigma}_{t-1|t-1} + \sigma_\varepsilon^2$	非線形の $\hat{\beta}_{t|t-1} = g(\hat{\beta}_{t-1|t-1})$ を用いる $\hat{\Sigma}_{t|t-1} \approx (\hat{T}_t)^2 \hat{\Sigma}_{t-1|t-1} + \sigma_\varepsilon^2, \hat{T}_t \equiv g'(\hat{\beta}_{t-1|t-1})$
観測変数の 1期先予測	$\hat{Y}_{t|t-1} = c + \hat{\beta}_{t-1}X_t$	非線形の $\hat{Y}_{t|t-1} = f(\hat{\beta}_{t|t-1})_t$ を用いる
1期先予測誤差 期待値=0 分散	$\tilde{v}_t \approx (\tilde{\beta}_t - \hat{\beta}_{t|t-1})X_t + \tilde{e}_t$ $V_t = \hat{\Sigma}_{t|t-1}X_t^2 + \sigma_e^2$	$\tilde{v}_t \approx (\hat{c}_t - f(\hat{\beta}_{t|t-1})) + \hat{X}_t \tilde{\beta}_t + \tilde{e}_t, \hat{X}_t \equiv f'(\hat{\beta}_{t|t-1})$ $V_t \approx \hat{\Sigma}_{t|t-1}(\hat{X}_t)^2 + \sigma_e^2$
カルマンゲイン	$K_t = \dfrac{X_t \hat{\Sigma}_{t|t-1}}{X_t^2 \hat{\Sigma}_{t|t-1} + \sigma_e^2}$	$K_t \approx \dfrac{\hat{X}_t \hat{\Sigma}_{t|t-1}}{(\hat{X}_t)^2 \hat{\Sigma}_{t|t-1} + \sigma_e^2}, \quad \hat{X}_t \equiv f'(\hat{\beta}_{t|t-1})$
フィルタリング期待値	$\hat{\beta}_{t|t} = \hat{\beta}_{t|t-1} + K_t(y_t - \hat{Y}_{t|t-1})$	$\hat{\beta}_{t|t} \approx \hat{\beta}_{t|t-1} + K_t(y_t - \hat{Y}_{t|t-1})$
フィルタリング分散	$\hat{\Sigma}_{t|t} = (1 - X_t K_t)\hat{\Sigma}_{t|t-1}$	$\hat{\Sigma}_{t|t} \approx (1 - \hat{X}_t K_t)\hat{\Sigma}_{t|t-1}, \hat{X}_t \equiv f'(\hat{\beta}_{t|t-1})$

て非線形の観測方程式と状態方程式を特定の点（状態変数の1期先予測値）で線形近似する．これもこうした考え方にもとづいている．

以下では，非線形の状態空間モデルをテーラー展開してカルマンフィルターを適用することにより状態変数の推定をおこなう「拡張カルマンフィルター」について説明する．なお，表10.1に線形のカルマンフィルターと拡張カルマンフィルターを対比させて一覧できるようにしたので，読み進めるにあたって参考にしてほしい．

10.4 非線形の状態空間モデル

これまでは次のような線形の状態空間モデルを考え，カルマンフィルターによって未知の状態変数の期待値と分散を逐次的に求めた．

観測方程式　　$\tilde{Y}_t = c + \tilde{\beta}_t X_t + \tilde{e}_t$ 　　　　　　　　　　　(10.10)

状態方程式　　$\tilde{\beta}_t = d + T\tilde{\beta}_{t-1} + \tilde{\varepsilon}_t$ 　　　　　　　　　　(10.11)

これに対して次のような「非線形」状態空間モデルを線形化するために，テーラー展開をどのように適用すべきか考えてみよう．

観測方程式　　$\tilde{Y}_t = f(\tilde{\beta}_t) + \tilde{e}_t,$ 　　$\tilde{e}_t \sim N(0, \sigma_e^2)$ 　　(10.12)

状態方程式　　$\tilde{\beta}_t = g(\tilde{\beta}_{t-1}) + \tilde{\varepsilon}_t,$ 　　$\tilde{\varepsilon}_t \sim N(0, \sigma_\varepsilon^2)$ 　　(10.13)

ここで説明をわかりやすくするために t 期においてモデルの外から与えられる変数 X_t や固定パラメータ c, d などを明示的には示さない[31]．また誤差項は加法的にそれぞれの式に影響するものとする．

10.4.1 観測方程式の線形化と1期先予測値，予測誤差

観測方程式 (10.12) を状態変数 β_t の特定の点である1期先予測値 $\hat{\beta}_{t|t-1}$ のまわりでテーラー展開する．しかし，なぜ特定の点が $\hat{\beta}_{t|t-1}$（上の議論では $X = X_0 = 1$ に対応）になるのであろうか？　それはフィルタリング公式を計算する時点 t で $\hat{\beta}_{t|t-1}$ は $t-1$ 時点ですでに計算されていて既知であり，定数であるからである．言い換えれば，観測方程式において点 $\tilde{\beta}_t$ を $\tilde{\beta}_t = \hat{\beta}_{t|t-1}$ で近似しているのである．$\tilde{\beta}_t = \hat{\beta}_{t|t-1}$ で評価した1次の項までのテーラー展開の結果は

$$\tilde{Y}_t \approx f(\tilde{\beta}_t)_{|\tilde{\beta}_t = \hat{\beta}_{t|t-1}} + \frac{\partial f(\tilde{\beta}_t)}{\partial \tilde{\beta}_t}_{|\tilde{\beta}_t = \hat{\beta}_{t|t-1}} (\tilde{\beta}_t - \hat{\beta}_{t|t-1}) + \tilde{e}_t$$

---

[31] 式 (10.12) と式 (10.13) に対応して厳密に書くと観測方程式は $\tilde{Y}_t = f(c, \tilde{\beta}_t, X_t) + \tilde{e}_t$，状態方程式は $\tilde{\beta}_t = g(d, T_t \tilde{\beta}_{t-1}) + \tilde{\varepsilon}_t$ となる．

10.4 非線形の状態空間モデル

$$= f(\widehat{\beta}_{t|t-1}) + f'(\widehat{\beta}_{t|t-1})(\widetilde{\beta}_t - \widehat{\beta}_{t|t-1}) + \tilde{e}_t$$
$$= (f(\widehat{\beta}_{t|t-1}) - f'(\widehat{\beta}_{t|t-1})\widehat{\beta}_{t|t-1}) + f'(\widehat{\beta}_{t|t-1})\widetilde{\beta}_t + \tilde{e}_t$$
$$\Rightarrow \boxed{\widetilde{Y}_t \approx \widehat{c}_t + \widehat{X}_t \widetilde{\beta}_t + \tilde{e}_t} \tag{10.14}$$

となる.ここで,

$$\widehat{c}_t \equiv f(\widehat{\beta}_{t|t-1}) - f'(\widehat{\beta}_{t|t-1})\widehat{\beta}_{t|t-1} \tag{10.15}$$

$$\widehat{X}_t \equiv f'(\widehat{\beta}_{t|t-1}) \tag{10.16}$$

は確率変数ではない.他方,観測変数の1期先予測値は式(10.12)の非線形の観測方程式の条件付き期待値を計算することにより,

$$\widehat{Y}_{t|t-1} \equiv E[\widetilde{Y}_t | \Omega_{t-1}] = f(\widehat{\beta}_{t|t-1}) \tag{10.17}$$

と正確に求まる.したがって,1期先予測誤差は次のようになる.

$$\tilde{v}_t = \widetilde{Y}_t - \widehat{Y}_{t|t-1} \approx (\widehat{c}_t + \widehat{X}_t \widetilde{\beta}_t + \tilde{e}_t) - f(\widehat{\beta}_{t|t-1})$$
$$= (\widehat{c}_t - f(\widehat{\beta}_{t|t-1})) + \widehat{X}_t \widetilde{\beta}_t + \tilde{e}_t \tag{10.18}$$

ここで右辺第1項 $(\widehat{c}_t - f(\widehat{\beta}_{t|t-1}))$ と $\widehat{X}_t \equiv f'(\widehat{\beta}_{t|t-1})$ は非確率項であり,1期先予測誤差 $\tilde{v}_t$ の分散の計算には影響しない.したがって後に示すように,カルマンゲインの計算にも影響しない.さらに以下の点に留意すべきである.上の式(10.14)の最後の式で示された線形化した観測方程式は,線形状態空間モデルにおける観測方程式(10.10)によく似ている.$\widehat{c}_t$ が c に対応し,$f'(\widehat{\beta}_{t|t-1})$ が X_t に対応している.言い換えれば,拡張カルマンフィルターにおいて $f'(\widehat{\beta}_{t|t-1})$ は線形カルマンフィルターにおける説明変数 X_t と同様な役割を果たしているのである.

10.4.2 状態方程式の線形化

式(10.13)の状態方程式についても同様な計算を施すと次の結果が得られる.

$$\widetilde{\beta}_t \approx g(\widetilde{\beta}_{t-1})_{|\widetilde{\beta}_{t-1}=\widehat{\beta}_{t-1|t-1}} + \frac{\partial g(\widetilde{\beta}_{t-1})}{\partial \widetilde{\beta}_{t-1}}_{|\widetilde{\beta}_{t-1}=\widehat{\beta}_{t-1|t-1}} (\widetilde{\beta}_{t-1} - \widehat{\beta}_{t-1|t-1}) + \tilde{\varepsilon}_t$$
$$= g(\widehat{\beta}_{t-1|t-1}) + g'(\widehat{\beta}_{t-1|t-1})(\widetilde{\beta}_{t-1} - \widehat{\beta}_{t-1|t-1}) + \tilde{\varepsilon}_t$$
$$= (g(\widehat{\beta}_{t-1|t-1}) - g'(\widehat{\beta}_{t-1|t-1})\widehat{\beta}_{t-1|t-1}) + g'(\widehat{\beta}_{t-1|t-1})\widetilde{\beta}_{t-1} + \tilde{\varepsilon}_t$$
$$\equiv \widehat{d}_t + \widehat{T}_t \widetilde{\beta}_{t-1} + \tilde{\varepsilon}_t \tag{10.19}$$
$$\Rightarrow \boxed{\widetilde{\beta}_t \approx \widehat{d}_t + \widehat{T}_t \widetilde{\beta}_{t-1} + \tilde{\varepsilon}_t} \tag{10.20}$$

ここで

$$\widehat{d}_t \equiv g(\widehat{\beta}_{t-1|t-1}) - g'(\widehat{\beta}_{t-1|t-1})\widehat{\beta}_{t-1|t-1}, \quad \widehat{T}_t \equiv g'(\widehat{\beta}_{t-1|t-1})$$

と定義する.これらの結果について以下の点に注意すべきである.

注意 1: 線形化された式(10.19)の状態方程式と式(10.14)の観測方程式

は線形のカルマンフィルターのそれと形式的に等しい表現であるのでこれまでに学んだカルマンフィルターのフィルタリング公式を適用することができる．なぜならば，$\bar{c}_t, \bar{d}_t$ と $f'(\widehat{\beta}_{t|t-1}), g'(\widehat{\beta}_{t|t-1})$ などの変数は時間とともに変化するが，t 期始めには既知であり定数とみなすことができるからである．

注意 2： 拡張カルマンフィルターの精度は次の 2 つの近似誤差の程度に依存している．第 1 の誤差は β_t を $\widehat{\beta}_{t|t-1}$ によって近似をしたこと，かつ $\widetilde{\beta}_{t-1}$ を $\widehat{\beta}_{t-1|t-1}$ で近似したことによる誤差である．第 2 の誤差は非線形の観測方程式と状態方程式を線形化したことによる線形近似誤差である[32]．

注意 3： 線形化した観測方程式における $\bar{c}_t$，線形化した状態方程式における $\bar{d}_t$ はいずれも定数項の役割を果たしているが，状態変数の 1 期先予測，状態変数の期待値のフィルタリング公式の計算に影響を与えない．これは状態変数の 1 期先予測には非線形の状態方程式を，観測変数の 1 期先予測には非線形の観測方程式を用いているからである．また $\bar{c}_t$ と $\bar{d}_t$ は定数であるため，それらの分散，したがって次節でみる分散の比である式 (10.35) のカルマンゲイン K_t の計算には影響しないからである．

これらの結果をまとめると，線形化した非線形の状態空間モデルは次のように定式化できる．

観測方程式　　$\widetilde{Y}_t \approx \bar{c}_t + \widehat{X}_t \widetilde{\beta}_t + \bar{e}_t$　　　　　　　　　　(10.21)

状態方程式　　$\widetilde{\beta}_t \approx \bar{d}_t + \widehat{T}_t \widetilde{\beta}_{t-1} + \bar{\varepsilon}_t$　　　　　　　　　　(10.22)

ここで，$\bar{c}_t \equiv f(\widehat{\beta}_{t|t-1}) - f'(\widehat{\beta}_{t|t-1})\widehat{\beta}_{t|t-1}$，$\widehat{X}_t \equiv f'(\widehat{\beta}_{t|t-1})$，$\bar{d}_t \equiv g(\widehat{\beta}_{t-1|t-1}) - g'(\widehat{\beta}_{t-1|t-1})\widehat{\beta}_{t-1|t-1}$，$\widehat{T}_t \equiv g'(\widehat{\beta}_{t-1|t-1})$ と定義する．

分析例 10-1　　式 (10.2) の観測方程式 $\widetilde{Y}_t = c + \widetilde{\beta}_t^2 X_t + \bar{e}_t$ のテーラー展開

$f(\widehat{\beta}_{t|t-1}) = \widehat{\beta}_{t|t-1}^2 X_t$ かつ $f'(\widehat{\beta}_{t|t-1}) = 2\widehat{\beta}_{t|t-1} X_t$ であるので線形化した観測方程式は，式 (10.14) から (10.16) によって，

$$\begin{aligned}
\widetilde{Y}_t &\approx c + (f(\widehat{\beta}_{t|t-1}) - f'(\widehat{\beta}_{t|t-1})\widehat{\beta}_{t|t-1}) + f'(\widehat{\beta}_{t|t-1})\widetilde{\beta}_t + \bar{e}_t \\
&= c + (\widehat{\beta}_{t|t-1}^2 X_t - 2\widehat{\beta}_{t|t-1}\widehat{\beta}_{t|t-1} X_t) + 2\widehat{\beta}_{t|t-1} X_t \widetilde{\beta}_t + \bar{e}_t \\
&= c - \widehat{\beta}_{t|t-1}^2 X_t + 2\widehat{\beta}_{t|t-1}\widetilde{\beta}_t X_t + \bar{e}_t \\
&\equiv \bar{c}_t + \widehat{X}_t \widetilde{\beta}_t + \bar{e}_t
\end{aligned} \qquad (10.23)$$

となる．ここで $\bar{c}_t \equiv c - \widehat{\beta}_{t|t-1}^2 X_t$，$\widehat{X}_t \equiv 2\widehat{\beta}_{t|t-1} X_t$ と定義される．

---

[32] この点を改良する方法として「繰り返し拡張カルマンフィルター (iterative EKF)」がある．詳しくは Simon (2006) の第IV部・第 13 章，片山 (2011) の第 5 章 5.3 節，Tanizaki (1996) の第 3 章 3.4 節などを参照．

10.5 拡張カルマンフィルターの導出過程

非線形の観測方程式と状態方程式をテーラー展開した結果は線形の状態空間モデルによく似ている．この点に注意し，拡張カルマンフィルターの導出過程を第6章の表6.2を参考にして考えてみよう．

Step 0：非線形の状態空間モデルの設定と固定パラメータの値を与える

$$\tilde{Y}_t = f(\tilde{\beta}_t) + \tilde{e}_t, \qquad \tilde{e}_t \sim N(0, \sigma_e^2)$$
$$\tilde{\beta}_t = g(\tilde{\beta}_{t-1}) + \tilde{\varepsilon}_t, \qquad \tilde{\varepsilon}_t \sim N(0, \sigma_\varepsilon^2) \qquad (10.24)$$

Step 1：状態変数の期待値と分散の $t=0$ における初期値与える

$$\hat{\beta}_{0|0} = E[\tilde{\beta}_0], \quad \hat{\Sigma}_{0|0} = Var[\tilde{\beta}_0] \qquad (10.25)$$

その上で以下の Step 2 から Step 5 までを $t=1$ から $t=T$ まで繰り返す．

Step 2：状態方程式における $g(\tilde{\beta}_{t-1})$ の $\tilde{\beta}_{t-1}$ に関する偏微分を計算しその結果を $\tilde{\beta}_{t-1} = \hat{\beta}_{t-1|t-1}$ で評価する

$$\frac{\partial g(\tilde{\beta}_{t-1})}{\partial \tilde{\beta}_{t-1}}\bigg|_{\tilde{\beta}_{t-1}=\hat{\beta}_{t-1|t-1}} = g'(\hat{\beta}_{t-1|t-1}) \qquad (10.26)$$

Step 3：状態変数と観測方程式の1期先予測値，1期先分散を計算　　状態変数の期待値の1期先予測は式 (10.24) の非線形の状態方程式を $\tilde{\beta}_{t-1} = \hat{\beta}_{t-1|t-1}$ で評価して得られる．

$$(\hat{\beta}_{t|t-1} \equiv E[\tilde{\beta}_t | \Omega_{t-1}]) = g(\tilde{\beta}_{t-1})|_{\tilde{\beta}_{t-1}=\hat{\beta}_{t-1|t-1}} + 0 = g(\hat{\beta}_{t-1|t-1}) \qquad (10.27)$$
$$\Rightarrow \boxed{\hat{\beta}_{t|t-1} = g(\hat{\beta}_{t-1|t-1})} \qquad (10.28)$$

これに対し状態変数の分散の1期先予測は，式 (10.19) あるいは式 (10.20) の線形化した状態方程式について（$t-1$ 期までの情報 Ω_{t-1} のもとでの）条件付き分散を計算することによって得られる．$\hat{d}_t$ が定数でありかつ $\tilde{\beta}_{t-1}$ と $\tilde{\varepsilon}_t$ が独立であることに注意すると，

$$\hat{\Sigma}_{t|t-1} \equiv Var(\tilde{\beta}_t | \Omega_{t-1}) = Var(\hat{d}_t + g'(\hat{\beta}_{t-1|t-1})\tilde{\beta}_{t-1} + \tilde{\varepsilon}_t | \Omega_{t-1})$$
$$= 0 + (\hat{T}_t)^2 Var(\tilde{\beta}_{t-1}|\Omega_{t-1}) + Var(\tilde{\varepsilon}_t | \Omega_{t-1})$$
$$= (\hat{T}_t)^2 \hat{\Sigma}_{t-1|t-1} + \sigma_\varepsilon^2 \qquad (10.29)$$
$$\Rightarrow \boxed{\hat{\Sigma}_{t|t-1} \approx (\hat{T}_t)^2 \hat{\Sigma}_{t-1|t-1} + \sigma_\varepsilon^2}, \qquad \hat{T}_t \equiv g'(\hat{\beta}_{t-1|t-1}) \qquad (10.30)$$

Step 4：観測変数の1期先予測と観測方程式の線形化

　観測方程式の1期先予測：　式 (10.24) の非線形の観測方程式を $\tilde{\beta}_t = \hat{\beta}_{t|t-1}$ で評価し，その期待値を計算することで得られる．つまり，以下のように求まる．

$$(\hat{Y}_{t|t-1} = E[\tilde{Y}_t | \Omega_{t-1}]|_{\tilde{\beta}_t = \hat{\beta}_{t|t-1}}) = E[f(\tilde{\beta}_t)|_{\tilde{\beta}_t = \hat{\beta}_{t|t-1}} + \tilde{e}_t | \Omega_{t-1}] = f(\hat{\beta}_{t|t-1}) \qquad (10.31)$$

観測変数の 1 期先の分散の予測式： 式（10.14）から次のように求まる．

$$Var(\widetilde{Y}_t|\Omega_{t-1}) = Var(\widehat{c}_t + \widehat{X}_t\widetilde{\beta}_t + \widetilde{e}_t|\Omega_{t-1})$$
$$= (\widehat{X}_t)^2 Var(\widetilde{\beta}_t|\Omega_{t-1}) + Var(\widetilde{e}_t|\Omega_{t-1})$$
$$= (\widehat{X}_t)^2 \widehat{\Sigma}_{t-1|t-1} + \sigma_e^2 \quad (10.32)$$
$$\Rightarrow \boxed{Var(\widetilde{Y}_t|\Omega_{t-1}) \approx (\widehat{X}_t)^2 \widehat{\Sigma}_{t-1|t-1} + \sigma_e^2}, \quad \widehat{X}_t \equiv f'(\widehat{\beta}_{t-1|t-1})$$
$$(10.33)$$

Step 5：カルマンゲインとフィルタリング公式の導出

1) カルマンゲインを求める．線形化した観測方程式（式（10.21））と線形化した状態方程式（式（10.24）），そして 1 期先観測変数の分散式（10.32）からカルマンゲインは次のように計算できる．

$$K_t = \frac{Cov(\widetilde{\beta}_t, \widetilde{Y}_t|\Omega_{t-1})}{Var(\widetilde{Y}_t|\Omega_{t-1})} = \frac{Cov(\widetilde{\beta}_t, \widehat{c}_t + \widehat{X}_t\widetilde{\beta}_t + \widetilde{e}_t|\Omega_{t-1})}{Var(\widehat{c}_t + \widehat{X}_t\widetilde{\beta}_t + \widetilde{e}_t|\Omega_{t-1})} \quad (10.34)$$

$$\Rightarrow \boxed{K_t \approx \frac{\widehat{\Sigma}_{t|t-1}\widehat{X}_t}{\widehat{\Sigma}_{t|t-1}(\widehat{X}_t)^2 + \sigma_e^2}}, \quad \widehat{X}_t \equiv f'(\widehat{\beta}_{t|t-1}) \quad (10.35)$$

2) 状態変数の期待値のフィルタリング公式を求める．線形のカルマンフィルターのフィルタリング公式

$$\boxed{\widehat{\beta}_{t|t} \approx \widehat{\beta}_{t|t-1} + K_t(y_t - \widehat{Y}_{t|t-1})} \quad (10.36)$$

において，右辺の $\widehat{\beta}_{t|t-1}$ は式（10.27）で，K_t は式（10.35）で，$\widehat{Y}_{t|t-1}$ は式（10.31）で計算されたものを用いればよい．y_t は t 期になって新たに得られた観測値である．

3) 状態変数の分散のフィルタリング公式は，線形の場合のフィルタリング公式

$$\widehat{\Sigma}_{t|t} = (1 - X_t K_t)\widehat{\Sigma}_{t|t-1} \quad (10.37)$$

において $X_t = (\widehat{X}_t \equiv f'(\widehat{\beta}_{t|t-1}))$ とし，K_t は式（10.34），$\widehat{\Sigma}_{t|t-1}$ は式（10.29）によって計算されたものを代入すればよい．したがって

$$\boxed{\widehat{\Sigma}_{t|t} \approx (1 - \widehat{X}_t K_t)\widehat{\Sigma}_{t|t-1}}, \quad \widehat{X}_t \equiv f'(\widehat{\beta}_{t|t-1}) \quad (10.38)$$

10.6　事例研究：実現ボラティリティの推定
—Tsay（2005）Example 11.1 の拡張—

Tsay（2005）は Example 11.1 において実現ボラティリティ（realized volatility）の分布がどのように変化をするかを次のようなローカルモデルによって推定しようとした．

10.6 事例研究：実現ボラティリティの推定—Tsay (2005) Example 11.1 の拡張—

$$\widetilde{Y}_t = \widetilde{\beta}_t + \tilde{e}_t, \qquad \tilde{e}_t \sim N(0, \sigma_e^2) \tag{10.39}$$
$$\widetilde{\beta}_t = \widetilde{\beta}_{t-1} + \tilde{\varepsilon}_t, \qquad \tilde{\varepsilon}_t \sim N(0, \sigma_\varepsilon^2) \tag{10.40}$$

ここで観測変数 Y_t は対数リターンの二乗で定義されている．つまり，t 日目の株価を P_t とすると対数リターンの二乗（ボラティリティ）は $\widetilde{Y}_t = (\ln(\widetilde{P}_t/P_{t-1}))^2$ で計算される．状態変数 β_t は観測雑音（noise）を除去した後の日次対数リターンの二乗と解釈すべきであるが，カルマンフィルターによる β_t の推定分布はマイナスのボラティリティが推定される可能性を排除できない．

このような問題に対して次のような非線形のローカルモデルを考えてみよう．線形のローカルモデルとの違いは観測変数の右辺の状態変数が2次式であることである．

観測方程式 $\qquad \widetilde{Y}_t = \widetilde{\beta}_t^2 + \tilde{e}_t, \qquad \tilde{e}_t \sim N(0, \sigma_e^2) \tag{10.41}$

状態方程式 $\qquad \widetilde{\beta}_t = \widetilde{\beta}_{t-1} + \tilde{\varepsilon}_t, \qquad \tilde{\varepsilon}_t \sim N(0, \sigma_\varepsilon^2) \tag{10.42}$

式（10.41）による定式化では，日次の対数リターンのボラティリティを観測することにより雑音をとり除いた対数リターンの二乗推定をおこなうことになるのでこうした問題点を避けることができる．以下で式（10.41）と式（10.42）に対してどのように拡張カルマンフィルターを適用できるかを順を追って説明をする．

Step 0： 式（10.41）と式（10.42）とからなる非線形状態空間モデルの設定と観測・状態方程式の誤差項の分散の値を与える．

Step 1： 状態変数の期待値と分散に関し $t=0$ での初期値を与える．
$$\widehat{\beta}_{0|0} = E[\widetilde{\beta}_0], \qquad \widehat{\Sigma}_{0|0} = Var[\widetilde{\beta}_0]$$

その上で以下の Step 2 から Step 5 までを $t=1$ から T まで繰り返す．

Step 2： 状態方程式を線形化する．この場合状態方程式は線形なのでそのまま用いて $g(\widehat{\beta}_{t-1|t-1}) = \widehat{\beta}_{t-1|t-1}$ となる．

Step 3： 状態変数の1期先予測をおこなう．状態方程式は線形なので以下のようになる．
$$(E[\widetilde{\beta}_t|\Omega_{t-1}] \equiv \widehat{\beta}_{t|t-1}) = \widehat{\beta}_{t-1|t-1}$$
$$(Var[\widetilde{\beta}_t|\Omega_{t-1}] \equiv \widehat{\Sigma}_{t|t-1}) = \widehat{\Sigma}_{t-1|t-1} + \sigma_\varepsilon^2$$

Step 4： 観測方程式の $\widetilde{\beta}_t = \widehat{\beta}_{t|t-1}$ で評価した偏微分係数を計算する．
$$(\widehat{X}_t \equiv f'(\widehat{\beta}_{t|t-1})) = 2\widehat{\beta}_{t|t-1}$$

Step 5： カルマンゲインと状態変数のフィルタリングを計算する．
$$K_t = \frac{\widehat{\Sigma}_{t|t-1} f'(\widehat{\beta}_{t|t-1})}{\widehat{\Sigma}_{t|t-1}(f'(\widehat{\beta}_{t|t-1}))^2 + \sigma_e^2} = \frac{2\widehat{\Sigma}_{t|t-1}\widehat{\beta}_{t|t-1}}{4\widehat{\Sigma}_{t|t-1}\widehat{\beta}_{t|t-1}^2 + \sigma_e^2}$$

$$\widehat{\beta}_{t|t} = \widehat{\beta}_{t|t-1} + K_t(y_t - \widehat{Y}_{t|t-1}) = \widehat{\beta}_{t|t-1} + K_t(y_t - \widehat{\beta}_{t|t-1}^2)$$
$$\widehat{\Sigma}_{t|t} = (1 - \widehat{X}_t K_t)\widehat{\Sigma}_{t|t-1} = (1 - 2\widehat{\beta}_{t|t-1} K_t)\widehat{\Sigma}_{t|t-1}$$

10.7 拡張カルマンフィルターの行列を用いた表現

第9章で線形の状態空間モデルとカルマンフィルターを行列で表示し説明した．ここでは「拡張」カルマンフィルターの行列表現を考えてみよう．以下では N 本の観測方程式と K 本の状態方程式があるときを示しているが，第9章の9.2.1項で示した $N=2$，$K=2$ のときに対応した結果をも示した．

Step 0： 非線形の状態空間モデルを設定し，固定パラメータ行例，例えば以下の誤差項の分散共分散行列 **H** と **Q** の値を与える．

観測方程式 $\quad \underbrace{\widetilde{\mathbf{Y}}_t}_{(N\times1)} = \underbrace{\mathbf{f}(\widetilde{\boldsymbol{\beta}}_t)}_{(N\times1)} + \underbrace{\widetilde{\mathbf{e}}_t}_{(N\times1)}, \quad \underbrace{\widetilde{\mathbf{e}}_t}_{(N\times1)} \sim N(\underbrace{\mathbf{0}}_{(N\times1)}, \underbrace{\mathbf{H}}_{(N\times N)})$ (10.43)

状態方程式 $\quad \underbrace{\widetilde{\boldsymbol{\beta}}_t}_{(K\times1)} = \underbrace{\mathbf{g}(\widetilde{\boldsymbol{\beta}}_{t-1})}_{(K\times1)} + \underbrace{\widetilde{\boldsymbol{\varepsilon}}_t}_{(K\times1)}, \quad \underbrace{\widetilde{\boldsymbol{\varepsilon}}_t}_{(K\times1)} \sim N(\underbrace{\mathbf{0}}_{(K\times1)}, \underbrace{\mathbf{Q}}_{(K\times K)})$ (10.44)

例えば $N=2$ の場合，式（10.43）の観測方程式とその誤差項を次のように表すことができる．

$$\underbrace{\begin{bmatrix}\widetilde{Y}_{1,t}\\ \widetilde{Y}_{2,t}\end{bmatrix}}_{(2\times1)} = \underbrace{\begin{bmatrix}f_1(\widetilde{\boldsymbol{\beta}}_t)\\ f_2(\widetilde{\boldsymbol{\beta}}_t)\end{bmatrix}}_{(2\times1)} + \underbrace{\begin{bmatrix}\widetilde{e}_{1,t}\\ \widetilde{e}_{2,t}\end{bmatrix}}_{(2\times1)}, \quad E[\widetilde{\mathbf{e}}_t] = \underbrace{\begin{bmatrix}0\\ 0\end{bmatrix}}_{(2\times1)}, \quad Var(\widetilde{\mathbf{e}}_t) = \mathbf{H} = \underbrace{\begin{bmatrix}h_{11} & h_{12}\\ h_{21} & h_{22}\end{bmatrix}}_{(2\times2)}$$

$K=2$ のときの状態方程式についても同様にして，

$$\underbrace{\begin{bmatrix}\widetilde{\beta}_{1,t}\\ \widetilde{\beta}_{2,t}\end{bmatrix}}_{(2\times1)} = \underbrace{\begin{bmatrix}g_1(\widetilde{\beta}_{1,t-1})\\ g_2(\widetilde{\beta}_{2,t-1})\end{bmatrix}}_{(2\times1)} + \underbrace{\begin{bmatrix}\widetilde{\varepsilon}_{1,t}\\ \widetilde{\varepsilon}_{2,t}\end{bmatrix}}_{(2\times1)}, \quad E[\widetilde{\boldsymbol{\varepsilon}}_t] = \underbrace{\begin{bmatrix}0\\ 0\end{bmatrix}}_{(2\times1)}, \quad Var(\widetilde{\boldsymbol{\varepsilon}}_t) = \mathbf{Q} = \underbrace{\begin{bmatrix}q_{11} & q_{12}\\ q_{21} & q_{22}\end{bmatrix}}_{(2\times2)}$$

Step 1： 状態変数の期待値ベクトルと分散共分散行列について初期値を与える．

$$\underbrace{E[\widetilde{\boldsymbol{\beta}}_0]}_{(K\times1)} = \underbrace{\widehat{\boldsymbol{\beta}}_{0|0}}_{(K\times1)}, \quad \underbrace{Var[\widetilde{\boldsymbol{\beta}}_0]}_{(K\times K)} = \underbrace{\widehat{\boldsymbol{\Sigma}}_{0|0}}_{(K\times K)}$$

その上で以下の Step 2 から Step 5 までを $t=1$ から T まで繰り返す．

Step 2： 状態方程式を線形化する．式（10.44）をテーラー展開し，1次の項だけを考えると次のようになる．

$$\widetilde{\boldsymbol{\beta}}_t = \widehat{\mathbf{d}}_t + \mathbf{G}(\widehat{\boldsymbol{\beta}}_{t-1|t-1})(\widetilde{\boldsymbol{\beta}}_{t-1} - \widehat{\boldsymbol{\beta}}_{t-1|t-1}) + \widetilde{\boldsymbol{\varepsilon}}_t \quad (10.44)'$$

ここで，右辺の $\mathbf{G}(\widehat{\boldsymbol{\beta}}_{t-1|t-1})$ は，$K=2$ の場合も合わせて表現すると

$$\underbrace{\mathbf{G}(\widehat{\boldsymbol{\beta}}_{t-1|t-1})}_{(K\times K)} \equiv \frac{\partial \mathbf{g}(\widetilde{\boldsymbol{\beta}}_{t-1})}{\partial \widetilde{\boldsymbol{\beta}}_{t-1}}\bigg|_{\widetilde{\boldsymbol{\beta}}_{t-1}=\widehat{\boldsymbol{\beta}}_{t-1|t-1}} = \begin{bmatrix} \dfrac{\partial g_1(\widetilde{\boldsymbol{\beta}}_{t-1})}{\partial \widetilde{\beta}_{1,t-1}} & \dfrac{\partial g_1(\widetilde{\boldsymbol{\beta}}_{t-1})}{\partial \widetilde{\beta}_{2,t-1}} \\ \dfrac{\partial g_2(\widetilde{\boldsymbol{\beta}}_{t-1})}{\partial \widetilde{\beta}_{1,t-1}} & \dfrac{\partial g_2(\widetilde{\boldsymbol{\beta}}_{t-1})}{\partial \widetilde{\beta}_{2,t-1}} \end{bmatrix}_{|\widetilde{\boldsymbol{\beta}}_{t-1}=\widehat{\boldsymbol{\beta}}_{t-1|t-1}}$$

ちなみに，行列 $\mathbf{G}$ をヤコビアン（Jacobian）行列と呼ぶ．$\mathbf{G}(\widehat{\boldsymbol{\beta}}_{t-1|t-1})$ はスカラー表現（式（10.22））の $\widehat{T}_t$ に相当する．$\widehat{\mathbf{d}}_t$ はスカラー表現（式（10.22））の $\widehat{d}_t$ に相当する非確率項である．

Step 3： 状態変数ベクトルの期待値と分散共分散行列の1期先予測をおこなう．期待値ベクトルに関しては線形化をおこなう前の非線形の状態方程式の式（10.44）を用いて条件付き期待値を計算する．右辺の値を $\widetilde{\boldsymbol{\beta}}_{t-1}=\widehat{\boldsymbol{\beta}}_{t-1|t-1}$ で評価し1期先予測値とする．

$$\underbrace{\widehat{\boldsymbol{\beta}}_{t|t-1}}_{(K\times 1)} = E[\widetilde{\boldsymbol{\beta}}_t|\Omega_{t-1}] = E[\mathbf{g}(\widetilde{\boldsymbol{\beta}}_{t-1})+\boldsymbol{\varepsilon}_t|\Omega_{t-1}] = \underbrace{\mathbf{g}(\widehat{\boldsymbol{\beta}}_{t-1|t-1})}_{(K\times 1)} \tag{10.45}$$

ここから観測変数の1期先予測値は

$$\underbrace{\widehat{\mathbf{Y}}_{t|t-1}}_{(N\times 1)} = E[\widetilde{\mathbf{Y}}_t|\Omega_{t-1}] = E[\mathbf{f}(\widetilde{\boldsymbol{\beta}}_t)|\Omega_{t-1}] = \underbrace{\mathbf{f}(\widehat{\boldsymbol{\beta}}_{t|t-1})}_{(N\times 1)} \tag{10.46}$$

となる．状態変数の分散共分散行列の1期先予測値は式（10.44）′の線形化した状態方程式から

$$\underbrace{\widehat{\boldsymbol{\Sigma}}_{t|t-1}}_{(K\times K)} = \underbrace{\mathbf{G}_{t-1}}_{(K\times K)} \underbrace{\widehat{\boldsymbol{\Sigma}}_{t-1|t-1}}_{(K\times K)} \underbrace{\mathbf{G}'_{t-1}}_{(K\times K)} + \underbrace{\mathbf{Q}}_{(K\times K)} \tag{10.47}$$

となる．

Step 4： 観測方程式の線形化 $\widetilde{\boldsymbol{\beta}}_t=\widehat{\boldsymbol{\beta}}_{t|t-1}$ で評価した観測方程式の偏微分係数を計算する．式（10.43）の観測方程式の非線形項 $\mathbf{f}(\widetilde{\boldsymbol{\beta}}_t)$ を $\widetilde{\boldsymbol{\beta}}_t$ で偏微分し，その結果を上の式（10.45）で得られた条件付き期待値 $\widehat{\boldsymbol{\beta}}_{t-1|t-1}$ で評価し行列 $\mathbf{F}_t$ とする．例えば $N=2$ の場合と合わせて結果を示すと，

$$\underbrace{\mathbf{F}_t}_{(N\times K)} \equiv \frac{\partial \mathbf{f}(\widetilde{\boldsymbol{\beta}}_t)}{\partial \widetilde{\boldsymbol{\beta}}_t}\bigg|_{\widetilde{\boldsymbol{\beta}}_t=\widehat{\boldsymbol{\beta}}_{t|t-1}} = \begin{bmatrix} \dfrac{\partial f_1(\widetilde{\boldsymbol{\beta}}_t)}{\partial \widetilde{\beta}_{1,t}} & \dfrac{\partial f_1(\widetilde{\boldsymbol{\beta}}_t)}{\partial \widetilde{\beta}_{2,t}} \\ \dfrac{\partial f_2(\widetilde{\boldsymbol{\beta}}_t)}{\partial \widetilde{\beta}_{1,t}} & \dfrac{\partial f_2(\widetilde{\boldsymbol{\beta}}_t)}{\partial \widetilde{\beta}_{2,t}} \end{bmatrix}_{\widetilde{\boldsymbol{\beta}}_t=\widehat{\boldsymbol{\beta}}_{t|t-1}}$$

である．

Step 5： フィルタリング公式を計算する．t 期になって新しい観測変数の実現値ベクトル $\mathbf{y}_t$ を得て次のようなフィルタリング計算をおこなう．

予測誤差ベクトル	$\underbrace{\mathbf{v}_t}_{(N\times1)} = \underbrace{\mathbf{y}_t}_{(N\times1)} - \underbrace{\mathbf{f}(\widehat{\boldsymbol{\beta}}_{t|t-1})}_{(N\times1)}$	(10.48)
予測誤差の共分散行列	$\underbrace{\mathbf{V}_t}_{(N\times N)} = \underbrace{\mathbf{F}_t}_{(N\times K)} \underbrace{\widehat{\boldsymbol{\Sigma}}_{t|t-1}}_{(K\times K)} \underbrace{\mathbf{F}'_t}_{(K\times N)} + \underbrace{\mathbf{H}}_{(N\times N)}$	(10.49)
カルマンゲイン行列	$\underbrace{\mathbf{K}_t}_{(K\times N)} = \underbrace{\widehat{\boldsymbol{\Sigma}}_{t|t-1}}_{(K\times K)} \underbrace{\mathbf{F}'_t}_{(K\times N)} + \underbrace{\mathbf{V}_t^{-1}}_{(N\times N)}$	(10.50)
状態変数の期待値ベクトル	$\underbrace{\widehat{\boldsymbol{\beta}}_{t|t}}_{(K\times1)} = \underbrace{\widehat{\boldsymbol{\beta}}_{t|t-1}}_{(K\times1)} + \underbrace{\mathbf{K}_t}_{(K\times N)}(\underbrace{\mathbf{y}_t}_{(N\times1)} - \underbrace{\mathbf{f}(\widehat{\boldsymbol{\beta}}_{t|t-1})}_{(N\times1)})$	(10.51)
状態変数の共分散行列	$\underbrace{\widehat{\boldsymbol{\Sigma}}_{t|t}}_{(K\times K)} = (\underbrace{\mathbf{I}}_{(K\times K)} - \underbrace{\mathbf{K}_t}_{(K\times N)}\underbrace{\mathbf{F}_t}_{(N\times K)})\underbrace{\widehat{\boldsymbol{\Sigma}}_{t|t-1}}_{(K\times K)}$	(10.52)

10.8 事例研究:確率インプライド・ボラティリティの推定

日経平均オプション契約を例にとって①オプション契約とは何か,②その価値(あるべき価格)を示すオプション価格決定モデルとして有名なブラック=ショールズ・モデルとは何かを説明し,③ブラック=ショールズ・モデルと拡張カルマンフィルターを用いて,日経平均オプション価格の市場価格からどのようにして未知のパラメータである「時間とともに確率的に変動するボラティリティ」を推定できるかを示す.

10.8.1 オプションとは?

オプション[34]は契約である.したがってオプション価格を決めるとは契約の価値を決めることにほかならない.オプションは,①契約の対象になる物やサービス(原資産と呼ぶ)を,②決められた期限に(あるいは期限までに),③あらかじめ決めた価格(行使価格と呼ぶ)で,④買う(コール),あるいは売る(プット)ことができる「権利」である.

権利であることは,オプション契約の「買い」をおこなった人にとっては,契約内容が自分にとって有利なときにオプション契約を実行できることを意味する.例えば,小学校と中学校で勉強をすることは「義務」であって「権利」ではない.勉強の好き嫌いにかかわらず小学校と中学校には行かなければいけない.

---

[34] オプションとオプション価格決定モデルに関するより直観的な説明とその事例については森平(2011)第3章を参照されたい.

10.8 事例研究：確率インプライド・ボラティリティの推定

一方で高校や大学への進学は権利である．一定の能力と経済力（行使価格）をもっている人で，勉強したい人は，高校や大学で勉強する権利を有している．

日経平均オプションを例にとって考えてみよう．表 10.2 は 2011 年 3 月 10 日木曜日（東日本大震災の前日）と 3 月 14 日月曜日のオプション価格とそれに影響する 5 つの要因について示したものである．いずれのオプションも行使価格 K が 10,500 円，満期が 2011 年 6 月 10 日（金曜日）である．満期までの年数や金利などもほとんど同じである．異なっているのは，オプション契約の対象になる日経平均株価指数の価格が 3 月 10 日（木曜日）には 10,434 円であったのが翌週月曜日には 9,620 円と 814 円も暴落したことである．

表 10.2 東日本大震災の前日と週明け月曜日のオプション価格と，それに影響する要因

	オプションのタイプ	日経平均オプション価格	日経平均株価指数価格 S	行使価格 K	満期までの年数 T	金利 r_F	インプライド・ボラティリティ σ
2011 年 3 月 10 日（木）	コール：C	270 円	10,434 円	10,500 円	0.252055	0.001925	0.179
	プット：P	635 円	10,434 円	10,500 円	0.252055	0.001925	0.210
2011 年 3 月 14 日（月）	コール：C	12 円	9,620 円	10,500 円	0.241096	0.002000	0.199
	プット：P	1,140 円	9,620 円	10,500 円	0.241096	0.002000	0.307

最後の列のボラティリティはブラック＝ショールズ・モデルによって逆算されたボラティリティであるため，オプションごとに違う値をとる．

行使価格 10,500 円のコールオプションを 270 円で 1 株買ったことは，満期日である 3 ヶ月後の 6 月 10 日の日経平均株価指数がいくらであっても，それを 1 株 10,500 円で買う「権利」をもっていることを意味する．もし 3 ヶ月後に日経平均が 10,500 円以上，例えば 11,000 円になれば，高くなった日経平均を安く（10,500 円で）買い取ることができる．もし，10,500 円以下になれば権利を放棄すればよい．損失はこのオプションの購入費用 270 円に限定される．しかし実際には，このコールオプションは週明け月曜日には 12 円に暴落している．東日本大震災とそれに伴う福島第 1 原発事故により 3 ヶ月後の日経平均が値下がりすることを反映しているからである．

これに対し，行使価格 10,500 円のプットオプションとは，3 ヶ月後に日経平均一株をプットオプションを売った人に「押売り」する「権利」を意味する．プットオプションの価格は震災直前には 635 円であったのが週明けの月曜日には 2 倍近くの 1,140 円に急激な値上りを示している．このことが何を意味するのかは明らかであろう．

10.8.2 ブラック＝ショールズ・モデル

オプション価格決定モデルとはオプション契約の価値がいくらになるかを示したものである．そのなかでも最も有名なものが Black and Scholes (1973) による次のようなブラック＝ショールズ・モデルである．

$$C_t = S_t N(d_1) - Ke^{-r_F(T-t)} N(d_2) \tag{10.53}$$

ここで
$$d_1 \equiv \frac{1}{\sigma\sqrt{T-t}}\left(\ln\left(\frac{S_t}{K}\right) + \left(r_F + \frac{\sigma^2}{2}\right)(T-t)\right) \tag{10.54}$$

$$d_2 \equiv d_1 - \sigma\sqrt{T-t}$$

モデルを構成する変数とパラメータの意味は次のとおりである．C_t は現在時点 t 期のコールオプション価格（日経平均コールオプション価格），S_t は t 期の原資産価格（日経平均株価指数値），K は権利行使価格，T はオプション契約の満期日，$T-t$ は満期日までの年数，r_F はリスクフリーレート（年あたり金利），σ は原資産の投資収益率の標準偏差（ボラティリティ），$N(\ )$ は平均ゼロ，分散1の正規分布の分布関数である．

1) インプライド・ボラティリティ： 式（10.53）と式（10.54）で示したブラック＝ショールズ・モデルの右辺の5つの変数に具体的な数値を代入すればコールオプションの理論価格を計算することができる．この5つのなかで，未知のものはボラティリティ σ，つまり原資産のボラティリティだけである．ボラティリティ σ は原資産の価格変化率であるが，それは過去の価格変化率の変動でなく，オプション満期時点（$t=T$）つまり将来の価格変動の大きさを示したものである．

しかしよく知られているように，方程式の数と未知数の数が等しければそのことを利用して未知数の値を知ることができる．ここではブラック＝ショールズ・モデルが1つ，未知数としてボラティリティが1つあるので，未知数であるボラティリティの推定をおこなうことができる．具体的には，右辺のほかの4つの変数（S_t, K, T, r_F）の具体的な値と左辺のコールオプション価格 C_t の値を，ブラック＝ショールズ・モデルに与えれば，未知数であるボラティリティ σ の値を繰り返し計算によって知ることができる．これを，オプション価格が意味するボラティリティ (implied volatility) と呼び，過去の原資産（日経平均株価指数）価格の変化率の標準偏差として計算されるヒストリカル・ボラティリティと区別する．

2) 数値例： 表10.2の最後の列はコールオプションの価格から計算されたインプライド・ボラティリティである．言い換えれば，式（10.53）および式

(10.54) において
$$270 = 10434 N(d_1) - 10500 e^{-0.001925(0.252055)} N(d_2)$$
$$d_1 \equiv \frac{1}{\sigma\sqrt{0.252055}}\left(\ln\left(\frac{10434}{10500}\right) + \left(0.001925 + \frac{\sigma^2}{2}\right)(0.252055)\right)$$
$$d_2 \equiv d_1 - \sigma\sqrt{0.252055}$$
として,これを σ に関して解くと $\sigma = 0.179$ を得る.

10.8.3 拡張カルマンフィルターの適用:確率インプライドボラティリティの推定

確率変動するインプライド・ボラティリティ $\tilde{\sigma}_t$ の推定は次のような非線形の状態空間モデルによって推定できる.

観測方程式 　　$\tilde{C}_t = C_t^M + \tilde{e}_t$ 　　　　　　　　　　　　(10.55)

状態方程式 　　$\tilde{\sigma}_t = \tilde{\sigma}_{t-1} + \tilde{\varepsilon}_t$ 　　　　　　　　　　　　(10.56)

ここで C_t^M は式 (10.53) と式 (10.54) で示されたブラック=ショールズ・モデル式で計算されたコールオプションの理論 (M:モデル) 価格である[35]. 式 (10.56) の状態方程式は,状態変数である確率変動するインプライド・ボラティリティがランダムウォークすることを表現したものである[36].

1) 線形性は仮定できるか? 　拡張カルマンフィルターを適用するためには,観測方程式を状態変数に関してテーラー展開できることが必要であった. この点を確かめるために,ブラック=ショールズ・モデルとボラティリティ σ の間の線形性を確認しておく必要があろう. 図 10.2 は横軸にボラティリティを 0 から 100% までとり,縦軸にブラック=ショールズ・モデルによって計算したコールオプション価格を示した. おおむねボラティリティとコール価格の間には線形の関係があるので,拡張カルマンフィルターを適用できると判断できる.

2) ベガ (v): 　ボラティリティが 1% 増加したときにオプション価格がいくら増加するかを示すのがベガ (v) である. ブラック=ショールズ・モデルであ

---

[35] 式 (10.55) の観察方程式を $\tilde{C}_t = C_t^M \exp\{\tilde{e}_t\}$ とし,両辺の対数をとって $\ln\tilde{C}_t = \ln C_t^M + \tilde{e}_t$ としたほうがよいかもしれない. このようにすることにより推定された観察変数であるオプションの市場価格の推定値がマイナスになる可能性を排除できるが,非線形性の程度が高くなるという欠点がある.

[36] ボラティリティがマイナスになることや,リーマン・ショックがおきたときや東日本大震災がおきたときのような非常時を除けばボラティリティ 100% 以上になることはないので,平均回帰傾向 $\Delta\tilde{\sigma}_t = a(b - \tilde{\sigma}_{t-1}) + \tilde{\varepsilon}_t$ を示すようにしたほうがよいかもしれない. ただしここで b はボラティリティの長期平均,a は平均回帰の強さを示す. 通常日経平均のボラティリティは年率で 20% 程度でありそれから大きく乖離することは少ない.

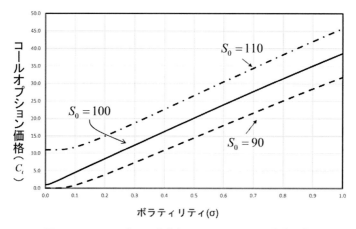

図 10.2 コールオプション価格とボラティリティの関係（ベガ）

る式（10.53）をボラティリティで偏微分した偏微分係数がベガに相当する．言い換えればベガは図 10.2 の直線の傾きに相当する．ベガの計算結果は次のようになる．

$$\frac{\partial C_t^M}{\partial \sigma} = S_t \sqrt{T-t}\, N'(d_1) \tag{10.57}$$

ここで $\quad N'(d_1) = \dfrac{\partial N(d_1)}{\partial d_1} = n(d_1) = \dfrac{1}{\sqrt{2\pi}} \exp\left\{-\dfrac{d_1^2}{2}\right\}$

は標準正規分布の分布関数を微分したものでありその密度関数を示す．

3）ブラック＝ショールズ・モデルのテーラー展開： この結果を用いてブラック＝ショールズ・モデルをボラティリティに関してテーラー展開し1次の項のみをとり結果を $\bar{\sigma}_t = \hat{\sigma}_{t|t-1}$ で評価すると次のようになる．

$$C_t^M \approx C_t^M(\hat{\sigma}_{t|t-1}) + S_t \sqrt{T-t}\, n(d_1(\hat{\sigma}_{t|t-1}))(\bar{\sigma}_t - \hat{\sigma}_{t|t-1}) \tag{10.58}$$

ここで $\quad C_t^M(\hat{\sigma}_{t|t-1}) = S_t N(d_1(\hat{\sigma}_{t|t-1})) - K e^{-r(T-t)} N(d_1(\hat{\sigma}_{t|t-1}) - \hat{\sigma}_{t|t-1}\sqrt{T-t})$

$$d_1(\hat{\sigma}_{t|t-1}) = \frac{1}{\hat{\sigma}_{t|t-1}\sqrt{T-t}}\left(\ln\left(\frac{S_t}{K}\right) + \left(r + \frac{(\hat{\sigma}_{t|t-1})^2}{2}\right)(T-t)\right)$$

$n(d_1(\hat{\sigma}_{t|t-1}))$ は式（10.54）の d_1 を $\hat{\sigma}_{t|t-1}$ で評価したときの標準正規分布関数の密度関数の値であり定数である．

一見すると複雑な結果を得たようであるが，式（10.58）を次のように整理すると，

$$C_t^M \approx C_t^M(\tilde{\sigma}_{t|t-1}) + S_t\sqrt{T-t}\,n(d_1(\tilde{\sigma}_{t|t-1}))(\tilde{\sigma}_t - \tilde{\sigma}_{t|t-1})$$
$$= \{C_t^M(\tilde{\sigma}_{t|t-1}) - S_t\sqrt{T-t}\,n(d_1(\tilde{\sigma}_{t|t-1}))\tilde{\sigma}_{t|t-1}\} + S_t\sqrt{T-t}\,n(d_1(\tilde{\sigma}_{t|t-1}))\tilde{\sigma}_t$$
$$= \tilde{c}_t + f'(\tilde{\sigma}_{t|t-1})\tilde{\sigma}_t \tag{10.59}$$

を得る．ここで $\tilde{c}_t \equiv C_t^M(\tilde{\sigma}_{t|t-1}) - S_t\sqrt{T-t}\,n(d_1(\tilde{\sigma}_{t|t-1}))\tilde{\sigma}_{t|t-1}$，かつ $f'(\tilde{\sigma}_{t|t-1}) \equiv S_t\sqrt{T-t}\,n(d_1(\tilde{\sigma}_{t|t-1}))$ は式（10.57）で定義したベガである．

以上の結果から<u>線形化</u>した状態空間モデルを次のように簡潔に表現できる．

観測方程式　　$\tilde{C}_t = \tilde{c}_t + S_t\sqrt{T-t}\,n(d_1(\tilde{\sigma}_{t|t-1}))\tilde{\sigma}_t + \tilde{e}_t$ 　　(10.60)

状態方程式　　$\tilde{\sigma}_t = \tilde{\sigma}_{t-1} + \tilde{\varepsilon}_t$ 　　(10.61)

観測方程式における $\tilde{c}_t$（式）は $\tilde{\sigma}_{t|t-1}$ 複雑に関する複雑な関数であるが，すでに説明したようにカルマンフィルターの計算にあたっては何ら影響をしないことに注意しなければならない．

【文 献 解 題】

拡張カルマンフィルターについては非線形の状態空間モデルに関する多くの書籍で触れられている．例えば，Simon（2006）の第Ⅳ部，片山（1983，2011），足立（2012），丸田（2012），Tanizaki（1996）などを参照してほしい．

拡張カルマンフィルターを用いてオプション価格から不確実に変化をする金利（リスクフリーレート）を状態変数としてオプション価格の予測をおこなった研究に Huang, Wang, Li, Lee, Chang and Pan（2013）がある．Huang らはカルマンフィルターとニューラルネット，カルマンフィルターと SVM（サポートベクターマシン）などの機械学習手法とを組み合わせて予測精度を上げようとしている．また，ブラック＝ショールズ・モデルのインプライド・ボラティリティ推定に拡張カルマンフィルターを適用したものとして Liao（2004）がある．Liao（2004）は EM アルゴリズムを用いている点がこの章での説明と異なっている．しかしブラック＝ショールズ・モデルではボラティリティを定数と仮定しているので，ボラティリティと原資産価格がともに相関をもって確率変数であるときのモデル，例えば Heston（1993）のモデルに対してカルマンフィルターを適用しなければならない．そうした試みとして Do（2008）や Forbes, Martin and Wright（2007）がある．また，拡張カルマンフィルターを用いて Brady 債の価格から国の破綻（デフォルト）確率を推定しようとした研究に Claessens and Pennacchi（1996）がある．

II

カルマンフィルターの応用

11

応用上の問題点と解決法

> **この章で何を学ぶのか？**
> 1. 状態空間モデルをカルマンフィルターによって推定することは，ほかの統計学や計量経済学の手法と比べ容易ではない．カルマンフィルターの適用にあたり直面する問題点を明らかにするとともにその「処方箋」を示す．
> 2. カルマンフィルターによる推定結果の「良さ，正しさ」を分析するためのいくつかの手法を学ぶ．

11.1 はじめに

カルマンフィルターによる状態空間モデルの推定は難しい．とりわけ計算が収束しない場合があること，固定パラメータの係数の分散共分散行列の計算が困難である場合が多々ある．また固定パラメータの当てはまり（有意性）が極端に良いことがあるが，そのことは必ずしも状態空間モデルの定式化が正しいことを意味しない．

これに対し，例えば独立変数が2つの場合の線形回帰分析，

$$\widetilde{Y}_t = c + \beta_1 X_{1,t} + \beta_2 X_{2,t} + \tilde{e}_t$$

において係数 $\hat{c}$, $\hat{\beta}_1$, $\hat{\beta}_2$ と誤差項の標準誤差である $\hat{\sigma}_e$ の期待値とその標準誤差の推定値を得ることは「明らかな間違い」をおかさない限り難しくない．「明らかな間違い」とは推定すべきパラメータの個数に対して十分な数のデータを用いていないこと，独立変数 $X_{1,t}$ と $X_{2,t}$ の間に強い相関（多重共線性）が存在することなどである．こうした問題がないからといって望ましい条件（例えば第7章で議論した最良不偏推定量基準）を満たすパラメータ推定値を得たことにはならないが，とにかく係数の期待値とその標準誤差（あるいはその t 値や p 値）の計算結果を得ることはできる．

繰り返しになるが，カルマンフィルターにより状態変数を推定し，固定パラメータの推定をおこなう場合様々な問題が生じる．そこでこの章では，カルマンフィルターの適用にあたって，①どのような問題が生じ，②生じた問題に対しどのように対処したらよいかを説明する．実際には全ての問題に対して唯一絶対の解決方法はない．その意味でカルマンフィルターを用いた実証分析やモデリングは，しっかりとした理論が背後にある"Science"（科学）であるが，その応用にあたっては"Art"（技術）の側面があることに注意しなければならない．第Ⅰ部で説明した，①カルマンフィルターの理論と，②固定パラメータ推定のための最尤法の理論についての理解をもとに個々の問題に対し適切な対処法を考える．

11.2 検討すべき問題点

状態変数の推定あるいは最尤法による固定パラメータの推定がうまくいかなかった場合，次のような順番で，考えられる問題点に対応をする必要がある．

11.2.1 入力データの問題

$t=1, 2, \cdots, N$ について観察変数 $y_1, y_2, \cdots, y_N$ や説明変数 $X_{1,t}, X_{2,t}, \cdots, X_{K,t}$ に①欠損値がないか，②入力値に間違いがないか，③桁数が大きく異なるデータが混在していないか，④多重共線性がないのか，といった点を確認する．

カルマンフィルターは欠損値があっても補完することができるが，計算パッケージによっては欠損値を許容しないものもある．

「入力値に間違いがある」と，「桁数の大きく異なるデータや変数が混在している」場合と同様，数値計算上の誤差が累積しカルマンフィルターの計算が収束しないこと，固定パラメータの推定が難しいことがある．回帰分析などの計算にあたっては入力データの桁数に大きな違いがあっても数値計算誤差が生じないように前処理をおこなう統計計算ソフトもあるが，カルマンフィルターの適用にあたってはこの点に注意すべきである[1]．

多重共線性と呼ばれる2つの説明変数間の強い相関があることはそうした2つの変数を同時に用いる必要がないことを意味する．また，カルマンフィルターの場合も多重共線性があると固定パラメータの分散共分散行列の計算が不安定にな

---

[1] カルマンフィルターの推定における「桁落ち」問題に対して平方根フィルター（factored（square-root）filter）を適用することが提唱されている．平方根フィルターの詳細については例えばGibbs（2011）を参照．

る．カルマンフィルターを適用する前に説明変数間の相関行列を計算して問題を把握しておく必要がある．

11.2.2 モデル設定の問題

状態空間モデルは観測方程式と状態方程式からなる．そのため，分析対象をこの2つで説明できなければいけない．したがって分析の対象になる状態空間モデルが現実と大幅に異なっていれば，カルマンフィルターを用いても状態変数と固定パラメータの推定はうまくいかない．しかし，モデルを現実に適合するように複雑にすればよいかというと一概にそうとはいえない．次の2点を念頭に，適切なモデル設定をおこなうべきである．

1) 簡単なモデルから複雑なモデルへ： 妥当な方法は，簡単なモデルから出発し少しずつモデルの複雑度を上げていくことである．例えば，次のようなことが考えられる．①観測方程式（変数）と状態方程式（変数）の数を最初は少なくして，その後少しずつモデルの複雑度を上げていく．②状態方程式の定式化についても第4章で述べたように単純なランダムウォークから平均回帰までいくつかのものがあるが，最初から複雑な平均回帰モデルを試すのでなく，ランダムウォークモデルから出発し，少しずつ状態方程式を複雑にする．③状態空間モデルの推定で一番問題になるのが観測・状態方程式の誤差項の分散・共分散行列の推定における初期値の設定方法である．

2) 理論に支えられた状態空間モデルの必要性： 状態空間モデルの背後には分析の枠組みを決定する理論があるはずである．理論を無視した当てはめの良さだけを追求する統計モデルに陥ってはならない．よく考えられた理論は現実をそれなりに説明できるはずである．また，カルマンフィルターは「状態変数」に関して線形であることが前提条件としてある．この点を満たさない非線形モデルに対し無理に線形モデルを当てはめてもうまくいかない．

11.2.3 観測誤差と状態誤差推定の問題

カルマンフィルターによる固定パラメータの推定で最も難しいのが観測方程式と状態方程式の誤差項の分散の推定である．この問題を考えてみよう．

1) 誤差項が満たすべき仮定： 背後にある理論で説明できない部分が観測方程式の誤差や状態方程式の誤差項である．また理論が状態空間モデルによって適切に表現できていれば誤差項は正規分布に従うはずである[2]．また第6章の6.5節で説明したように固定パラメータの推定にあたっては予測誤差の正規性（つま

り誤差項の正規性) が最尤法を用いる場合の前提になっている．もちろん第7章の7.3節以降に示したようにカルマンフィルターの導出と適用は誤差項の正規性に依存していない．また誤差項が正規分布に従っていない場合の最尤法である準最尤法 (quasi (pseudo)-maximum likelihood) は適切な前提条件を満たせば最尤推定値を得ることができる．しかしそうであっても，誤差項が正規分布に従っているかどうかを検討することが重要である．

また誤差項に系列相関があることは定式化に誤りがある可能性を示唆している．系列相関の問題は計量経済学で多くのことが議論されているが，それが生じているのは，①観測方程式と状態方程式が状態変数に関して「線形」であるという仮定が満たされていないのに線形モデルを当てはめているあるいは，②観測あるいは状態方程式の右辺にあるべき変数が存在していない (特定化誤差：specification error) ということが生じているからである．誤差項に系列相関がある場合はモデルの定式化を再検討すべきである[3]．

2) 観測誤差と状態誤差との相関を仮定した状態空間モデルを考える： それぞれの誤差は意味が違うため本来は相関がないと考えることもできる．もし誤差項間に強い相関がある場合には，観測方程式と状態方程式の定式化に誤りがある可能性がある．そうでないとしたら，相関が生じる十分な理由，例えば「観察できない要因が観測・状態誤差の両方に同時に影響を与えている」などの理由が必要になろう[4]．観測方程式と状態方程式が，それぞれ複数になれば誤差項間に相関を考えることができるが，この場合であっても同様な検討が必要になる．

3) 過小な誤差分散は何を意味するのか？： 以下の式 (11.1) と式 (11.2) で示されるローカルモデルによってこの問題を考えてみよう．

観測方程式　　　$\widetilde{Y}_t = \widetilde{\beta}_t + \tilde{e}_t$ 　　　(11.1)

状態方程式　　　$\widetilde{\beta}_t = \widetilde{\beta}_{t-1} + \tilde{\varepsilon}_t$ 　　　(11.2)

ローカルモデルで推定すべき固定パラメータは観測方程式の誤差項 $\tilde{e}_t$ の標準誤差 σ_e と状態方程式の誤差項の標準誤差 σ_ε の2つである．カルマンフィルターを適用した結果，観測誤差や状態誤差の標準誤差が極めて小さい結果を得ることがある．一見すると通常の線形分析による推定結果からの類推をもって当てはま

---

[2] 正規分布は誤差分布として「発見」されたことを思い出そう．詳しくは蓑谷 (2012) の第5章の5.3節から5.6節を参照のこと．

[3] 例えば観測・状態方程式で ARCH/GARCH 構造を取り込むことが必要かもしれない．

[4] 例えば為替予測の誤差と為替リスクプレミアムをカルマンフィルターによって分析した Cheng (1993) では，誤差項間の相関を考えている．

りのよい結果が得られたように思えるが，このことは必ずしも線形の状態空間モデルの適用が正しいことを意味しない．

観測誤差が極めて小さい，極端な場合 $\sigma_e=0$ としたときの式（11.2）の状態方程式を式（11.1）の観測方程式に代入すれば，

$$\tilde{Y}_t = \tilde{\beta}_{t-1} + \tilde{\varepsilon}_t$$

となる．このモデルは大まかにいって $\tilde{Y}_t$ の一階の自己回帰モデル $\tilde{Y}_t = \tilde{Y}_{t-1} + \tilde{\varepsilon}_t$ を意味する．このとき $\tilde{Y}_t = a Y_{t-1} + \tilde{\varepsilon}_t$ という一階の自己回帰モデル AR(1) モデルを自己回帰係数 a が1であるかどうかを推定したほうがよい．

あるいは，式（11.2）の状態方程式の観測誤差項 ε_t の分散 σ_ε が極めて小さいことがある．このことは $(\beta_t = \beta_{t-1} + 0) \equiv \beta$ を意味するので $\beta_t = \beta$ を観測方程式に代入すれば，

$$\tilde{Y}_t = \beta + \tilde{\varepsilon}_t$$

を得る．つまり，通常の線形回帰分析によって定数項 β，すなわち Y の平均値を推定すればよい．

カルマンフィルターを適用することは，観測変数が不確実な未知の状態変数 β_t と観測誤差 e_t からなること，観測変数に関する確率差分方程式を前提に分析がおこなわれる．観測誤差がないあるいは状態変数の不確実性がないモデルも状態空間モデルの1つであるが，その場合はほかのより簡単でかつ推計が容易な統計手法で分析できる場合が多い[5]．

11.2.4 固定パラメータの初期値設定の問題

最尤法で固定パラメータを推定する場合，その初期値をあらかじめ与えなければいけない．第6章の6.6節で言及したように初期値の設定はカルマンフィルターによる状態変数と固定パラメータの推定に大きな影響を与える．初期値の与え方が悪いとカルマンフィルターの収束計算ばかりでなく，固定パラメータの推定値とその分散共分散行列の計算に影響をする．3つの方法を取り上げて固定パラメータの初期値設定問題を考える．

1) ローカルモデルにおける固定パラメータの推定方法

次のローカルモデル

観測方程式　　　$\tilde{Y}_t = \tilde{\beta}_t + \tilde{e}_t$ 　　　　　　　　　　　　　(11.1)

状態方程式　　　$\tilde{\beta}_t = \tilde{\beta}_{t-1} + \tilde{\varepsilon}_t$ 　　　　　　　　　　　　　(11.2)

---

[5] 観測誤差分散が小さいときの（拡張）カルマンフィルターの適用に対するより広い視点からの考察については Denham and Pines（1966）を参照．

を例にとって固定パラメータの初期値設定の問題を考えてみよう．このモデルでは，観測方程式の誤差項 $\tilde{e}_t$ の標準誤差 $\tilde{\sigma}_e$（分散 $\tilde{\sigma}_e^2$）と状態方程式の誤差項 $\tilde{e}_t$ の標準誤差 $\tilde{\sigma}_\varepsilon$（分散 $\tilde{\sigma}_\varepsilon^2$）が推定すべき2つの固定パラメータである．この2つに対する初期値の与え方として次のような方法がある．

方法1：観測変数の分散の一定割合を観測誤差項の分散とする方法　　観測変数 y_t の時系列データから，その標準偏差 σ_y あるいは分散 σ_y^2 を計算し，その一定割合を観測方程式の誤差項の σ_e あるいは σ_e^2 の推定のための初期値とする．配分比率に特段の事前情報をもっていないときには，1/2=0.5から出発して適宜配分比率を増加，減少させればよい．残りは状態方程式の誤差項の標準誤差あるいは分散の初期値とする．

方法2：一階の自己回帰の誤差項を初期値とする方法　　式（11.1）の観測方程式に式（11.2）の状態方程式を代入すると $\tilde{Y}_t = \tilde{\beta}_{t-1} + \tilde{\varepsilon}_t + \tilde{e}_t$ を得る．一方観測方程式の1期間ラグをとると $\tilde{Y}_{t-1} = \tilde{\beta}_{t-1} + \tilde{e}_{t-1}$ を得るが，この結果を $\tilde{\beta}_{t-1}$ に関して解いた結果を代入すると $\tilde{Y}_t = \tilde{Y}_{t-1} + \tilde{\varepsilon}_t + \tilde{e}_t - \tilde{e}_{t-1}$ となる．これに定数項を加え一階の自己回帰モデルとみなし，線形の回帰分析をおこない誤差項の標準誤差，あるいは分散の推定値をローカルモデルの観測誤差の標準誤差，あるいは分散の初期値とする．観測方程式の誤差項に系列相関がないという仮定のもとでは，線形最小二乗法による誤差項の標準誤差はおおむね状態方程式の誤差項の標準誤差と仮定できるので，この値を $\tilde{\sigma}_\varepsilon$ の初期値とする．観測方程式の誤差項の標準誤差の初期値は方法1のように与えればよい．

以上の2つはいわば簡便法であるので以下のより厳密な初期値設定方法を考える．

方法3：2変数のグリッドサーチによる推定　　観測誤差項の標準誤差（分散）のとりうる値は，最低が0，最高がおおよそ観測値の標準偏差（分散）と考える

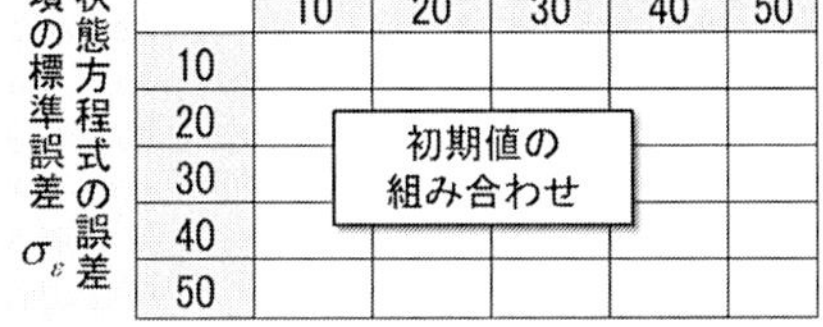

		観測方程式の誤差項の標準誤差 σ_e				
状態方程式の誤差項の標準誤差 σ_ε		10	20	30	40	50
	10					
	20		初期値の組み合わせ			
	30					
	40					
	50					

図11.1　ローカルモデルの固定パラメータの初期値設定例

ことができる．例えば，標準誤差の最低値を10，最高値を50として図11.1のような5×5＝25のマス目からなる表を作り，この25の組み合わせの全てに対してカルマンフィルターを適用し，その内で尤度関数を最大にする標準誤差の推定値を選ぶ．

この方法は観測方程式と状態方程式の数が少ない場合は計算できるが，方程式の数が増えると加速度的に計算量が増える．例えば観測方程式が2本，状態方程式が2本で，それぞれ6段階の探索水準を考えると$6^4=1,296$回のカルマンフィルター計算をおこなう必要がある．

このような場合，誤差項の標準誤差の初期値の分布に一様（矩形）分布を当てはめ，一様分布からの乱数を決めた個数だけ抽出し，それを初期値としてカルマンフィルターにおける固定パラメータの計算をおこなえばよい．図11.1の例であれば，最小値が10，最大値が50の独立な2変量一様分布を考え，それから抽出された一様乱数の組を初期値とし，例えば100回のカルマンフィルターとそれに伴う準最尤法による固定パラメータの推定をおこない，最大尤度を与える固定パラメータの組み合わせを決定する[6]．

初期値が従う確率分布は一様乱数であるとは限らない．モデルの背後にある理論から特定化できる場合もあるし，ときによっては三角分布による定式化も一様分布を想定する場合よりも有効かもしれない[7]．三角分布を用いれば固定パラメータの真の値に近いと思われる値を「最頻値」とすれば，最低値と最高値以外の何ら情報がないときの一様分布よりも効率的な初期値設定が可能になるであろう．

2) 時変パラメータを有する状態空間モデルにおける固定パラメータの推定

次に状態空間モデルが次のような時変パラメータを有する回帰モデルに相当する場合の固定パラメータの与え方を事例11-1のような事例を通して考えてみよう．

観測方程式 $\quad \widetilde{Y}_t = c + \widetilde{\beta}_t X_t + \widetilde{e}_t \quad$ (11.3)

状態方程式 $\quad \widetilde{\beta}_t = d + T\widetilde{\beta}_{t-1} + \widetilde{\varepsilon}_t \quad$ (11.4)

---

[6] このような計算をおこなった具体例が Van den Bossche (2011) で示されている．そこでは9個の誤差項の間の標準誤差と共分散を考え，それぞれの初期値を適切な上下限をもつ一様乱数からの標本として得ている．EViews 6でのプログラム例を示すとともにその詳細な解説がおこなわれている．

[7] 三角分布とは，確率変数のとりうる値に関して3点（最低値，最頻値，最高値）の見積もりをおこなう．この3つのパラメータで分布と密度関数の形状が決定される．三角分布とそれに従う乱数の発生については，例えば蓑谷（2003）の第17章を参照．

11.2 検討すべき問題点

事例 11-1　　東京電力のベータ推定

2011年1月4日から12月30日までの253営業日の東京電力と東証株価指数（TOPIX）の投資収益率を用い確率ベータ（$\tilde{\beta}_t$）を推定する．ベータは重要な市場リスク指標であり，カルマンフィルターを用いたその推定問題は第13章で議論をするが，ここでは固定パラメータの初期値推定問題に限定して考える．

式（11.3）と式（11.4）において $\tilde{Y}_t$ は東京電力の日次投資収益率，X_t はTOPIX の日次収益率を示す．$\tilde{\beta}_t$ は時間とともに不確実な変化を示す確率ベータである．

観測方程式を通常の線形回帰モデルとみなして最小二乗法を用いて推定すると，次の結果を得た．

$$Y_t = -0.5809 + 1.4375 X_t, \quad \bar{R}^2 = 0.071, \quad \sigma_e = 7.213$$

観測方程式の定数項の初期値として定数項の $c=-0.5809$，誤差項の標準誤差の初期値を $\sigma_e = 7.213$ とする．より詳細な線形回帰分析の結果は表11.1に示されている．

表11.1　固定パラメータの推定の初期値設定：線形回帰分析の結果

従属変数	東電収益率	東電収益率
定数項	−0.5809	−0.5397
TOPIX 収益率	1.4374	
標準誤差	0.3240	
t 値	(4.43)	
東電収益率（−1）		0.2204
標準誤差		0.0627
t 値		(3.51)
決定係数	0.0749	0.0486

また式（11.4）の状態方程式の固定パラメータ（d, T, σ_ε）の初期値として，表11.1に示されているように，東電の株式収益率の一階の自己回帰モデル（AR(1)）の推定結果として

$$Y_t = -0.5397 + 0.2204 Y_{t-1}, \quad \bar{R}^2 = 0.045, \quad \sigma_e = 7.331$$

を得たので，$d=-0.5397, T=0.2204, \sigma_\varepsilon = 7.331$ を状態方程式の固定パラメー

タの初期値に採用した.この初期値からカルマンフィルターによる固定パラメータの最尤推定値として表11.2のような結果を得た.この推定結果から,観測方程式の定数 c は0とみなしてもよいこと,つまり東京電力株への2011年の投資において超過期待リターンを得ることができないことがわかる.また状態方程式において定数項 d の有意性が低く,かつ係数 T が有意でないことがわかった.

表11.2 東電の確率ベータ:カルマンフィルターによる固定パラメータの最尤推定結果

	係数	標準誤差	p値
c	−0.358	0.500	0.474
σ_e	6.537	0.187	0.000
d	1.773	1.051	0.092
T	−0.205	0.493	0.678
σ_ε	1.940	0.518	0.000

このような推定結果を考慮し状態空間モデルの再定式化を試みた.何回かの試行錯誤を繰り返し,最終的に次のような観測・状態方程式で定数項のないモデルを採用した.

観察方程式 $\quad \widetilde{Y}_t = \widetilde{\beta}_t X_t + \tilde{e}_t \quad$ (11.5)

状態方程式 $\quad \widetilde{\beta}_t = T\widetilde{\beta}_{t-1} + \tilde{\varepsilon}_t \quad$ (11.6)

また,このモデルにもとづく状態変数のスムージング(平滑化)結果を図11.2右図に示した.こうしたモデルのほうが東日本大震災の影響をよく取り込んでいることがわかる.ただし,モデルの定式化に唯一絶対的な方法は存在しない.モ

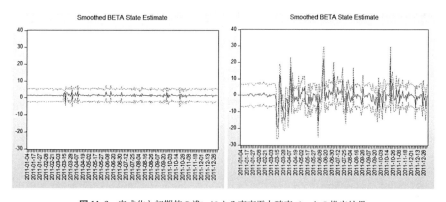

図11.2 定式化と初期値の違いによる東京電力確率ベータの推定結果
左:式(11.3)と式(11.4)の推定結果,右:式(11.5)と式(11.6)の推定結果.右図のほうが東日本大震災と福島第一原子力発電所事故以降のベータの変化をよくとらえている.

デルの背後にある理論をよく理解した上で，整合性のとれたモデルの定式化と初期値設定が必要になる．

11.2.5 誤差項の分散が負の値として推定される問題

観測誤差項あるいは状態誤差項の分散が負の値として推定される場合がある．これに対しては2つの対処方法がある．

第1の方法としては，例えば観測誤差項の分散 σ_e^2 を
$$\sigma_e^2 = \exp(\theta)$$
と定式化し最尤法によって θ の推定値 $\hat{\theta}$ を求めればよい．$\hat{\theta}$ そのものは負の値になるかもしれないが $\sigma_e^2 = \exp(\hat{\theta})$ は必ず非負の値をとる[8]．

第2の方法は分散が標準偏差の二乗であることから
$$\sigma_e^2 = (\theta)^2$$
として最尤法によって θ の推定値 $\hat{\theta}$ を求めるというものである．つまり $\hat{\theta} = \hat{\sigma}_e$ であるから標準偏差を推定したことになる．標準偏差が負の値であってもそれを二乗したものを結果として報告すればよい．

11.2.6 誤差項の分散推定の問題

たとえ固定パラメータに対し適切な初期値を与えたとしても，その推定値は求まるがその標準誤差があまりにも過大あるいは過小に推定されたり，あるいは，誤差の分散共分散行列を求めることができないことがある．このような場合の「対症療法」として11.2.2項で示した方法以外に，次の（1）〜（4）のような対策をとることがある．上の式（11.1）と式（11.2）で示されるローカルモデルを考えて説明をするが，より一般的なモデルに対してもこれらの方法を適用することができる．

(1) 観測方程式の誤差分散（標準誤差）である $\sigma_\varepsilon^2(\sigma_\varepsilon)$ と（あるいは）状態方程式の誤差分散（標準誤差）である $\sigma_e^2(\sigma_e)$ を1に基準化する．つまり誤差項の分散を外生的に与えることにより誤差分散の推定問題を回避する[9]．

(2) 観測方程式と状態方程式の誤差項を等しいと考える．これにより固定パ

---

[8] σ_e^2 は θ の推定値 $\hat{\theta}$ を得た後で $\exp(\hat{\theta})$ として求めることができる．$\hat{\theta}$ の標準誤差から σ_e の標準誤差を求めるためには確率変数の関数変換（*Jacobian*）公式を用いる必要がある．詳しくは蓑谷（2003）第Ⅱ部3節を参照．

[9] こうした方法にもとづきカルマンフィルターにより月次マクロ経済データから四半期の潜在GDP成長率を推定しようとした研究にFranco and Mapa（2014）がある．この論文ではEViewsによる詳細なモデルの定式化が説明されている．

ラメータの推定を2つから1つに少なくし，1次元の尤度関数最大化問題とする．

(3) 状態方程式の誤差分散と観測方程式の分散の間に $\sigma_e^2 = k\sigma_\varepsilon^2$ という関係を考える．ここで定数 k としてありうる具体的な値を与える[10]．

(4) 繰り返し推定：1次元の尤度関数最適化を繰り返すことにより2つの誤差分散の推定を次のようにおこなう．Step 1：状態方程式の誤差分散と観測方程式の分散の間に $\sigma_e^2 = k\sigma_\varepsilon^2$ という関係を考える．Step 2：特定の k の値，例えば $k=1$ として尤度関数を σ_ε^2 に関して最大化する．Step 3：異なる k の値に対してこれを繰り返す．Step 4：これらの計算結果の内で尤度を最大にする k に対応する推定を最終結果とする[11]．

11.3　状態変数 β_t の初期値推定

カルマンフィルターでは状態変数の初期値 $\tilde{\beta}_0$ の期待値 $\hat{\beta}_{0|0}$ と分散 $\hat{\Sigma}_{0|0}$ を与える必要がある．多くの場合これらは未知の値であるが，まったくその値がわからないというわけではない．以下に示すいくつかの方法によって状態変数の期待値と分散の初期値を与える．

11.3.1　定常過程

状態方程式が定常過程に従っていれば，式 (11.6) の係数 T が $|T|<1$ であると時間経過 ($t \to \infty$) に伴い状態変数が $\tilde{\beta}_t \to \tilde{\beta}$（添え字が付かない定数）に収束し，状態変数の期待値と分散は一定になる．つまり状態方程式は

$$\tilde{\beta} = T\tilde{\beta} + \tilde{\varepsilon}_t \quad \Rightarrow \quad (1-T)\tilde{\beta} = \tilde{\varepsilon}_t$$

と書き直すことができる．両辺の分散を計算し，状態変数の分散 $Var(\tilde{\beta})$ に関して解けば

$$(1-T)^2 Var(\tilde{\beta}) = \sigma_\varepsilon^2 \quad \Rightarrow \quad Var(\tilde{\beta}) = \sigma_\varepsilon^2/(1-T)^2$$

となるので，状態変数の初期値の期待値と分散を次のように与えることができるようになる．

$$\hat{\beta}_{0|0} = \hat{\beta}, \quad \hat{\Sigma}_{0|0} = \sigma_\varepsilon^2/(1-T)^2 \tag{11.7}$$

---

[10] こうした方法を採用した事例として Rummel (2015) を参照のこと．
[11] こうした方法のより詳細かつ厳密な推定については Durbin and Koopman (2012) の 2.10.2 項を参照．

11.3.2 非定常過程：3通りの場合を考える

1) 散漫な初期値（diffuse prior）　　多くのカルマンフィルターを計算するためのソフトウェアで採用されているのが散漫初期化と呼ばれている方法である．固定パラメータの真の値がわかっている状態で，$\hat{\beta}_{0|0}$ に適当な値を，$\hat{\Sigma}_{0|0}$ に大きな値を設定すればよいことが理論的にも数値シミュレーションからも確かめられている[12]．

2) $t=2$ からのデータを使い $\hat{\beta}_{0|0}=y_1$ とする　　この方法の背後にある合理性についてはこの章の数学付録 11-1 に示した．状態変数が 2 つ以上のモデルでも容易に拡張できる．

3) 簡便な方法　　式（11.5）と式（11.6）のような状態空間モデルを考えた場合，観測方程式（11.5）を通常の線形回帰モデルとみなし，

$$\widetilde{Y}_t = \beta X_t + \tilde{e}_t$$

最小二乗法により係数 β の推定値 $\hat{\beta}$ とその分散 $\sigma_{\hat{\beta}}^2$ を求め，状態変数の初期値の平均と分散をそれぞれ推定回帰係数で置き換える．

$$\hat{\beta}_{0|0} = \hat{\beta}, \qquad \hat{\Sigma}_{0|0} = \tau^2 \hat{\sigma}_\varepsilon^2 \tag{11.8}$$

ここで τ は用いたデータの標本期間数である[13]．

11.4　前提条件が満たされているかどうか

状態空間モデルに対してカルマンフィルターを適用し，状態変数の 1 期先予測，フィルタリング，スムージング値を得て，さらに固定パラメータを推定したならば，そうした結果を得るために必要な仮定や前提条件が満たされているかどうかを確認する必要がある．個々では以下の 6 つの問題点を指摘する[14]．

1) 誤差項の正規性の確認　　カルマンフィルターの適用にあたっては観測方程式，状態方程式の誤差項の正規性は第 7 章で示したように必ずしも必要ないが，固定パラメータの推定に最尤法を適用するためには正規性の仮定が満たされているかどうかの検討が必要になる．誤差のヒストグラムや QQ プロットを描いて目で確かめることも大事である．

---

[12]　谷崎（1993）の第 2 章を参照．

[13]　τ^2 とすることと状態変数の初期値の推定とともに固定パラメータの推定をもおこなう場合の処理については谷崎（1993）の第 2 章の 2.2 節と 2.3 節を参照．

[14]　仮定が満たされているかどうかを確かめるためには，通常の回帰分析における検定手法と同様な統計方法が用いられる．それらの手法の具体的な点については，Durbin and Koopmanz（2012）とその邦訳書の第 2 章の 11 節を参照．

2) **誤差項の系列相関** カルマンフィルターでは誤差項に系列相関がないことを仮定した．コレログラム（階差（ラグ）数を横軸に，縦軸に対応する自己相関係数をとりグラフにしたもの）によって系列相関の存在を確認する．

3) **分散不均一性** 観測，状態方程式の誤差項を一定と仮定した場合には，時間とともに誤差の分散が大きくなったり，逆に小さくなったりすることがないこと，つまり分散が均一であることを確認する．

4) **異常値があるかどうかの確認** 異常値があると誤差分布の裾野が大きくなり，正規分布であることが棄却されることがある．それがシステマティックなジャンプによって生じているかどうかを誤差の時系列グラフによって確認する．

5) **誤差間の相関の確認** 観測方程式と状態方程式の誤差項の相関が0と仮定してカルマンフィルターを適用することが多い．それが正しいかどうかの確認をおこなう必要がある．観測方程式と状態方程式がそれぞれ2本以上になれば，観測誤差間の相関，状態誤差間の相関，複数の観測誤差と複数の状態誤差の間について相関行列を計算して，相関を0とした仮定の正しさを検証すべきである．もし相関が0でなければ，状態空間モデルの定式化が正しくなかったかどうか，もし正しいとしたら相関を考慮に入れたカルマンフィルターの適用を再度試みる必要がある．

6) **予測誤差の正規性と系列相関の無いことの検定** 最尤法を用いて固定パラメータを推定する場合，1期先予測誤差 $\bar{v}_t = \widetilde{Y}_t - \widetilde{Y}_{t|t-1} = (\widetilde{\beta}_t - \widehat{\beta}_{t|t-1})X_t + \bar{e}_t$ が正規分布していることを要求した．したがって，予測誤差 $\bar{v}_t$ をその標準偏差 $(V_t = \widehat{\Sigma}_{t|t-1}X_t^2 + \sigma_e^2)^{1/2}$ で割ったものが平均 0，分散 1 の標準正規分布に従っているかどうかを検証する必要がある．特に標本数が少ない場合（$T=30$ から 40 以下の場合）にはこの点を十分注意すべきである．

【数学付録】

A11-1 状態変数の初期分布：$\beta_{1|0} \sim N(y_1, \sigma_e^2 + \sigma_\varepsilon^2)$ と仮定したときの $\widehat{\beta}_{1|0} = y_1$ とすることの妥当性

ローカルモデルの状態方程式 $\beta_t = \beta_{t-1} + \varepsilon_t$ の1期先期待値の予測値は，フィルタリング公式を用いると $\widehat{\beta}_{t+1|t} = \widehat{\beta}_{t|t-1} + K_t(y_t - \widehat{\beta}_{t|t-1})$ と示すことができる．これを $t=1, t+1=2$ について示すと $\widehat{\beta}_{2|1} = \widehat{\beta}_{1|0} + K_1(y_1 - \widehat{\beta}_{1|0})$ となる．他方，1期のカルマンゲインは $\widehat{\Sigma}_{1|0} \to \infty$ につれて $K_1 = \widehat{\Sigma}_{1|0}/(\widehat{\Sigma}_{1|0} + \sigma_\varepsilon^2) = 1/(1 + \sigma_\varepsilon^2/\widehat{\Sigma}_{1|0}) \to 1$ となるので $\widehat{\beta}_{2|1} = \widehat{\beta}_{1|0} + 1(y_1 - \widehat{\beta}_{1|0}) = y_1$ と書くことができる．

同様に状態方程式の1期先分散は $\widehat{\Sigma}_{t+1|t}=\widehat{\Sigma}_{t|t}+\sigma_\varepsilon^2=\widehat{\Sigma}_{t|t-1}(1-K_t)+\sigma_\varepsilon^2$ となり,

$$(1-K_t)=1-\frac{\widehat{\Sigma}_{t|t-1}}{\widehat{\Sigma}_{t|t-1}+\sigma_e^2}=\frac{\sigma_e^2}{\widehat{\Sigma}_{t|t-1}+\sigma_e^2} \quad \widehat{\Sigma}_{t|t-1}(1-K_t)=\frac{\widehat{\Sigma}_{t|t-1}\sigma_e^2}{\widehat{\Sigma}_{t|t-1}+\sigma_e^2}=\frac{\sigma_e^2}{1+\sigma_e^2/\widehat{\Sigma}_{t|t-1}}$$

となるので, この結果を $t=1$, $t+1=2$ について書き直し, $\widehat{\Sigma}_{1|0}\to\infty$ とすると,

$$\widehat{\Sigma}_{2|1}(1-K_t)=\frac{\sigma_e^2}{1+\sigma_e^2/\widehat{\Sigma}_{1|0}}\to\sigma_e^2 \ as \ \widehat{\Sigma}_{1|0}\to\infty$$

となるので $\widehat{\Sigma}_{2|1}=\sigma_e^2+\sigma_\varepsilon^2$ となる. 結局この最初のデータを状態変数の初期値のために使い,

$$\beta_{0|0}\sim N(y_1, \sigma_e^2+\sigma_\varepsilon^2)$$

をもって状態変数の期待値と分散の初期値にすればよい. 状態空間モデルがより複雑になっても上と同様な計算をおこなうことにより初期値を決定できる.

12

経済分析への応用

この章で何を学ぶのか？

1. 経済学では経済変数の間の因果関係を検討する．例えば消費は所得によって決まる．所得の増加が消費の増加に及ぼす影響は「限界消費性向」と呼ばれる．伝統的な実証分析では限界消費性向は変わらないと仮定するが，カルマンフィルターを適用することにより，それが時間とともに確率的に変化をすることを確かめることができる．
2. インフレ期待や潜在成長力といった直接観察できない経済変数をカルマンフィルターによって推定することができることを学ぶ．

12.1　はじめに

消費は何によって決まるのであろうか？　所得がなければ消費はできないから，消費は所得によっても決まるだろう．また保有している富（預貯金や株・債券などの金融資産）も消費に影響するかもしれない．ここでは消費が所得だけによって決まり，しかもその間の関係が線形であるような最も簡単な消費関数を考え，そのパラメータ推定を回帰分析でおこなったときとカルマンフィルターを適用したときの結果を比較検討する．

12.2　消費関数の推定：限界消費性向は変化する！

第1章で消費と所得との間の関係を表す次のような最も簡単な線形の消費関数を示した．

$$C_t = a + bYD_t \tag{12.1}$$

ここで C_t は t 期の消費水準，YD_t は t 期の可処分所得（消費に向けることが可

能な所得）である．bは直線の傾き，すなわち所得が1円増加したときに消費が何円増加するかを示す「限界消費性向（MPC：marginal propensity to consumption）」である．定数項であるaは所得Yが0のときの消費水準，つまり人間が所得がゼロでも生きていくために最低限必要な消費水準を表している．

消費関数のパラメータaとbの推定は次のようにしておこなう．第1に式（12.1）に観測誤差項を付け加える．第2に変数間に強い傾向がある場合の見せかけの相関を排除するために，両辺の差分をとった次の式

$$\Delta \widetilde{C}_t = b\Delta YD_t + \tilde{\varepsilon}_t \tag{12.2}$$

に対して最小二乗法を適用し限界消費性向bを推定する．例えば蓑谷・牧（2010）の第4章では1952年から2006年までの53年間の長期年次データから次のような結果を得ている．

$$\Delta \widetilde{C}_t = \underset{(12.69)}{0.6875} \Delta YD_t, \quad \bar{R}^2 = 0.8093, \quad DW = 1.5308 \tag{12.3}$$

ここでDW（ダービン＝ワトソン比）は誤差項の系列相関に対する検定統計量である．推定結果からt期の可処分所得YD_tが100円増加すると68.75円の消費C_tが増加することがわかる．しかしこの値は52年間という長期のデータを用いていた結果である．限界消費性向$b=0.6875$は52年間の間で変化した可能性がある．この問題を状態空間モデルとして定式化すると次のようになる[14]．

観測方程式　　$\Delta \widetilde{C}_t = \tilde{b}_t \Delta YD_t + \tilde{e}_t$ (12.4)

状態方程式　　$\tilde{b}_t = T\tilde{b}_{t-1} + \tilde{\varepsilon}_t$ (12.5)

確率的に変化する状態変数b_tが一階の自己回帰（AR(1)）に従うと考えて推定する．固定パラメータの推定結果は表12.1のようになる．

時間とともに確率的に変動する限界消費性向b_tは，スムージング（平滑化）したものが図12.1に示されている．この結果から1974年，1994年と2001年を

表12.1　固定パラメータの推定結果

固定パラメータ	係数	標準誤差	z値	P値
T：回帰係数	0.9846	0.0257	38.4	0.000
観測誤差分散	3179116.0	537426.0	5.9	0.000
状態誤差分散	0.0159	0.0080	2.0	0.045

---

[14] カルマンフィルターは，状態変数の平均と分散が時間とともに変わりうる非定常な時系列データを取り扱える．そのためこのような階差データによる分析をおこなう必要はない．しかしここでは最小二乗法による推定結果と比較するためにこのような定式化をおこなっている．傾向がある場合の「見せかけの相関」に関するわかりやすい説明は森崎（2012）の第8章から第10章を参照．

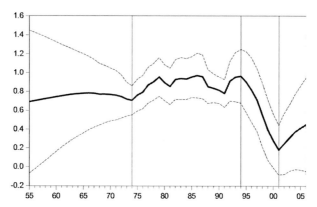

図 12.1 カルマンフィルターによる 1955 年から 2006 年までの限界消費性向の推定（平滑化値）
実線：限界消費性向 $\bar{b}_t$ の平均値，点線：その標準偏差の ±2 倍を示す．

境にして日本の限界消費性向に大きな変化があったことがわかる．

日本経済は，68 年以来年平均 9.5% の成長率を実現していたのに対し，1974 年に初めてマイナス成長を経験した．73 年 10 月からの第 1 次石油ショックにより 74 年 1 月に原油価格は 4 倍を超えたため消費者物価指数は 1 年で 26% 増加し，限界消費性向はこの年を境に上昇傾向を示した．可処分所得が不況により増加しなかったのに対して物価が急激に上昇したため，所得に占める消費支出が増加したことが図 12.1 から読み取れる．さらに 1997 年にはバブル崩壊が本格化し限界消費性向の低下傾向が始まったことがわかる．マクロ経済の先行きの不安感から家計が消費を控え限界消費性向の低下が見られた．2001 年は小泉内閣がスタートして不良債権処理が本格化し将来に対する不安感が払拭され限界消費性向の上昇につながったと解釈できる．しかし限界消費性向の分散はこの年を境に広がっている．

このように限界消費性向の平均値は変化し，特定の局面ではその分散も大きな変化を示す．カルマンフィルターはそうした経済の構造的変化を写す「鏡」となっている．

12.3 生産関数の推定

経済学は物やサービスがどのようにして生産されるのかを長年にわたって考えてきた．最もよく知られているコブ＝ダグラス（Cobb-Douglas）型の生産関数

12.3 生産関数の推定

を考えてみよう.
$$Y_t = cK_t^\alpha L_t^\beta \tag{12.6}$$
ここで Y_t は t 期の一国の総算出高（GDP）あるいは特定企業の売上げや生産量を示す. K_t は資本投入量（設備，工場，土地など）を，L_t は労働投入量（労働時間，従業員数など）を示す. c はそれ以外の要因，例えば技術進歩を表す指標である. パラメータ α と β は右辺の資本と労働が 1 単位増加したときの左辺で示される生産量の増加への「寄与度」を表している. 例えば α が β よりも大きいことは資本の役割が労働に比べて大きいことを意味する. また経済学では $\alpha+\beta$ が 1 より小さい（規模に関して収穫逓減），1 に等しい（規模に関して収穫一定），1 より大きい（規模に関して収穫逓増）かどうかを問題にする. 回帰分析による分析では α, β を最小二乗法により推定しそれが統計的に有意であるのか（$\alpha=0, \beta=0$ を棄却できるのか）を議論する. 線形回帰分析を適用するためには式 (12.6) に対数正規分布に従う観測誤差項 $\exp\{e_t\}$ を式 (12.7) のように付け加える[15]

$$Y_t = cK_t^\alpha L_t^\beta e^{\tilde{e}_t}, \quad \tilde{e}_t \sim N(0, \sigma_e^2) \tag{12.7}$$

ただし，このままではパラメータ α, β に関して非線形になるので，両辺の自然対数をとり

$$\ln \widetilde{Y}_t = \ln c + \alpha \ln K_t + \beta \ln L_t + \tilde{e}_t \tag{12.8}$$

線形化する. $\ln Y_t$ を従属変数，$\ln K_t$ と $\ln L_t$ を 2 つの独立変数として線形回帰分析をおこなう. 回帰分析を適用する場合の問題点は，観測期間を通じて α と β は変化しないと仮定することである. カルマンフィルターを用いれば α と β が時間とともに確率的にどのように変化したのかを知ることができる. 資本と労働の相対的な重要性はそのときどきで変わるかもしれないし，規模に関して収穫が逓減，一定，逓増しているかを，そのときどきで知ることができる. 式 (12.8) において α, β を時間とともに確率的に変化をする状態変数と考え次のような状態空間モデルを考える.

観測方程式 $\quad \ln \widetilde{Y}_t = \ln c + \tilde{\alpha}_t \ln K_t + \tilde{\beta}_t \ln L_t + \tilde{e}_t \tag{12.9}$

状態方程式 $\quad \tilde{\alpha}_t = d_\alpha + T_\alpha \alpha_{t-1} + \tilde{\varepsilon}_{\alpha,t}, \quad \tilde{\varepsilon}_{\alpha,t} \sim N(0, \sigma_\alpha^2) \tag{12.10}$

$\quad\quad\quad\quad\quad\quad \tilde{\beta}_t = d_\beta + T_\beta \tilde{\beta}_{t-1} + \tilde{\varepsilon}_{\beta,t}, \quad \tilde{\varepsilon}_{\beta,t} \sim N(0, \sigma_\beta^2) \tag{12.11}$

---

[15] 式 (12.7) で e_t は平均 0，分散 σ_e^2 の正規分布に従うと仮定する. 正規分布の指数変換 $\exp\{e_t\}$ は定義によって対数正規分布する. 対数正規分布の下限は 0 であるので，このことは産出量が負になる可能性を排除する. 経済分析では多くの場合非負の統計量を取り扱うのでこうした配慮が常に必要になる.

12.4 見えない経済変数の推定：ロシアの資本ストックの推定

生産関数の従属変数を一国の国民総生産（GNP）と考えたときに，それに影響を及ぼす2つの要因のうち計測の難しいのが資本ストックである．もう一つの要因である労働は労働者数と労働時間の積で測られる．労働者数，労働時間ともにその測定は比較的容易である．次のような状態空間モデルにカルマンフィルターを適用することにより毎期の資本ストックとその減耗の程度を推定することができる．

観測方程式　　$\ln \widetilde{Y}_t = \alpha \ln K_t + (1-\alpha)\ln L_t + \tilde{e}_t$ 　　　　(12.12)

状態方程式　　$\ln \widetilde{K}_t = \ln \widetilde{K}_{t-1} + \ln(1+I_t/K_0) - \tilde{d}_{t-1} + \tilde{\varepsilon}_{1,t}$ 　　(12.13)

　　　　　　　$\tilde{d}_t = \tilde{d}_{t-1} + \tilde{e}_{2,t}$ 　　　　　　　　　　　　　(12.14)

ここで I_t は t 期の純投資，K_0 は初期投資，d_t は資本ストックの減耗「率」を示している．式（12.12）から式（12.14）による定式化では状態変数は対数資本 $\ln K_t$ と資本ストックの減耗率（d_t）とし，労働の「寄与度 α」は最尤法によって推定すべき固定パラメータとした．なぜならば，α と $\ln K_t$ をともに状態変数とすると，状態変数の積が現れることにより線形のカルマンフィルターが適用できなくなるからである．また $\alpha+\beta=1$，つまり規模に関する収穫一定を仮定して

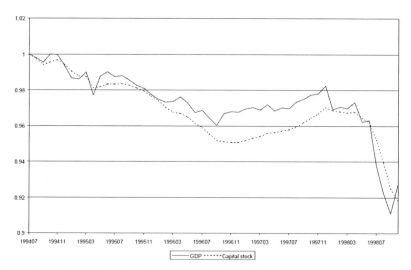

図12.2 1994年5月から1998年10月までのロシア経済における観察されたGNPとカルマンフィルターによる資本ストックの推定値（1994年7月＝1と基準化したときの結果）．Hall and Basdevant (2002), Fig.1 より．

いる．式 (12.13) が通常の資本ストックと純投資との間の定義式である $K_t = K_{t-1} + I_t - \delta_t$（ここで δ_t は資本ストックの t 期の減耗「額」）と異なる理由は資本ストックを対数表示にしたため，資本ストックに関する定義式を増加率で表したからである．式 (12.14) は資本の減耗率がランダムウォークすることを仮定している．このモデルにおいて毎期の労働 L_t と純投資 I_t，それに初期資本ストック K_0 は外から与えられる．

Hall and Basdevant (2002) ではこのような考え方が 1994 年 5 月から 1998 年 10 月までのロシア経済における資本ストック推定に適用されている．ただし，この間のロシア経済は旧ソ連体制からの転換期にあり，極めて困難な状況にあったことに注意しなければいけない．

推定された毎月の資本ストックの推定値（スムージング値）は図 12.2 に示されている．98 年には約 18% にのぼる資本ストックの大幅な低下があったことがわかる[16]．

12.5　中国の GDP の推定

中国は，GDP の大きさで測って，アメリカに次ぐ世界第 2 位の経済大国になったといわれている．しかしながら真の GDP の推定はどこの国でも極めて困難である．特に中国ではその GDP の確からしさに疑問が投げかけられている．2018 年時点で中国の首相である李克強氏が遼寧省の党委員会書記であったとき，米国大使に「遼寧省の GDP 成長率を信頼できないので，省の経済を鉄道貨物輸送量，銀行融資残高，電力消費量で測っている」と述べたとされる．この点を参考にし，中国の真の GDP をこれらの経済指標と公表 GDP とから推定するために次のような状態空間モデルを設定しよう[17]．

観測方程式
$$\begin{aligned} Elct_t &= a^E + b^E GDP_t^{\mathrm{T}} + \tilde{\varepsilon}_t^E \\ Rail_t &= a^R + b^R GDP_t^{\mathrm{T}} + \tilde{\varepsilon}_t^R \\ Bank_t &= a^B + b^B GDP_t^{\mathrm{T}} + \tilde{\varepsilon}_t^B \\ GDP_t^{\mathrm{P}} &= a^Y + b GDP_t^{\mathrm{T}} + \tilde{\varepsilon}_t^Y \end{aligned}$$
(12.15)

状態方程式
$$GDP_t^{\mathrm{T}} = d + T GDP_{t-1}^{\mathrm{T}} + e_t$$
(12.16)

---

[16] 資本の寄与度を様々に変えてカルマンフィルターを計算し最適なものとして $\alpha = 0.6$ としている．またこの間における技術進歩が 0 であったことを仮定している．

[17] Shiu and Lam (2004) は中国の公表 GDP と電力消費量との間の関係を誤差修正モデル（error-correction model）を用いて推定している．

ここで GDP_t^P は公表された t 期の GDP であり，GDP_t^T はそれに対応する未知の「真の GDP」である．$Elct_t$ は電力消費量，$Rail_t$ は鉄道貨物輸送量，$Bank_t$ は銀行融資残高である．式（12.15）は観測方程式であり，左辺の観測できる変数と右辺の観測できない未知の「真の GDP」との関係を記述されているが，観測できる変数は観測誤差によって汚染されていると考える．式（12.16）は未知の「真の GDP」の確率過程を示している．ここでは「真の GDP」は平均回帰すると考える[18]．「真の GDP」の平均と分散の時系列推移を観測できる 4 つの変数から推定できる．最尤法による係数 b の推定値は，公表 GDP に対して真の GDP が何割過小（過大）に発表されているかを示すものである．このようなモデルの場合，観測方程式間，あるいは 4 本の観測方程式と状態方程式の誤差項間の相関を 0 とみなすことは必ずしも適切とはいえないかもしれない．

12.6 予想インフレ率の推定

日本銀行が物価上昇率 2% を政策目標として導入して以来，過去と現在の物価の変化率がどうであったのかとともに，人々の抱く将来の予想インフレ率がどのくらいであったかを推定しようとする試みが盛んになった．予想インフレ率の測定には様々な方法があるが，ここでは状態空間モデルにカルマンフィルターを適用する方法について説明する．まず有名なフィッシャー（Fisher）方程式とカルマンフィルターを用いた実証について触れ，その後予想インフレ率の推定結果を議論する．

12.6.1 フィッシャー方程式

Fisher (1930) によれば，名目金利 r_t^N は観測できない実質金利 r_t^R と予想インフレ（物価変化）率 $\bar{\pi}_t$ によって次のように表すことができる．

$$(1+r_t^N) = (1+r_t^R)(1+\bar{\pi}_t)$$
$$\Rightarrow \quad 1+r_t^N = 1+r_t^R+\bar{\pi}_t+r_t^R\times\bar{\pi}_t \approx 1+r_t^N+\bar{\pi}_t \qquad (12.17)$$

ここで $\bar{\pi}_t = E_t[\bar{\pi}_{t+1}]$ は次期の不確実な物価変化率の今期 t から見たときの期待値を表す．上の式の 2 行目の最後の結果は，実質金利も期待物価変化率も小数点以下 2 桁の小さな数字であり，その積を無視できるとしたことによる．このことから次のフィッシャー方程式が成立する．

---
[18] このような定式化がなぜ「平均回帰傾向」を示すかについては第 14 章「債券と金利期間構造分析」を参照のこと．

12.6 予想インフレ率の推定

フィシャー方程式 $\quad r_t^N = r_t^R + \bar{\pi}_t \quad$ (12.18)

ここで観察できるのは左辺の名目金利だけである．右辺の実質金利も期待インフレ率も直接は観察できない．実質金利 r_t^R は時間とともに変化しない定数であり，期待物価変化率は事後的に観察される実際の物価変化率に等しいと仮定することにより，Hatemi-J and Irandoust (2008) は式 (12.18) のフィシャー方程式が成立しているかどうかを次のような状態空間モデルに対してカルマンフィルターを適用することによって検証した．

観測方程式 $\quad r_t^N = c + \tilde{\beta}_t \bar{\pi}_t + \tilde{e}_t, \quad \tilde{e} \sim N(0, \sigma_e^2) \quad$ (12.19)

状態方程式 $\quad \tilde{\beta}_t = \tilde{\beta}_{t-1} + \tilde{\varepsilon}_t, \quad \tilde{\varepsilon}_t \sim N(0, \sigma_\varepsilon^2) \quad$ (12.20)

ここで $c = r_t^R$ は定数と仮定した実質金利，$\bar{\pi}_t$ は実際の物価変化率である．フィシャー方程式が実際に成立しているかどうかの検証は状態変数である β_t の期待値が1であるかどうか，その分散がどの程度小さいかをカルマンフィルターによって確めた．オーストラリア，マレーシア，日本，シンガポールの1990年に至るまでの，20年から30年間の四半期データを用いて推定をおこなっている．ほとんどの国で β_t の平均値は1とは異なり，その分散もかなり大きかった．しかしながら日本については，1975年以降の β_t の平均値は1に近く，その分散は他国と比べると小さな値を示していた．

12.6.2 実証結果：予想インフレ率の推定

日本銀行は2009年12月19日より2016年1月28日までゼロ金利政策を導入した．これは目標物価上昇率を年率2%を実現するための1つの方策，すなわちインフレターゲット政策であった．ここでは，日銀の意図した「生鮮食料品を除く消費者物価指数」，いわゆるコア指数から計算したその対前年同月比 $\bar{\pi}_t$ の「平均回帰傾向 β_t」をカルマンフィルターによって推定することにより，それがインフレ目標2%とどのような違いを見せたのかを検討する．このため次のような状態空間モデルを考える．

観測方程式 $\quad \Delta\bar{\pi}_t = a(\tilde{\beta}_t - \bar{\pi}_t) + \tilde{e}_t, \quad \tilde{e} \sim N(0, \sigma_e^2) \quad$ (12.21)

状態方程式 $\quad \tilde{\beta}_t = \tilde{\beta}_{t-1} + \tilde{\varepsilon}_t, \quad \tilde{\varepsilon}_t \sim N(0, \sigma_\varepsilon^2) \quad$ (12.22)

ここで $\bar{\pi}_t$ は年率の（生鮮食料品を除く）物価上昇率，$\Delta\bar{\pi}_t = \bar{\pi}_{t+1} - \bar{\pi}_t$ で物価上昇率の1ヶ月間変化，β_t は物価上昇率の長期平均，a は毎期の物価上昇率がその平均回帰水準に回帰する強さを表している[19]．平均回帰する強さ a は一定と

---

[19] 平均回帰する強さと長期平均については第14章「債券と金利期間構造分析」での議論を参照．

仮定するが，物価上昇率の長期平均 $\bar{\beta}_t$（予想インフレ率）は時間とともに確率変動する状態変数でありカルマンフィルターによって推定できるとする．

式 (12.21) と (12.22) の固定パラメータは，①平均回帰する強さ a, ②観測方程式の誤差項の標準誤差 σ_e と③状態方程式の誤差項の標準誤差 σ_ε の3つである．2009年12月から直近の2017年4月までの日銀のゼロおよびマイナス金利に対応する対前年度月費の消費者物価変化率月次データをもとにした推定結果は表 12.2 のようであった．

表 12.2　インフレ期待モデル（式 (12.21) と (12.22)）の固定パラメータ推定結果

	係数	z 値	p 値
平均回帰の強さ：a	0.3555	1.644	0.100
観測誤差の標準誤差 σ_e	0.3322	2.878	0.004
状態誤差の標準誤差 σ_ε	0.7545	2.396	0.017
対数尤度		-68.71	

観測方程式と状態方程式の標準誤差の推定結果はともに有意であるが，平均回帰する強さ a は 10% 水準で有意であるためそれほど説明力が高いわけではない．このことはたとえインフレ目標が設定されていたとしてもそれに誘導する力が強くないことを示している．

状態変数である「物価上昇率の長期平均」推定値の推移が図 12.3 に示されている．図 12.3 から次のような興味深い点をいくつか指摘できる．第1に予想インフレ率の毎期の期待値 β_t は 2013 年 11 月から 2015 年 1 月の間 2% を超え，特に 2014 年 4 月には 6% に達したことがわかる．この点は一見すると日銀のイン

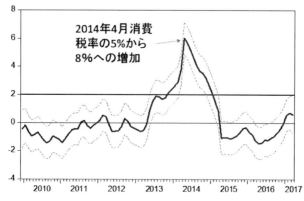

図 12.3　物価上昇率の長期平均 β_t の平均値（実線）とその ±2 標準偏差（点線）．スムージング推定値

フレ目標政策がこの期間成功したようにも見えるが，これは2014年の消費税率を5％から8％に3％増税を反映したものであった．第2に，消費税増加が予想インフレ率に与える影響は2013年5月から，つまり増税実施1年前からその点を見込んですでに始まっていたことがわかる．また，その影響は0％に増税分3％を足した3％でなく，増税実施時の2014年4月にはそれ以上の6％程度の上昇という過剰反応が観察されている．第3に，消費税増税が予想インフレ率に与える影響は増税後1年程度しか続かなかったことがわかる．2015年4月には予想インフレ率は再び0％水準に戻り，さらにデフレ状態になった．第4に，2016年1月には0％を超え上昇し始めた．これは1月29日に導入されたマイナス金利政策の影響と見られる．しかし，マイナス金利政策に伴う上昇傾向は2017年2月になると下降傾向を示すようになっている．

これらの推定結果から，日銀によるインフレターゲット2％目標の達成は少なくともこの標本期間でかなり困難であったことがわかる．平均すると予想インフレ率は0％の近辺にあり，デフレ傾向を示した月も多数あった．

12.7 HPフィルターとカルマンフィルター

12.7.1 HPフィルターとは

Hodrick and Prescott（1997）は単一の経済時系列データを傾向（growth）と循環（cycle）に分解する比較的容易な手法HP（Hodrick-Prescott）フィルターを示した．さらに，その多変量版がカナダ連邦準備銀行のLaxton and Tetlow（1992）によって明らかにされている．HPフィルターは経済学においてGDPの潜在成長率，期待インフレ率，自然失業率の推定など広範な分野で用いられている．

HPフィルターは与えられた時系列データ $Y_t : t=1, 2, \cdots, T$ に対し次のような二次関数を最小化する傾向 Y_t^* を求める．

$$\underset{\{Y_t^*\}}{\text{最小化}} \rightarrow \sum_{t=1}^{T}(Y_t - Y_t^*)^2 + \lambda \sum_{t=2}^{T}(\Delta^2 Y_t^*)^2 \qquad (12.24)$$

ここで右辺の第2項 ΔY_t^* は Y_t^* に関する階差をとる演算子で $\Delta Y_t^* = Y_t^* - Y_{t-1}^*$ を意味する．したがって $\Delta^2 Y_t^* = (Y_t^* - Y_{t-1}^*) - (Y_{t-1}^* - Y_{t-2}^*)$ であるのでこの項の二乗を最小化することは滑らかな傾向値 Y_t^* を求めることを意味する．σ_ε を系列の傾向からの乖離 $Y_t - Y_t^*$ のボラティリティ，σ_e を $\Delta^2 Y_t^*$ のボラティリティとすると $\lambda \equiv \sigma_\varepsilon^2 / \sigma_e^2$ は右辺第1項と第2項の相対的な重要性を示すスムージン

グパラメータ（λ）である．式（12.24）の最小化，つまり右辺第1項と第2項の最小化は次のようなことを意味している．第1項の最小化は傾向 Y_t^* が現系列 Y_t からの乖離を最小にするように，かつ第2項は求められた傾向の2階差を最小にすることを意味する[20]．

Hodrick and Prescott（1997）ではスムージングパラメータの経験値として，年次データの場合は $\lambda=100$，四半期データに対しては $\lambda=1,600$，月次データの場合には $\lambda=14,400$ が提唱されている．

分析例 12-1 GNP データの傾向とそれからの乖離（循環）の推定

国民経済計算の長期データベースに収録された1994第1四半期から2016年第1四半期までの季節調整済み実質（2011年価格）データを用いて傾向とそれからの循環を分離してみよう．この場合四半期データであることからスムージングパラメータを $\lambda=1,600$ として推定した．結果は図12.4に示されている．2006年くらいから GDP の成長トレンドが低下しその傾向はリーマンショック後も続き2011年になり回復したこと，東日本大震災は GDP の成長トレンドに大きな影響を与えなかったことがわかる．しかしスムージングパラメータを変えることによりこうした結果は大きく変わる．

12.7.2 HP フィルターのカルマンフィルターによる推定

Harvey（1985）と Bonne（2000）は式（12.24）で示される HP フィルターが次のような状態空間モデルとして表現できることを示した．

観測方程式　　　$\widetilde{Y}_t = \widetilde{Y}_t^* + \bar{e}_t, \quad \bar{e} \sim N(0, \sigma_e^2)$　　　　（12.25）

状態方程式　　　$\Delta \widetilde{Y}_t^* = \Delta \widetilde{Y}_{t-1}^* + \bar{\varepsilon}_t, \quad \bar{\varepsilon}_t \sim N(0, \sigma_\varepsilon^2)$　　　　（12.26）

上の観測方程式は HP フィルターを示す式（12.24）の右辺第1項に対応しており，状態方程式は式（12.24）の右辺第2項に対応している．観測方程式と状態方程式の誤差項は無相関であると仮定しカルマンフィルターを適用すれば観測できない傾向 Y_t^* の系列値を求めることができる．もし状態方程式において1階差を示すラグ演算子を適用できないようなソフトウェア（例えば EViews）を使用したい場合，あるいは傾向からの乖離を明示的に表したい場合は，状態空間モデルを次のように書き直せばよい．

---

[20] λ を無限大とすることは式（12.24）右辺第2項のみを重視することを意味する．右辺第2項を最小化することは傾向の2階差を最小にすることであるから，Y_t^* は時間 t に正比例した傾向，つまり線形の傾向を示すようになる．

12.7 HPフィルターとカルマンフィルター

観測方程式　　$\widetilde{Y}_t = \widetilde{Y}_t^* + \bar{e}_t, \quad \bar{e} \sim N(0, \sigma_e^2)$ 　　　(12.27)

状態方程式　　$\widetilde{Y}_t^* = \widetilde{Y}_{t-1}^* + \bar{g}_{t-1}, \quad \bar{g}_t = \bar{g}_{t-1} + \bar{\varepsilon}_t, \bar{\varepsilon}_t \sim N(0, \sigma_\varepsilon^2)$ 　(12.28)

最初の状態方程式は誤差項をもたない形となり,2番目の状態方程式では傾向からの乖離を示す $\bar{g}_t \equiv \Delta \widetilde{Y}_t^* = \widetilde{Y}_t - \widetilde{Y}_t^*$ を用い,それがランダムウォークするような定式化をおこなえばよい.

カルマンフィルターを用いると,HPフィルターの場合と異なり,スムージングパラメータを恣意的に決めるのでなく最尤法により誤差項の分散を推定することにより客観的な値を推定できる.

分析例 12-2

図12.4を描くために用いたのと同じデータにより式(12.25)と式(12.26),あるいは同じことであるが式(12.27)と式(12.28)に対しカルマンフィルターを適用すると図12.5を得る.図12.5の上の2つ図が傾向(trend)を示し,下の図がそれからの乖離(cycle)の推定値を示している.1期先予測値(prediction)が図12.5の左側に,スムージング値が右側に示されている.カルマンフィルターを用いることによりHPフィルターでは可能でなかった1期先予測あるいはフィルタリング値を計算することができる.観測方程式と状態方程式誤差項の標準誤差の推定値は表12.3のようになる.

したがってHPフィルターにおけるスムージングパラメータの具体的な値は $\lambda = \sigma_e^2 / \sigma_\varepsilon^2 = 25.81^2 / 28.84^2 = 0.801$ となる.この結果はHPフィルターにおいて四

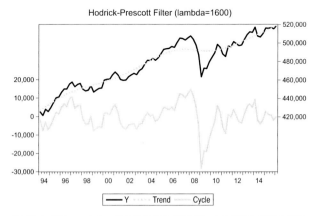

図12.4 HPフィルターによる日本のGNPデータの傾向と循環の推定
1994第1四半期から2016年第1四半期までの四半期に対する傾向と循環の推定.
実線Yは実測値を示している.

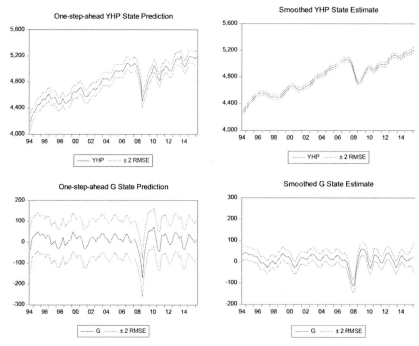

図 12.5 カルマンフィルターによる HP フィルターの推定（1 期先予測（左）とスムージング値（右））
上：実測値（Y）と傾向の推定値（単位は1兆円で右軸），下：循環（単位は1兆円で左軸）．用いたデータは図 12.4 と同様（$\lambda = \sigma_e^2 / \sigma_\varepsilon^2 = 25.81^2 / 28.84^2 = 0.801$）である．

表 12.3 ボラティリティとその標準誤差の推定値

	係数	標準誤差	z 値	p 値
観測誤差の標準偏差	25.81	1.49	17.35	0.00
状態方程式誤差の標準偏差	28.84	3.09	9.32	0.00

半期データを想定したときの重み $\lambda = 1,600$ とは大幅に異なる．

【文献解題】

予想インフレ率の推定には，カルマンフィルターを適用する様々な方法が考えられている．過去の研究の展望については湯山（2017）の第 5 章，湯山・森平（2017）を参照するとよい．Haubrich, Pennacchi and Ritchken（2012）は，資産価格理論にもとづきインフレ期待を含む実質，名目金利の期間構造モデルを構築し，米国のインフレ期待の期間構造，インフレリスクプレミアム，実質金利など

の推定をカルマンフィルターによっておこなっている．推定結果はクリーブランド連銀のウェブサイトに毎月掲載されている．

　カルマンフィルターの計量経済学への適用に関するサーベイ論文としては Harvey（1987）をあげることができる．実証経済研究におけるいくつかの問題に対するフィルターの適用，例えば欠損値の推定については Harvey and Pierse（1984）が，構造変化推定については Hall（1993）が参考になる．

　HP フィルターをカルマンフィルターから見て再構成した研究に Harvey（1985）や Harvey and Trimbur（2008）がある．

　経済学一般に対するカルマンフィルターの応用については谷崎（1993）や Basdevant（2003）を参照するとよい．谷崎（1993）の第 1 章ではマクロ経済変数の速報値による確定値予測と恒常消費（permanent consumption）関数の推定問題が取り上げられている．また同書の第 3 章から第 6 章では日米の消費，投資，貨幣需要，輸出，為替レート関数における可変パラメータをカルマンフィルターで推定した結果が報告されている．第 7 章では 9 本の方程式からなるマクロ計量モデルに対するカルマンフィルターの適用を試みている．モデルは日米それぞれについて構築されているが，輸入関数と為替レート関数を通じてリンクされたモデルとなっている．

　カルマンフィルターは国の潜在成長力や自然失業率（あるいは NAIRU），リスク回避度など一般には観察できないものを推定するためにも用いられている．例えば山澤（2013），Stephanides（2006），Kuzin（2006），Ozbek and Ozlale（2005）などを参照してほしい．

　カルマンフィルターはまた財やサービスの需要予測のためにも多く用いられており，例えば Harvey and Fernandes（1989）や山口・土屋・樋口（2004）でそうした試みが示されている．

13

ファクター・モデル

この章で何を学ぶのか？
1. 多数の経済変数を少ないファクター（要因）で説明しようとするファクター・モデルの経済的な意味について復習する．
2. カルマンフィルターを用いた未知のファクター・モデルの推定，ファクターが資産価格に与える影響を表す確率ベータの推定方法を学ぶ．

13.1 はじめに

　ファイナンス理論の重要な成果はリターン（資産価格）とリスクとの間の関係を示す資産価格決定理論（asset pricing）である．リスクには市場（価格変動）リスク，信用リスク，流動性リスクなどがあるが，ここでは価格変動リスクを取り上げる．

　ファイナンス理論では価格変動リスクを価格の変化率（収益率）の標準偏差（ボラティリティ）で示すが，それを①システマティックリスク（systematic risk；組織的危険）と，②アンシステマティックリスク（unsystematic risk；非組織的危険）に分解する．前者は分散投資によっても打ち消すことができないリスク，後者は分散投資によって除去できるリスクを示す．価格や期待リターンに影響を与えるのは前者である．

　株式投資，例えば三井不動産や東京電力に投資することを考えてみよう．株価は変動する．つまり価格変動リスクがある．しかし，業種や規模の異なる会社の株に投資をすれば価格変動が相殺されてリスクは小さくなる．これを分散投資と呼ぶ．日本の上場企業だけに投資することを考えるならば，究極の分散投資は全ての上場企業の株式に分散して投資をすることである．言い換えると，東京証券取引所に上場する全銘柄を対象とした株価指数である TOPIX に投資をするか，

それに連動をする投資信託（インデックスファンド）を購入すればよい．しかし市場指数に投資をしてもリスクはゼロにならない．TOPIX 指数の変動リスクを覚悟しなければならない．

システマティックリスクは，個別企業の株価が市場指数に連動する「度合い」（ベータ；β）ではかることができる．具体的には以下で示すベータでその具体的な大きさをはかる．

この章ではカルマンフィルターによる「ファクター・モデルの推定」を2つの場合に分けて考える．第1は市場を代表する指数がわかっている場合に個別の株式と市場指数の間の関係を示すシステマティックリスクの指標であるベータの確率的かつ時間を通じた変化をカルマンフィルターによって推定する．第2は個別銘柄に影響を与える共通ファクターもわかっていないとき共通ファクターと共通ファクターが個々の資産価格に与える影響度合い（ベータ）を同時にカルマンフィルターと最尤法によって推定する．

13.2 ファクター・モデルによる確率ベータの推定

13.2.1 伝統的な方法：固定ベータの推定

伝統的なベータの推定方法は横軸に株価指数の投資収益率（変化率）を，縦軸に個別企業の投資収益率（変化率）をとって散布図を描き，両者の傾向を表す回帰直線をあてはめてその傾きをベータとして推定する．三井不動産の事例を用いて説明しよう．図 13.1 は 2009 年 1 月 6 日から 2013 年 12 月 30 日までの 1,225

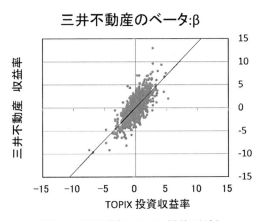

図 13.1　三井不動産のベータ（直線の傾き）

日の営業日（土・日・祝日を除いた日）について，三井不動産（縦軸）とTOPIX（横軸）の投資収益率をプロットしたものである．回帰直線の方程式は次のように示されている．

$$r_t = 0.049 + 1.406 r_{TOPIX,t}, \quad \bar{R}^2 = 0.581, \quad DW = 2.025 \quad (13.1)$$
$$(1.07)(41.22)$$

ここで r_t は三井不動産の t 日目の，$r_{TOPIX,t}$ は TOPIX の t 日目の日次収益率である．$\bar{R}^2$ はこの回帰直線による三井不動産の収益率変動が TOPIX のそれによってどのくらい説明されているかを示す自由度修正済みの決定係数，DW は誤差項の系列相関の存在を検定するためのダービン＝ワトソン比である．この結果から三井不動産のベータは 1.406 であり，式（13.1）の係数の下の（ ）内の t 値が示すように高度に有意であることがわかる．言い換えると，TOPIX の日次収益率が1％増加（減少）すると，三井不動産の日次収益率は1.41％増加（減少）することがわかる．ベータが1であることは TOPIX という究極まで分散投資したポートフォリオをもっていることと同様であるから，三井不動産のリスクはその 1.41 倍あるということになる．

13.2.2　状態空間モデルによる定式化：三井不動産の事例

　回帰分析によるベータの推定は用いた標本期間でベータが変化をしないことを仮定している．言い換えれば，この期間でシステマティックリスクは変化しないとしている．これが本当かどうかを確かめるため次のような状態空間モデルを考える．

観測方程式　　　$\tilde{r}_t = \alpha + \tilde{\beta}_t r_{TOPIX,t} + \tilde{e}_t$　　　　　　　　　（13.2）

状態方程式　　　$\tilde{\beta}_t = \tilde{\beta}_{t-1} + \tilde{\varepsilon}_t$　　　　　　　　　　　　（13.3）

式（13.2）は式（13.1）の回帰モデルに対応している．唯一の違いは状態空間モデルによる定式化では，直線の傾きであるベータが時間とともに確率的に変動すると考えたことである．式（13.3）の状態方程式は状態変数である確率ベータがランダムウォークすることを示している．

　三井不動産を事例として取り上げ，まず固定パラメータの推定結果を示し，次に確率ベータの推定結果を式（13.1）の同社の固定ベータの推定結果と比較してみよう．上の2つの式，式（13.2）と式（13.3）の最尤法による固定パラメータの推定結果は表 13.1 に示されている．

　ここで α は観測方程式の定数項，σ_e, σ_ε は観測方程式と状態方程式の誤差項の標準誤差の最尤法による推定値である．定数項 α が有意でないことは固定ベー

13.2 ファクター・モデルによる確率ベータの推定

表 13.1 式と式のパラメータ推定

	係数	z値	p値
α	0.055	1.18	0.239
σ_e	1.580	70.71	0.000
σ_ε	0.014	3.21	0.001
対数尤度	-2315		

タの推定結果の場合と同様であった．定数項 α が 0 であることはベータではかられたリスクを考慮したあとでの超過期待リターンが 0 であるということを示している．観察・状態方程式の誤差項は高度に有意であった．

図 13.2 は式 (13.2) と式 (13.3) に対してカルマンフィルターを適用して得られた状態変数のフィルタリング値とスムージング値を示している[21]．

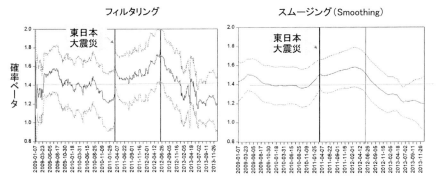

図 13.2 三井不動産の確率ベータ（2009 年 1 月 6 日～2013 年 12 月 30 日）
左右の図の左の縦線は東日本大震災の発生日を，右の縦線はギリシャ債務危機発生時（2012 年 6 月）を，横線は式（13.1）の固定ベータの値：1.406 を示す．

ここから次のような点がわかる．第 1 に確率ベータのフィルタリング値は，そのスムージング値よりも平均値と標準偏差の両方で変化が激しい．これはスムージングが全期間のデータを用いて計算された確率ベータであるため，ほかの多くの場合と同様の結果である．第 2 にフィルタリングとスムージングされたベータ値の平均は固定ベータのまわりを上下変動しているが，スムージングされたベータの平均値は直近の動きは固定ベータの値 1.406 を大きく下回っている．第 3 に，注目すべき点であるが，確率ベータは 2011 年 3 月 11 日に生じた東日本大震

---

[21] 1 期先予測値の結果はほぼフィルタリングと同様であったのでここでは示さなかった．

災を境に急激な上昇を見せていることである．フィルタリングされたベータの平均値を見ると大震災前の 3 月 10 日には 1.28，震災が発生した 11 日には 1.31，翌週月曜の 14 日 1.29 であったのに対し，福島第一原子力発電所事故が深刻化した 3 月 16 日以降には 1.42，1.61，…と約 23% の増加を見せた．これは震災後の復興需要を見込んで期待リターンが増加したが，その背後にリスクの増加があったことを示している．第 4 の興味ある点は大震災の翌年 2012 年 6 月に生じたギリシャ債務危機を境にして三井不動産の確率ベータのフィルタリングの期待値は低下傾向を示している．しかし図 13.2 の右の図の（全てのデータを用いて推定した）スムージングを見るとベータの低下はギリシャ危機発生の 3，4 ヶ月前にすでに始まっていたことがわかる．

13.3　新しいイベント研究

　イベント研究とは企業の経営活動に関する様々なイベント（出来事），例えば在庫や減価償却の会計評価方法の変化，経営者の交代，利益発表，吸収と合併（M&A）などが当該企業の株価や社債価格にどのような影響を与えているかを研究するものである．伝統的なイベント研究ではイベントの発生が企業のアンシステマティックリスク（分散可能リスク）にどのような影響を与えるかを検討する．具体的には式 (13.1) で示される固定ベータ推定式の誤差（残差）項をイベントが生じた日の前後の適当な期間，例えば 30×2＝60 営業日にわたり，残差 ε_t の累積である「累積異常収益率（CAR；Cumulative Abnormal Return）」を計算する．その時系列推移をプロットし，イベン生起日，あるいはその前後で有意な変化が生じているかどうかを調べる．もしイベントが企業のリスクに影響をしていなければ，累積異常収益率は平均 0 のランダムな変化を示すはずである．

　こうしたイベント研究の方法は重要な点を暗黙のうちに仮定している．つまり累積異常収益率の計算にあたって，式 (13.1) で示されるように，システマティックリスクを示すベータは一定であり，変化がないと仮定している．従来のイベント研究ではイベント発生が企業特有のリスクであるアンシステマティックリスクにどのような影響を与えているかを検討するが，分散することができないリスク，システマティックリスクには大きな関心を払わない．しかし企業の変革，経営者の交代，新製品の発表，新しい技術革新，M&A などのイベントは企業のシステマティックリスク，すなわちベータにも影響をしていると考えるほうが自然である．あるいは企業自身にそうした変化がなくとも，リーマン・ショックに代

表されるような恐慌や東日本大震災に見られるような自然大災害は企業のシステマティックリスクであるベータに大きな影響を与えることが予想される．こうした点を検討するために，東日本大震災とそれに続く福島第一原子力発電所事故を事例にとり，そうしたイベントが日本の電力会社のシステマティックリスクとアンシステマティックリスクの両方にどのような影響があったかを状態空間モデルを用いて分析する．

13.3.1 平均回帰する確率ベータ

式（13.2）と式（12.5）で示された最も単純な状態空間モデルにおいて，ベータの平均回帰傾向を示すことを許容する次のような拡張を試みる．

観測方程式　　　$\tilde{r}_t = \alpha + \tilde{\beta}_t \tilde{r}_{M,t} + \tilde{e}_t$ (13.4)

状態方程式　　　$\Delta \tilde{\beta}_t = a(\bar{\beta} - \tilde{\beta}_{t-1}) + \tilde{\varepsilon}_t$ (13.5)

式（13.5）は第 14 章の「債券と金利期間構造分析」で説明する平均回帰傾向を示している．ここで左辺の $\Delta \tilde{\beta}_t = \tilde{\beta}_t - \tilde{\beta}_{t-1}$ はベータの 1 期間変化を示している．$\bar{\beta}$ はベータの長期平均，a は t 期の確率ベータがその長期平均 $\bar{\beta}$ に向かって「回帰する強さ」を示している．もし $a=1$ ならば，ベータがどのような水準にあろうとも 1 期間でその長期平均 $\bar{\beta}$ に回帰することを意味している．a が 1 以下であることは長期平均 $\bar{\beta}$ に回帰するにあたりより多くの時間が必要になることを意味している．

13.3.2 イベントの平均回帰する確率ベータへの影響の推定方法

特定のイベントが，システマティックリスクを示すベータとアンシステマティックリスクの尺度である誤差項の標準誤差に，どのような影響を与えるかを調べるため，次の式（13.6）で定義されるイベントダミー変数，

$$D_t \equiv \begin{cases} 0 & if \quad t < t^* \\ 1 & if \quad t \geq t^* \end{cases} \quad (13.6)$$

を用いて上の式（13.5）で表された状態方程式を以下の式（13.8）のように拡張する．ここで東日本大震災の確率ベータに与える影響を示すためにイベント発生時点を示す t^* を 2011 年 3 月 11 日とする．

観測方程式　　　$\tilde{r}_t = \alpha + \tilde{\beta}_t \tilde{r}_{M,t} + \tilde{e}_t$ (13.7)

状態方程式　　　$\Delta \tilde{\beta}_t = (a + d_a D_t)((\bar{\beta} + d_{\bar{\beta}} D_t) - \tilde{\beta}_{t-1}) + \tilde{\varepsilon}_t$ (13.8)

観測方程式は前の式（13.2）あるいは式（13.4）と同様であるが，状態方程式は大震災が平均回帰の強さを示す a と長期平均 $\bar{\beta}$ に与える影響を検証するため

の震災ダミーを用いて変更されている．$d_a, d_{\bar{\beta}}$ は大震災の影響を示すパラメータである．式（13.8）を水準によって表現するように書き直すと

$$\tilde{\beta}_t = \begin{cases} a\bar{\beta} + (1-a)\beta_{t-1} + \bar{\varepsilon}_t & if \ t < t^* \\ (a+d_a)(\bar{\beta}+d_{\bar{\beta}}) + (1-(a+d_a))\beta_{t-1} + \bar{\varepsilon}_t & if \ t \geq t^* \end{cases} \quad (13.9)$$

となる．もし $d_a = 0 = d_{\bar{\beta}}$ であれば，上の式（13.9）は式（13.5）に帰着する．もしイベントダミーに対する推定パラメータ $d_{\bar{\beta}}$ が統計的に有意（0ではないと判断）であればベータの長期平均 $\bar{\beta}$ は大震災というイベントが生じたことにより変化したといえる．また，推定パラメータ d_a が統計的に有意であればベータの長期水準 $\bar{\beta}$ への回帰の強さ a が大震災によって変化したと判断できる．固定パラメータ $d_a, d_{\bar{\beta}}$ は誤差項の標準誤差や平均回帰水準や平均回帰の強さを示すパラメータとともに最尤法によって推定される．

13.3.3 イベントのアンシステマティックリスクへの影響の測定方法

ベータが確率的に変動すると考えた場合であっても，イベントが分散可能リスク，つまり個別企業の特有のリスクにどのような影響を与えたかを検討することは依然として重要な課題である．状態空間分析の枠組みのもとで式（13.7）の観測方程式の誤差項の標準誤差と式（13.9）の状態方程式の誤差項の標準誤差，そして，これら2つの誤差項の共分散が，イベント発生以前と以後で有意な変化を示したかどうかを検証する．つまり，誤差項の標準誤差と共分散に対しても式（13.6）のダミー変数を適用し，

$$\bar{e}_t \sim N(0, \sigma_e^2 + d_{\sigma_e}D_t), \qquad \bar{\varepsilon}_t \sim N(0, \sigma_{\varepsilon}^2 + d_{\sigma_{\varepsilon}}D_t)$$
$$Cov(\bar{e}_t, \bar{\varepsilon}_t) = \sigma_{e\varepsilon} + d_{\sigma_{e\varepsilon}}D_t \quad (13.10)$$

という定式化を試みる．ダミー変数の係数 $d_{\sigma_e}, d_{\sigma_{\varepsilon}}, d_{e\varepsilon}$ が有意に0から離れていればイベント発生により企業のアンシステマティックリスクが変化したことを確認できる．結局，最尤法によって $\alpha, a, d_a, \bar{\beta}, d_{\bar{\beta}}, \sigma_e, d_{\sigma_e}, \sigma_{\varepsilon}, d_{\sigma_{\varepsilon}}, \sigma_{e\varepsilon}, d_{\sigma_{e\varepsilon}}$ の11個の固定パラメータを推定する．

13.3.4 データと実証結果

利用したデータ　実証分析のために用いたデータは，2002年1月4日より2013年9月25日までの2,876営業日の株式投資収益率である．対象企業は東京証券取引所に上場をしている沖縄電力を含む10社の電力会社である．沖縄電力が原発に依存しない電力企業であることに注目して沖縄電力と原子力発電所（以下，原発）依存のほかの9電力との比較分析をおこなう．

a. 確率ベータの推定結果

　状態変数の推定結果が図 13.3 と図 13.4 に示されている．沖縄電力の確率ベータは震災と福島第一原子力発電所事故の影響をまったく受けていないのに対し，ほかの電力会社の確率ベータはそれらのイベントの影響が顕著に示されている．明らかに震災と原発事故は原発を有する電力会社のシステマティックリスクに影響を与えている．

　ただし震災と原発事故の影響は原発を有している電力会社で異なる．東京電力と東北電力の確率ベータの平均値と分散はほぼ同様な動きをしている．震災と原発事故の後，確率ベータの平均値が 0.3 から 1.3 程度の水準の上昇が見られるとともに，その分散も拡大した．これに対し，関西電力と中部電力では確率ベータの平均値そのものが大きく上下に変動しており，確率ベータの変動自体も相互に似通ったパターンを示している．これに対し九州電力の確率ベータはその平均値が東京電力や東北電力と同様，高止まり傾向を示したのに対し，その分散は逆に極めて小さくなっている．確率ベータの不確実性は東京電力や東北電力と比較してむしろ小さくなった．

b. 固定パラメータの推定結果

　式 (13.7) から式 (13.10) の固定パラメータの推定結果が表 13.2 に示されている．この結果から 2 つの点に絞って何がいえるのかを示そう．

　1) **震災原発事故のベータの長期平均 $\bar{\beta}_i$ への影響**　　式 (13.8) と式 (13.9) において i 番目の電力会社のベータの長期平均は，大震災前は $\bar{\beta}_i$ で，震災後は $\bar{\beta}_i + d_{\bar{\beta},i}$ で表すことができる．図 13.5 で震災以前と以後の確率ベータの長期平均を棒グラフで比較した．図 13.5 から原発をもたない沖縄電力を除く大手の 9 電力会社では，震災と原発事故後ベータの長期平均が顕著に上昇していることがわかる．震災以前には，大手 9 電力会社のベータの長期平均は 0.3542 という低い水準にあったものの，震災原発事故後には 0.953 と約 2.7 倍に上昇している．原発事故がおきた東京電力では，震災原発事故以前には 0.3758 であったのが，以後は 1.2718 に上昇している．

　これに対し，原発をもたない沖縄電力のベータの長期平均は，震災原発事故以前で 0.0893 であったのが，震災後は 0.0160 へとほぼ 0 になっている．

　これからの結果から，原発に程度の差はあれ依存している 9 電力会社のベータの，長期平均水準で示されるシステマティックリスクは，原発事故の影響により顕著な増加が生じたと解釈することができる．

　2) **震災原発事故の「平均回帰の強さ a_i」の影響**　　震災と原発事故のシス

174   13. ファクター・モデル

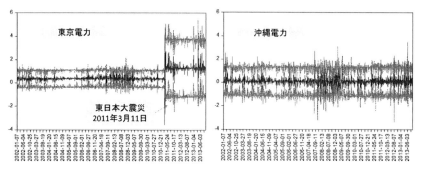

図 13.3 東京電力と沖縄電力の確率ベータのスムージング（2002年1月4日〜2013年9月25日）3本の線のうち中央のものが確率ベータの平均値，それを挟む上下2本のものが2倍の標準誤差を示している．

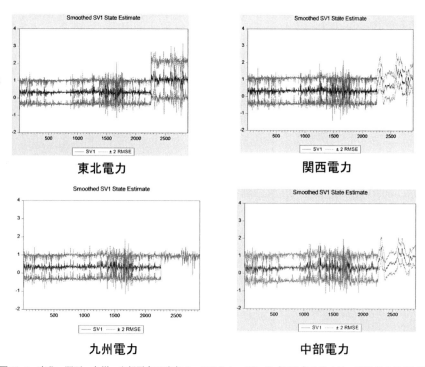

図 13.4 東北，関西，九州，中部電力の確率ベータのスムージング（2002年1月4日〜2013年9月25日）3本の線のうち中央のものが確率ベータの平均値，それを挟む上下2本のものが2倍の標準誤差を示している．

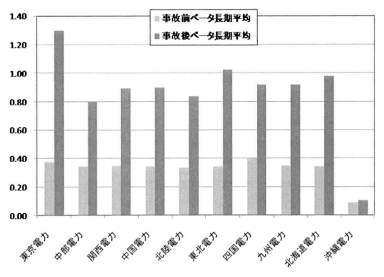

図 13.5 電力会社 10 社のベータの長期平均推定値（大震災発生前 $\bar{\beta}$ と後 $\bar{\beta}+d_{\bar{\beta}}$）

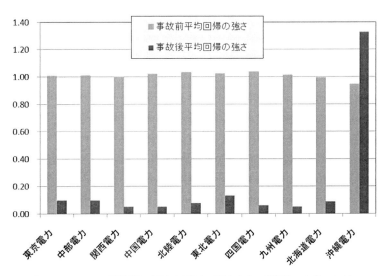

図 13.6 ベータの長期平均に回帰する強さ（電力会社：震災前 a_i と後 a_i+d_a）

176　　　　　　　　　　　　　　　　　　　　　　　　　　　　　　　　　　　　13. ファクター・モデル

表 13.2　電力会社の確率ベータに関するパラメータの推定結果（式 (13.7), (13.8), (13.10)）

	東京電力		中部電力		関西電力		中国電力		北陸電力		東北電力		四国電力		九州電力		北海電力		沖縄電力	
	係数	(t値)	係数	(t値)	係数	(t値)	係数	(t値)	係数	(t値)	係数	(t値)	係数	(t値)	係数	(t値)	係数	(t値)	係数	(t値)
定数項	-0.0072	-0.30	-0.0052	-0.20	0.0067	0.30	-0.0101	-0.50	0.0022	0.10	0.0102	0.40	-0.0017	-0.10	0.0053	0.20	0.0007	0.00	0.0449	1.40
平均回帰の強さ	1.0098	18.4	1.0089	24.2	0.9869	15.7	1.0204	15.1	1.0288	19.1	1.0118	14.1	1.0331	20.1	0.898	11.1	0.9604	14	0.9371	15.9
平均回帰ダミー	0.1158	0.30	-0.9835	-20.50	-0.9559	-14.00	-1.0036	-14.60	-0.973	-14.70	-0.4327	-1.90	-1.0199	-19.40	-0.8727	-10.20	-0.9233	-12.40	0.3851	2.20
ベータの長期平均	0.3678	16.8	0.333	15	0.3431	15.8	0.3361	19.1	0.3413	17.3	0.3338	16	0.3965	19.2	0.3402	16.7	0.3388	17.1	0.0907	2.8
長期ベータダミー	0.9258	4.20	0.4358	2.30	0.5528	2.70	0.5634	2.30	0.5011	4.60	0.7347	5.70	0.5227	1.70	0.5753	2.60	0.6322	3.10	0.018	0.20
観測誤差項分散	0.1158	5.50	0.1112	4.50	0.0691	3.00	-0.3387	-13.90	-0.1612	-5.90	0.0296	1.40	-0.0989	-3.80	-0.0332	-1.40	-0.2084	-8.40	0.7443	29.90
観測誤差項分散ダミー	3.3282	92.80	1.5395	33.70	2.1073	52.00	1.849	37.80	1.8505	52.60	2.1717	56.60	2.0329	44.60	2.1021	60.20	2.1636	49.20	0.3106	5.90
β誤差項分散	-1.9703	-17.50	-1.883	-18.80	-1.8674	-20.10	-2.3074	-25.90	-1.9914	-17.80	-2.1027	-20.20	-1.9645	-22.80	-2.1657	-20.10	-1.9862	-21.20	-0.9015	-10.50
β誤差項分散ダミー	2.3956	6.80	-2.8566	-2.60	-2.2398	-2.10	-2.3401	-3.10	-2.4462	-2.10	0.7885	2.00	-2.9098	-3.20	-2.4896	-1.80	-1.9388	-2.30	-0.004	0.00
共分散	-0.0199	-1.10	-0.0424	-2.40	-0.0157	-1.00	-0.0308	-2.80	-0.0044	-0.30	-0.0242	-1.50	-0.0322	-2.30	-0.0015	-0.10	-0.0048	-0.30	0.0716	2.00
共分散ダミー	-0.0841	-0.10	-0.0365	-0.60	-0.1657	-1.80	-0.0924	-2.00	-0.1836	-2.00	-0.4782	-2.00	-0.033	-0.60	-0.1192	-1.70	-0.008	-0.10	-0.3157	-3.40
対数尤度	-5521.17		-4952.73		-5079.87		-4406.52		-4682.29		-5019.58		-4826.55		-4900.04		-4730.14		-5586.18	

テマティックリスクへの影響は，「長期平均」のみならず，日々確率変動するベータが「長期平均に回帰する強さ」がどのような変化を示したかによっても示すことができる．これは，式 (13.8) と式 (13.9) において平均回帰する強さが震災原発事故以前の a_i から $a_i+d_{a,i}$ へどのような変化を示したかで示すことができる．

図 13.6 は電力会社について震災原発事故前と後の「平均回帰する強さ a_i」の変化を示している．図 13.6 から見て取れるように，沖縄電力を除く原発を保有する 9 電力会社の震災原発事故前の「平均回帰する強さ a_i」はほぼ 1 である．日次の収益率を用いたパラメータ推定であるので，このことは，日次のベータはその長期平均から乖離したとしても，おおよそ 1 日で長期平均 0.3542 に回帰することを意味している．確率ベータの不確実性は極めて小さいことがわかる．一方で震災原発事故以降，「平均回帰する強さ $a_i+d_{a,i}$」は 9 電力会社で平均して，0.0786 となり，ベータが事故後の長期平均 1.2718 に回帰するためには，平均して 12.71 日（=1/0.0786）を要するようになったことがわかる．「平均回帰する強さ」はベータで表されるシステマティックリスクのボラティリティを示すものと考えることができるから，このことはシステマティックリスクがよりボラタイルになった（変わりやすくなった）ことを意味している．言い換えると，震災前におけるベータの計算は通常の最小二乗法による固定ベータの推定でよかったものが，震災以降は確率ベータを推定すべきであったことを示している．

これに対し，原発を有しない沖縄電力の平均回帰する強さは，事故以前にはほかの 9 電力会社とほぼ同水準 0.9461 にあったのが，震災事故後はむしろ増加し 1.3379 となって，システマティックリスクのボラティリティはむしろ減少している．

13.4 確率ベータのさらなる応用

13.4.1 マルチファクター・モデル

これまではファクターが 1 つの場合の確率ベータの推定をおこなった．だが，ファクターは 1 つである必要はない．例えば，Fama and French (1993) の 3 ファクターモデルを考えれば，3 つのシステマティックリスクを考えることができる[22]．

---

[22] Kenneth R. French 教授のウェブサイトから日本を含むいくつかの国についてこれら 3 ファクターの月次あるいは日次データを得ることができる．

13.4.2 スマートベータ

近年スマートベータと呼ばれる運用手法に注目が集まっている．資本市場での情報の入手が容易になり手数料などの運用コストが低下することにより「効率的な資本市場仮説」が成立するようになると，市場平均，例えば TOPIX に連動する運用に対し専門家が勝てなくなる．そうした時代にあって，特定の投資家の好みに合うような指数に連動した運用が注目を浴びている[23]．こうしたときに新しい指数を用いたときのベータを確率ベータとして推定することは資産運用に新しい世界を開く可能性がある．

13.5 未知のファクターを探る

これまでは単一のファクター（例えば TOPIX）がわかっているとして確率ベータをカルマンフィルターによって推定した．次にファクターが何であるかがわからないときに，①ファクターを見つけ出し，②ファクターが個別資産に与える影響度合い（例えばベータ）を，カルマンフィルターによって「同時」に推定する方法を，国債データを用いた事例をもとに，考えてみることにする．

バブル期の金利期間構造

図 13.7 は残存期間が 1 年から 9 年の日本国債の最終利回りを，1985 年 1 月 4 日から 1989 年 12 月 29 日までをバブル期と考えてプロットしたものである[24]．残存期間の違いにかかわらず利回りは同じような動きをしている．言い換えれば異なる満期の国債利回りの背後には共通ファクターがあるためこうした現象が生じると考えることができる．

こうした考え方をもとにして時間とともに確率的に変動する共通ファクター F_t とその影響 b_i を推定するために次のような状態空間モデルを考える．

観測方程式（9 本） $\tilde{y}_{i,t} = b_i \tilde{F}_t + \tilde{e}_{i,t}, \quad i = 1, 2, \cdots, 9$ (13.11)

状態方程式 $\tilde{F}_t = \tilde{F}_{t-1} + \tilde{\varepsilon}_t$ (13.12)

---

[23] スマートベータについては『証券アナリストジャーナル』の 2013 年 11 月号，2014 年 10 月の特集が参考になる．またスマートベータを計算するために設計された株価指数の一例については東京証券取引所のウェブサイトを参照のこと．

[24] ここで用いたデータは財務省のウェブサイト（http://www.mof.go.jp/jgbs/reference/interest_rate/index.htm）より入手可能である．

13.5 未知のファクターを探る

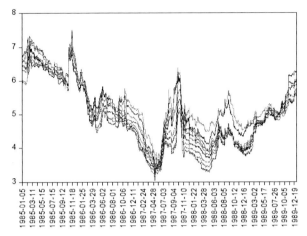

図 13.7 残存期間1年から9年の日本国債の最終利回りの時系列変化（1985年1月4日～1989年12月29日）

ここで $y_{i,t}$ は残存期間が $i=1, 2, \cdots, 9$ 年の日本国債の t 日目（1985年1月4日～1989年12月29日）のパーセント表示の最終利回りであり，$e_{i,t}: i=1, 2, \cdots, 9$ は観測誤差，ε_t は状態方程式の誤差項である．未知の状態変数である共通ファクター F_t にかかる係数 $b_i: i=1, 2, \cdots, 9$ は共通ファクターが異なる残存期間の国債利回りに与える感応度を意味している．すべての誤差項間の相関は0と仮定する．この期間に共通して取引がなされていた日本国債は残存期間が1年から9年のものであるので9本の観測方程式を考える．背後にある共

表 13.3 国債利回り共通要因のパラメータ推定

	係数	標準誤差	z 値		係数	標準誤差	z 値
b_1	0.3103	0.0075	41.6	σ_1	0.2697	0.0116	23.2
b_2	0.3123	0.0065	48.1	σ_2	0.2799	0.0293	9.6
b_3	0.3163	0.0073	43.5	σ_3	0.2025	0.0126	16.1
b_4	0.3169	0.0073	43.2	σ_4	0.1601	0.0187	8.6
b_5	0.3205	0.0074	43.2	σ_5	0.1764	0.0175	10.1
b_6	0.3245	0.0077	42.0	σ_6	0.1570	0.0123	12.8
b_7	0.3285	0.0075	44.0	σ_7	0.2198	0.0113	19.4
b_8	0.3372	0.0077	43.8	σ_8	0.2661	0.0156	17.0
b_9	0.3420	0.0080	43.0	σ_9	0.3942	0.0215	8.3
対数尤度		2393.37		σ_ε	0.1255	0.0052	24.0

$b_1 \sim b_9$ は状態方程式における共通ファクターの感応度，$\sigma_1 \sim \sigma_9$ は観測方程式の誤差項の標準誤差，σ_ε は状態方程式の誤差項の標準誤差を示す．

通ファクターは1個であると判断をした. なぜなら推定された観測方程式の誤差項の標準誤差が小さかったからである.

上のモデルで共通ファクターはカルマンフィルターによって, 状態変数である感応度 $b_i : i=1, 2, \cdots, 9$ と観測誤差の標準誤差 $\sigma_{e,i} : i=1, 2, \cdots, 9$ と状態方程式の誤差項の標準誤差 σ_ε は最尤法で推定された[25]. これらの固定パラメータの推定結果を表13.3に示した. 全ての係数は有意である. ファクターに対する感応度は残存年数が増加するにつれて 0.31 から 0.34 と増加を示している. 観測方程式の誤差項の標準誤差はわずかに 0.15 から 0.4% であるので最終利回りの変動は1つの共通ファクター F_t でほぼ説明されている.

カルマンフィルターによって推定された共通ファクターの時系列推移は図13.8に示されている. 共通ファクターは図13.7で示された9つの最終利回りの推移の平均的な傾向を示している. 共通ファクターの標準誤差は極めて小さい.

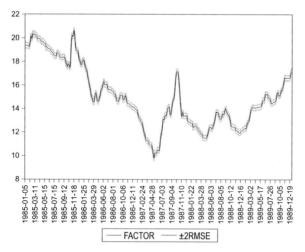

図13.8 国債利回り共通ファクターのスムージング値

---

[25] カルマンフィルターにおける固定パラメータを最尤法で推定するために与える初期値を得るために y_{1t} から y_{9t} までの最終利回りから計算された分散共分散行列に対する「主成分分析」をおこない, 第1主成分を式 (13.11) と式 (13.12) の共通ファクターの代理変数とした. 第1主成分の固有値, すなわちその分散 7.436324 の平方根の 1/9 を各観測方程式の誤差項の標準誤差, 状態方程式の誤差項の標準誤差に割当て初期値とした.

【文 献 解 題】

イベント研究の方法論については MacKinlay (1997), Binder (1998), Kothari and Warner (2004) などのサーベイ論文でその概要を知ることができる.

カルマンフィルターを用いた確率ベータの推定に関しては様々な研究が多数なされている. 例えば Bos and Newbold (1984) は確率ベータ推定の最も初期の論文であり, ベータが平均回帰するときの1ファクターモデルを最尤法で推定している.

Wells (1994) はスウェーデンのストックホルム株式市場の10銘柄の株式とそのポートフォリオに対し1970年から90年にわたる長期の確率ベータと長期の確率アルファ (α；定数項) の推定をおこなっている. より詳細な研究については Wells (1994) を参照してほしい. Choudhry and Wu (2009) は3種の GARCH とカルマンフィルターによる時変ベータモデルによって週次リターンの予測誤差を比較しカルマンフィルターが最も良い結果を示したことを報告している. Groenewold and Fraser (1999) はオーストラリアの23業種の月次株価指数に対し平均回帰する確率ベータをカルマンフィルターによって推定し, 確率ベータの定常性や時間, イベントダミー, それらの交差項に対する回帰係数が有意であるかどうかを検証している. Berglund and Knif (1999) はカルマンフィルターによって推定された確率ベータを固定ベータに比較してその予測がより正確であり, さらに確率ベータと期待リターンとの間に正の関係があることをヘルシンキ株式市場のデータを用いて検証している. Antoniou, Galariotis, and Spyrou (2006) は取引が少ない, 流動性の低い市場で長期の逆バリ戦略が有効かどうかを, 確率ベータと超過期待リターンの存在を示す確率アルファを用いて検証している. 日本における確率ベータの推定事例については矢野 (2004) を参照するとよい.

確率ベータを用いたファンド (投資信託) やヘッジファンドのスタイル分析についての研究に Monarcha (2009), Swinkels and Van Der Sluis (2006) がある.

14

債券と金利期間構造分析

この章で何を学ぶのか？
1. 債券（bond）やそのスポット・レートについて復習する.
2. 債券の利回り変動を説明するファクター・モデルをカルマンフィルターによって推定できることを知る.
3. 均衡割引債価格から未知の短期金利をカルマンフィルターによって推定できることを知る.

14.1 はじめに

多くの人は銀行に預金口座を持っている．預金には普通預金と定期預金がある．普通預金はあらかじめ決めた預け入れ期間（満期）がないものをいう．これに対し定期預金は，あらかじめ年数を決めて銀行に預金するものである．定期預金の金利は何年間お金を預けるかによって違う．通常は期間が長くなれば金利は高くなる．債券投資とはこのようにお金を誰か（銀行，国や地方自治体，企業）に貸して，預入期間に応じた利息（金利）収入を得るとともに，満期が来れば貸したお金（元本）が戻ってくることを約束するというものである．本章では，元本が確実に戻ってくる場合，つまり信用リスクがない債券投資を考える．個人や銀行・証券会社，年金基金などにとってこうした条件を満足する債券投資が国債や地方債投資である．特に国債のなかでも割引債あるいはゼロクーポン債と呼ばれるものに限定して話を進める．割引債は預入期間中に利子が払われないが，購入価格と満期になったときの返済額（額面）の差額が投資家にとってのリターンになる．額面は通常100円なので，それ以下の値段で「割引いて」発行されるために割引債と呼ばれる[26]．

現在時点を t 期としたとき，満期 T に1円を確実に支払い，満期までの期間

14.1 はじめに

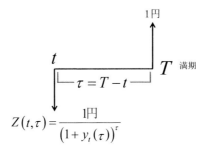

図 14.1 残存期間が $\tau = T-t$ 年,満期 T に 1 円を支払う割引債の現在時点 t の理論価値 $Z(t, \tau)$

(残存期間) が $\tau = T-t$ 年の割引債の t 期 (現在時点) の理論価格 $Z(t, \tau)$ は次のように計算される.

$$Z(t, \tau) = \frac{1 円}{(1+y_t(\tau))^{T-t}} \tag{14.1}$$

また,この割引債の現在時点の価格と満期での現金の流れ,すなわちキャシュフローは図 14.1 に示されている.

ここで $y_t(\tau)$ は現在 t 期であったときに満期 T,言い換えれば現在から $\tau = T-t$ 後に確実に支払われる 1 円を現在時点の価格 (現在価値,購入費用) に変換する役割を果たしており,T 年スポットレートあるいは T 年利回り (イールド) と呼ばれている.式 (14.1) は離散表示であるが,その連続表示は次のようになる[27].

$$Z(t, \tau) = e^{-y_t(\tau)\tau}, \quad \tau = T-t \tag{14.2}$$

横軸に残存期間 τ 年を,縦軸に対応するスポットレート $y_t(\tau)$ をとってプロットし,曲線近似したものをスポットレート曲線あるいは利回り曲線 (イールド曲線) と呼ぶ.

図 14.2 は 2013 年 8 月時点の日本 (下の曲線) と米国 (上の曲線) のスポットレート曲線を示している.縦軸が式 (14.1) あるいは式 (14.2) の $y_t(T)$ を示す.横軸は 1 ヶ月,3 ヶ月,6 ヶ月,1,2,3,4,5,7,10,15,20,25,30 年の残存期間 (τ) を示している.

---

[26] 定期的に (通常年 2 回) 利子を払うものをクーポン債と呼ぶが,それは割引債のポートフォリオ (組み合わせ) とみなすことができる.
[27] 指数関数 e^X はもし X が十分に小さい数であれば,$e^X \approx (1+X)$ と近似できる.したがって $Z(t, \tau) = 1/(1+y_t(\tau))^\tau = (1+y_t(\tau))^{-\tau} \approx \exp(-y_t(\tau)\tau)$ と表すことができる.

14.2 金利期間構造モデルのファクター・モデル

金利の期間構造モデルとは図14.2のスポットレート曲線の形状を説明する数理モデルをいう．モデル構築のためには様々なアプローチがあるが，以下では，①曲線の形状全体の動きをモデル化する方法，②曲線の一番左端の短期金利のみに注目し，カーブのそのほかの部分は短期金利の変動に完全に連動していると考える方法の2つについてカルマンフィルターの適用を考える．

14.2.1 ネルソン＝シーゲル・モデル

図14.2のt期のスポットレート曲線$y_t(\tau)$は横軸で示される残存期間$\tau=T-t$の関数である．時間が経過するとともに様々な変化を示す．この曲線を具体的かつ経済的に意味のある残存期間τの関数と示すことを考える．このときネルソン＝シーゲル（Nelson and Siegel）関数（Nelson and Siegel, 1987）と呼ばれる次のような関数を用いる場合が多い．

$$y_t(\tau) = \beta_1 + \beta_2 \left(\frac{1-e^{-\lambda\tau}}{\lambda\tau} \right) + \beta_3 \left(\frac{1-e^{-\lambda\tau}}{\lambda\tau} - e^{-\lambda\tau} \right) \quad (14.3)$$

この式で左辺のスポットレートを従属変数$y_t(\tau)$，右辺3つの変数を説明変数とし，誤差項e_tを付け加えると，

$$y_\tau = \beta_1 X_1 + \beta_2 X_{2,t} + \beta_3 X_{3,t} + e_t \quad (14.4)$$

という線形回帰式に書き換えることができる．ここで$X_1 \equiv 1$，$X_{2,t} \equiv (1-e^{-\lambda\tau})/\lambda\tau$，$X_{3,t} \equiv (1-e^{-\lambda\tau})/\lambda\tau - e^{-\lambda\tau}$である．$\lambda=0.15$としたとき，図14.3にこれら3つの変数を残存期間τの関数として示した．

ネルソン＝シーゲル関数は4つのパラメータ（$\lambda, \beta_1, \beta_2, \beta_3$）がとる値によっ

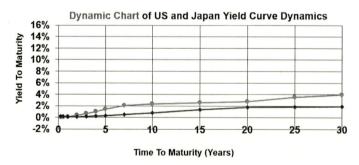

図14.2 2013年8月の日米のスポットレート曲線（上：米国，下：日本）
縦軸はスポットレート（$y_t(\tau)$），横軸は残存期間（τ）を示す．

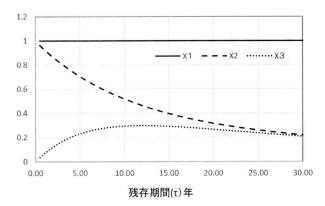

図 14.3 $\lambda=0.15$ のときの式（14.4）の右辺の $X_1, X_{2,t}, X_{3,t}$ の変化

て様々な形のスポットレート曲線を再現することができる．またそれぞれのパラメータは，係数 λ の特定の値を所与としたとき，Diebold and Li（2006）によると次のような経済的な意味付けを考えることができる．

1) β_1：**スポットレート曲線の「水準（L：level）」**　式（14.3）でほかの2つのパラメータを $\beta_2=\beta_3=0$ とすれば $y_t(\tau)=\beta_1\times1=$ 定数となる．つまり β_1 はスポットレート曲線の水準（水準）を表す．また式（14.3）において残存期間を無限大 $(\tau\to\infty)$ とすれば $y_t(\tau)=\beta_1$ となることから，残存期間が無限大の債券，すなわち β_1 は永久債の利回りとも考えられる．

2) β_2：**スポットレート曲線の「傾き（S：slope）」**　式（14.4）の右辺第2項の $X_{2,t}\equiv(1-\exp\{-\lambda\tau\})/\lambda\tau$ は所与の $\lambda>0$ に対し図 14.3 に示されているように残存期間 τ の減少関数である．したがって，β_2 はスポットレート曲線の傾きの程度を表す．

3) β_3：**スポットレート曲線の「曲率（C：curvature）」**　式（14.4）の右辺第3項の $X_{3,t}\equiv(1-\exp\{-\lambda\tau\})/\lambda\tau-\exp\{-\lambda\tau\}$ は図 14.3 に示されているように特定の $\lambda>0$ に対し，残存期間 τ の増加関数である．また $X_{2,t}$ を τ で偏微分すると $X_{3,t}$ になるので，$X_{3,t}$ はスポットレート曲線の曲率（曲がり具合）の大きさを表している．

14.2.2　ネルソン＝シーゲル・モデルの推定

ネルソン＝シーゲル・モデルによる金利の期間構造の推定にあたってはいくつかの方法がある．第1の方法は，債券の市場価格に適合するようなパラメータ

(λ, β_1, β_2, β_3) を推定するものであり，第2の方法は，債券価格からスポットレートを何らかの方法で推定をし，得られたスポットレートを従属変数とし，式 (14.4) の $X_1=1$, $X_{2,t}$, $X_{3,t}$ を独立変数とする回帰分析により未知のパラメータ (λ, β_1, β_2, β_3) を推定する．ここでは第2の方法について，通常の線形回帰分析を用いる場合とカルマンフィルターを用いる場合とを比較検討する．

1) 線形回帰分析による固定パラメータ (λ, β_1, β_2, β_3) の推定 式 (14.4) の回帰モデル $\tilde{y}_t = \beta_1 + \beta_2 X_{2,t} + \beta_3 X_{3,t} + \tilde{e}_t$ において $X_{2,t}$, $X_{3,t}$ を独立変数とする回帰分析をおこなう．独立変数 $X_{2,t}$ と $X_{3,t}$ が推定すべきパラメータ λ の関数であるため非線形の最小二乗法や最尤法を用いる必要がある．これに対し簡便な方法として，λ の可能な範囲，例えば $\lambda=0$ から 1 の間を 0.1 刻みで与え，それぞれについて線形の最小二乗法を適用し，決定係数 R^2 が最大である推定結果 (λ, β_1, β_2, β_3) を採用する方法もある．

2) カルマンフィルターによるパラメータ (λ, β_1, β_2, β_3) の推定 カルマンフィルターを用いると，式 (14.4) の係数 (β_1, β_2, β_3) が時間とともに不確実に変化させることができる．ここで残存期間が1年，3年，5年の3つのスポットレートを考えてネルソン＝シーゲルモデルの推定を試みる．時間依存の係数を $\tilde{L}_t \equiv \tilde{\beta}_{1,t}$, $\tilde{S}_t \equiv \tilde{\beta}_{2,t}$, $\tilde{C}_t \equiv \tilde{\beta}_{3,t}$ と書き換え，式 (14.4) を次のような状態空間モデルとして定式化する．

観測方程式
$$\begin{cases} \tilde{y}_t(1) = \tilde{L}_t + \tilde{S}_t\left(\dfrac{1-e^{-\lambda}}{\lambda}\right) + \tilde{C}_t\left(\dfrac{1-e^{-\lambda}}{\lambda} - e^{-\lambda}\right) + \tilde{e}_{1,t} \\ \tilde{y}_t(3) = \tilde{L}_t + \tilde{S}_t\left(\dfrac{1-e^{-3\lambda}}{3\lambda}\right) + \tilde{C}_t\left(\dfrac{1-e^{-3\lambda}}{3\lambda} - e^{-3\lambda}\right) + \tilde{e}_{3,t} \\ \tilde{y}_t(5) = \tilde{L}_t + \tilde{S}_t\left(\dfrac{1-e^{-5\lambda}}{5\lambda}\right) + \tilde{C}_t\left(\dfrac{1-e^{-5\lambda}}{5\lambda} - e^{-5\lambda}\right) + \tilde{e}_{5,t} \end{cases}$$
(14.5)

状態方程式
$$\begin{cases} \tilde{L}_t = \tilde{L}_{t-1} + \tilde{\varepsilon}_{L,t} \\ \tilde{S}_t = \tilde{S}_{t-1} + \tilde{\varepsilon}_{S,t} \\ \tilde{C}_t = \tilde{C}_{t-1} + \tilde{\varepsilon}_{C,t} \end{cases}$$
(14.6)

観測方程式の数はスポットレート曲線上の点の数だけある．この場合それは 1, 3, 5 年の3つである．観測方程式の誤差項 ($e_{1,t}$, $e_{3,t}$, $e_{5,t}$) は正規分布し，互いに独立であると仮定する．状態変数はスポットレート曲線の水準 L, 傾き S, 曲率 C にあたり，それらはランダムウォークすると仮定する．さらに状態方程式の3つの誤差項 ($\varepsilon_{L,t}$, $\varepsilon_{S,t}$, $\varepsilon_{C,t}$) は互いに独立であり，またそれらと観測方程式

の誤差項 ($e_{1,t}$, $e_{3,t}$, $e_{5,t}$) も互いに独立であると仮定する．

実証結果： 2004年3月より2014年4月までの122ヶ月の日本国債のスポットレートのデータを用い Nelson and Seigel モデルを推定した[28]．カルマンフィルターによる3つの状態変数，つまり金利期間構造の水準 L_t，傾き S_t，曲率 C_t の平滑値とその ±95%範囲が図 14.4 に示されている．

水準 L_t と曲率 C_t は 2008年10月のリーマン・ショック発生時まで低下し，それ以降はほぼ横ばい傾向を示している．傾き S_t の増加傾向はリーマン・ショックを境に一定水準にとどまっている．リーマン・ショックが金利の期間構造に与えた影響はかなりあったと見てよい．

図 14.5 は 5年ものスポットレート $y_t(5)$ と 10年ものスポットレート $y_t(10)$ の 1ヶ月後の予測結果を示している．予測誤差を見ると系列相関があるが，全体としてはおおむね1ヶ月後の5年，10年スポットレートをよく予測できている．

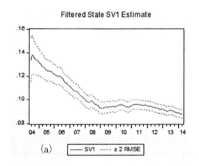

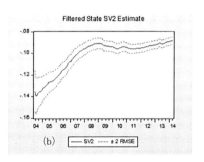

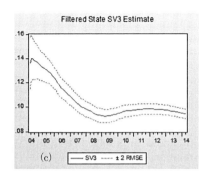

図 14.4 3つの状態変数，金利期間構造の水準 L_t (a)，傾き S_t (b)，曲率 C_t (c) の平滑値とその ±95%範囲

---

[28] スポットレートデータは株式会社 Quick が発表している月次データを用いた．スポットレートでなく，残存期間別の最終利回りを多項式でスムージングしたデータであれば日本のみならず米国や英国などのデータであっても各国の財務省や中央銀行のウェブサイトから入手できる．

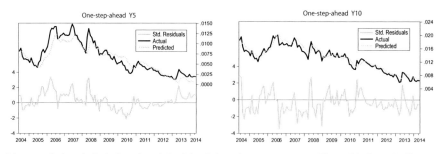

図 14.5 式 (14.5) と式 (14.6) にもとづく 5 年と 10 年スポットレート (左：$y_t(5)$, 右：$y_t(10)$) の，予測値と実績値の比較 (上) と，基準化された予測誤差 (下)

14.3 短期金利の確率過程の推定

14.3.1 短期金利の重要性

図 14.2 のスポットレート曲線上の点で，債券価格決定にとって最も重要な点が，一番左の点，つまり短期金利である．t 期の短期金利 r_t とは今から見てすぐに満期を迎え額面金額を支払う割引債の利回りである[29]．

この短期金利の現在と将来の値が債券の価値を決める．背後にある考え方を簡単な例で説明しよう．図 14.6 に示した今 ($t=0$) から見て 2 期 ($t=T=2$) 間後に 1 円を確実に支払う割引債の現在時点 $t=0$ の価値 $P(0, 2)$ は

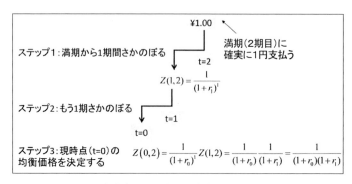

図 14.6 短期金利 r_t の重要性 (2 期間割引債の場合)

---

[29] これを「超」短期金利と呼ぶ．厳密に表現すると短期金利 r_t とは $r_t = \lim_{\tau \to 0} y_t(\tau)$ である．

14.3 短期金利の確率過程の推定

Step 1   at $t=1$ $Z(1, 2)=\dfrac{1}{(1+r_1)^1}$ (14.7)

Step 2   at $t=0$ $Z(0, 2)=\dfrac{1}{(1+r_0)^1}Z(1, 2)=\dfrac{1}{(1+r_0)(1+r_1)}$ (14.8)

と計算できる．必要なものは現在時点の短期（1期間）金利 r_0 と今から1期間後の短期（1期間）金利 r_1 である．つまり割引債の価格決定のためには毎期の短期金利だけでよい．言い換えれば，現在の短期金利がわかっていて，それをもとにして将来の短期金利がどのように変化するかを示す数式があれば割引債の価格を求めることができる．その最も有名なものとして次のバシシェック（Vasicek）モデルを考えてみよう．

14.3.2 バシシェック・モデル

残存期間がどんなものであってもその割引債価格を決定するためには，短期金利，つまり金利期間構造（スポットレート曲線）の一番左端の「短期」金利が時間とともにどのように動いていくのかを知ればよい．Vasicek (1977) は，1930年に発表されたケインズの貨幣論（Keynes, 1971）に依拠して，式（14.9）に示すような短期金利が確率的かつ平均回帰する短期金利の確率変動を示すモデル（確率微分方程式）を提唱した．

$$d\tilde{r}_t=a(b-r_t)dt+\sigma d\widetilde{W}_t \qquad (14.9)$$

ここで r_t は t 期の短期金利水準，dt は微小な時間増分，dr_t は時間変化 dt あたりの短期金利の確率的な変化，b は短期金利の長期平均水準，a は t 期の短期金利が平均回帰水準に向かう強さ，σ は短期金利変化のボラティリティ（$\sigma=\sqrt{Var(dr_t)}$）である．増分ウィナー過程の定義により $d\widetilde{W}_t=\tilde{u}_t\sqrt{dt}$，ここで

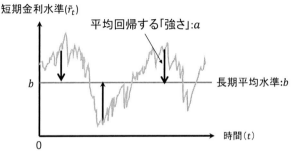

図 14.7 平均回帰する短期金利 $r_t=ba\Delta t+(1-a\Delta t)r_{t-\Delta t}+\sigma\sqrt{\Delta t}\,\tilde{u}_t$

$u_t \sim N(0, 1)$ は標準正規分布に従う確率変数,と表すことができる.式 (14.9) を離散化し金利の「水準」を説明するモデルに変形をすると,次のようになる.

$$\Delta \tilde{r}_t = a(b - r_{t-\Delta t})\Delta t + \sigma \Delta \widetilde{W}_t$$
$$\Rightarrow \tilde{r}_t = r_{t-\Delta t} + a(b - r_{t-\Delta t})\Delta t + \sigma \tilde{u}_t \sqrt{\Delta t} \qquad (14.10)$$
$$\Rightarrow = ba\Delta t + (1 - a\Delta t)r_{t-\Delta t} + \sigma \sqrt{\Delta t}\,\tilde{u}_t$$

最後の式によって説明される短期金利の変動の典型的なパス (経路) が図 14.7 に示されている.通常金利は年率換算で表示される.したがって推定すべき固定パラメータ (a, b) も年率表示であることが望ましい.例えば毎月 1 回の金利データが観測できる場合には年率ではかった時間刻みは $\Delta t = 1/12$ 年である.

14.3.3 状態空間モデル

式 (14.10) のパラメータをカルマンフィルターによって推定するために次のような状態空間モデルを考える.式 (14.10) をカルマンフィルターによって推定する場合,短期金利の長期平均 b あるいは平均回帰する強さ a を未知の状態変数と考えることができる.ここでは長期平均がランダムウォークする場合を考える.

| 観察方程式 | $\Delta \tilde{r}_t = a(b_t - r_{t-\Delta t})\Delta t + \sigma \Delta \widetilde{W}_t$ | (14.11) |
| 状態方程式 | $\tilde{b}_t = \tilde{b}_{t-\Delta t} + \tilde{\varepsilon}_t$ | (14.12) |

ここで $\tilde{e}_t \equiv \sigma \Delta \widetilde{W}_t = \sigma \tilde{u}_t \sqrt{\Delta t} \sim N(0, \sigma^2 \Delta t)$ は正規分布に従う観察方程式の誤差項であり,$\tilde{\varepsilon}_t \sim N(0, \sigma_b^2)$ は正規分布する状態誤差項である.こうしたモデルから生み出される短期金利の経路 (パス) の一例が図 14.8 に示されている.短期金利のパスはランダムウォークする長期平均のまわりを強さ a でもってランダムに

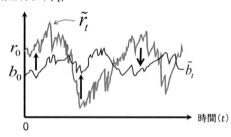

図 14.8 複合モデル:長期金利水準 $\tilde{b}_t$ が確率変動するモデル (式 (14.12))

変動している[30].

14.4 債券価格モデル

　ここで議論する短期金利 r_t とは，理論的には，直近（今から一瞬後）に満期を迎える割引債の利回りである．そうした債券が常に市場で取引されているわけではない．したがって超短期金利を観察することはできない．そこで以下のような状態空間モデルを考え，一般には観察できない短期金利を推定することを考えてみよう．

割引債価格モデル：　式（14.9）で示されるバシシェック型の短期金利の確率微分方程式を考えたときの残存期間が $\tau = T-t$ の t 期の割引債の均衡価格 $Z(t, T)$ が Vasicek（1977）によって次のように示されている．

$$Z(t, T) = A(t, T) e^{-(r_t B(t, T) + H(t, T))} \tag{14.13}$$

ここで
$$A(t, T) \equiv \exp\left\{[(T-t) - B(t, T)]\left(\frac{\sigma^2}{2a^2}\right) - \frac{\sigma^2}{4a} B^2(t, T)\right\} \tag{14.14}$$

$$B(t, T) \equiv \frac{1}{a}[1 - e^{-a(T-t)}],$$

$$H(t, T) \equiv b'[(T-t) - B(t, T)],$$

$$b' \equiv b - \lambda(t)\left(\frac{\sigma}{a}\right) \tag{14.15}$$

また $\lambda(t)$ は投資家のリスク回避度である．式（14.13）の両辺の自然対数をとると，

$$\ln Z(t, T) = \ln A(t, T) - H(t, T) - r_t B(t, T) \tag{14.16}$$

と書き直すことができる．これは短期金利 r_t に関して線形関数である．したがって，次のような線形の状態空間モデルを考えることができる．

観測方程式　　$\tilde{Y}_t = \ln A(t, T) - H(t, T) - \tilde{r}_t B(t, T) + \bar{e}_t$ 　（14.17）

状態方程式　　$\bar{r}_t = ba\Delta t + (1 - a\Delta t)\tilde{r}_{t-\Delta t} + \tilde{\varepsilon}_t$ 　（14.18）

ここで $Y_t \equiv \ln Z(t, T)$ かつ $\tilde{\varepsilon}_t \equiv \sigma \Delta \widetilde{W}_t = \sigma \tilde{u}_t \sqrt{\Delta t} \sim N(0, \sigma^2 \Delta t)$ は正規分布する状態誤差項である．最尤法により推定すべき固定パラメータは $(a, b, \lambda, \sigma_e, \sigma_\varepsilon)$ の5つである．リスク回避度 $\lambda \equiv \lambda(t)$ は時間にかかわらず一定として推定する．残存期間 $T-t$ は時間とともに単調に減少するモデルの外から

---

[30] 短期金利を物価水準に置き換えたときのカルマンフィルターによる推定結果を第12章「経済分析への応用」で示した．

与えられる外生変数 $X_t \equiv T-t$ である．式（14.18）は短期金利が平均回帰傾向を示すことを示している[31]．

【文献解題】

ネルソン＝シーゲル・モデルについては Nelson and Siegel（1987）を，その実証に関しては Diebold and Li（2006）を参照してほしい．日本国債に対する適用にあたり，ファクターとしてマクロ経済指標をも考慮しかつカルマンフィルターを用いたネルソン＝シーゲル・モデルの推定が藤井・高岡（2007）によって，日本の社債に関した研究が小林（2012）によっておこなわれている．

短期金利の確率過程推定において短期金利の長期平均が平均回帰するようなモデルのカルマンフィルターを用いた推定が Babbs and Nowman（1998, 1999）でおこなわれている．Babbs and Nowman（1998, 1999），Duan and Simonato（1999），Vasicek（1977）を含むより一般的な短期金利の確率過程を考えたときカルマンフィルターを用いた推定問題を議論している．ここで説明した考え方とはやや異なるが，カルマンフィルターによる金利期間構造の推定については高森・清水（1992）が興味深い．

---

[31] 日本政府は割引債を発行してはいないが，日本国債のクーポンと額面を分離したストリップ債の日次価格データが日本証券業協会の「公社債店頭売買参考統計値」から入手できる．

15

先物価格の決定と先物ヘッジ

> **この章で何を学ぶのか？**
> 1. カルマンフィルターを用いると先物分析で何が可能になるかを学ぶ．特に以下の2点に着目する．
> 2. 先物価格から現物価格とその期間構造を推定する．
> 3. 確率的な先物ヘッジ比率を推定する．

15.1 先物取引とは

　先物取引あるいは先物契約とは，①「先」つまり将来時点で，②対象とする「物」を，③決められた数量と決められた価格（先物価格）で，④買ったり（先物買い）あるいは売ったり（先物売り）することを，⑤現在時点で，⑥約束（契約を結ぶ）ことである[32]．先物という「モノ」があってそれを売り買いするのではないことに注意しよう．先物市場に参加している多くの買い手と売り手の間の取引結果として先物価格が決まる先物契約（futures contract）と，特定の買い手と売り手の間での相対(あいたい)取引の結果として先渡し価格が決まる先渡し取引（forward contract）がある．

　この章ではカルマンフィルターを用いた先物分析として，①先物価格から未知の現物価格の推定，②先物を用いて現物リスクを最小にするための「最適ヘッジ比率」の推定の2つについて述べる．

---

[32] 先物契約についていくつかのエピソードと江戸時代の米先物取引（帳合米取引）については森平(2011)を参照．

15.2 先物価格からの現物価格の推定

15.2.1 先物価格と現物価格の関係

先物契約の対象となるものを原資産 (underlying asset) あるいは現物 (cash) と呼ぶ．金融先物取引の対象となる現物は毎日活発に取引されている．例えば，わが国における最大の先物取引である日経225先物取引が対象にする現物は日経225株価指数である．しかし多くの商品先物取引では，その対象となる現物取引が活発でないか，取引があったとしてもそのときどきの価格がわからない，公表されていないといったことが多い．例えば大阪堂島商品取引所に上場されている「東京コメ先物」が対象にする現物は「群馬県産あさひの夢」，「栃木県産あさひの夢」，「埼玉県産彩のかがやき」，「千葉県産ふさおとめ」，「千葉県産ふさこがね」のいずれかの「うるち玄米1等品及び2等」と決められている．

しかしそれらの実際の価格は関連の業界や生産農家や農協のごく一部だけが共有する情報であり，外部からは頻繁に知ることができない[33]．原油価格の代表的な価格指数であるウェスト・テキサス・インターミディエート (WTI; West Texas Intermediate) でさえその厳密な現物価格はよくわからないのが実情である．カルマンフィルターにより，頻繁に取引されている先物価格からあるべき現物価格を逆に推定できる．これをインプライド現物価格と呼ぶ．現物価格推定のためのモデルと推定例を以下に示す．

15.2.2 先物価格からの現物価格の推定：その考え方

日々の日経225「先物」価格から日経225「現物価格」を，カルマンフィルターを用いて推定してみよう．とはいえ，実際には日経225価格指数そのものは225銘柄の株式価格の平均として計算できるため，先物価格からインプライドに推定する必要はない．しかし，あえてカルマンフィルターによって毎日の日経225指数を先物価格から推定し，その結果を実際の価格と比較することによりカルマンフィルターによる推定の正しさを検証することにする．

日経225株価指数 S_t が対数正規分布に従うとすると，その確率的な振る舞いは次のような確率微分方程式によって表現できる

$$d\widetilde{S}_t = (\mu - q) S_t dt + \sigma S_t d\widetilde{W}_t, \quad d\widetilde{W}_t \sim N(0, \sqrt{dt}) \tag{15.1}$$

ここで dS_t は瞬間的な価格変化であり，μ は価格変化率の期待値，σ はその標準

---

[33] 農林水産省は「米穀の取引に関する報告」はこれらの価格を発表しているが，毎月1回のみの公表である．

偏差（ボラティリティ），q は現物価格に対する配当の割合（配当利回り），dt は時間刻みを示している．この確率微分方程式を解き，離散近似を行うことにより，1期間の現物価格変化を次のように表すことができる．

$$S_t = S_{t-1} \exp\left\{\left(\mu - q - \frac{1}{2}\sigma^2\right)\Delta t + \sigma\sqrt{\Delta t}\,\tilde{u}_t\right\}, \quad \tilde{u}_t \sim N(0, 1) \quad (15.2)$$

これに対して t 期の先物価格 F_t と t 期の現物価格 S_t との間の「均衡」関係は，現物価格が対数正規分布に従い，現物が配当を支払うとすれば，満期が T の時点 t の先物価格 $F_t(t, T)$ は

$$F(t, T) = S_t \exp\{(r_F - q)(T - t)\} \quad (15.3)$$

と表現できる[34]．ここで r_F はリスクフリーレート，T は先物の満期である．したがって，$T-t$ は残存期間を示す．現物価格を未知の状態変数とすると，式 (15.2) と式 (15.3) の両辺の対数をとった後では，状態空間モデルは次のようになる．

観測方程式　　　$\ln \widetilde{F}(t, T) = \ln \widetilde{S}_t + (r_F - q)(T - t) + \tilde{e}_t, \quad \tilde{e}_t \sim N(0, \sigma_e^2)$
(15.4)

状態方程式　　　$\ln \widetilde{S}_t = \ln \widetilde{S}_{t-1} + \left(\mu - q - \frac{1}{2}\sigma_e^2\right)\Delta t + \tilde{\varepsilon}_t, \quad \tilde{\varepsilon}_t \sim N(0, \sigma^2\Delta t)$
(15.5)

ここで，観測方程式は式 (15.3) に観測誤差 $\exp\{e_t\}$ をかけ両辺の自然対数をとったものであり，状態方程式は式 (15.2) において $\exp\{\varepsilon_t\} \equiv \exp\{\sigma\sqrt{\Delta t}\,u_t\}$ を状態方程式の誤差項と考え両辺の自然対数をとったものとして得られている．

分析例 15-1　　実証結果

2011年6月9日を満期とする日経平均先物契約は2010年3月17日より2011年6月9日まで取引されていた．式 (15.4) と式 (15.5) からなる状態空間モデルにカルマンフィルターを適用して状態変数である日経225現物価格指数値 S_t を推計し，その結果を実績値と比較する．ここで配当利回り q として，日経平均株価指数に対する平均配当利回りのこの期間の平均値である 1.58% を採用した．観測誤差項の分散は最尤法によって推定するのでなく，対数先物価格を対数現物価格で線形回帰したときの誤差項の標準誤差の推定値を二乗したもので置換えた．式 (15.5) の μ の最尤推定値は有意でなかった．つまりこの期間の日経

---

[34] 例えば Hull (2018) 第3章を参照．

平均株価指数の期待収益率（成長率）は0とみなせる．状態方程式の誤差項の標準誤差の分散は2.65%でありかつ有意であった（z値＝6.275）．

このようなモデルから推定された対数表示の日経225現物株価指数の期待値とその2倍の標準誤差が図15.1に示されている．またスムージング期待値とその実績値を比較したものが図15.2に示されている．図15.1の縦線で示した東日本大震災による大幅な下げの時期を除いておおむねカルマンフィルターによって先物価格から現物価格を推定できていることがわかる．

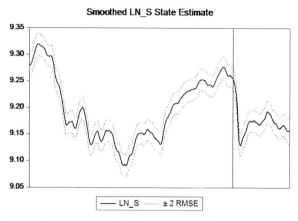

図15.1　平滑化した対数日経225株価指数の期待値とその標準誤差

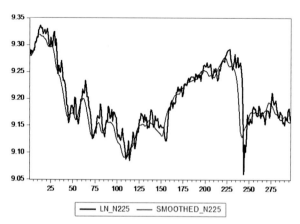

図15.2　式（15.4）と式（15.5）による対数表示の日経225株価指数のスムージング平均値と実績値の比較

15.3 コンビニエンス・イールドの期間構造とリスク回避度の推定

状態空間モデルに対してカルマンフィルターを適用し先物価格から未知の現物価格を推定できることがわかった．こうした方法は，先物は活発に取引されているが，現物取引が少ないためよくわからない現物価格のみならず，一般に観察できない投資家のリスク回避度，現物を保有することからの利点（コンビニエンス・イールド）の具体的な値を推定するためにも用いることができる．

Schwartz (1997) ではコモディティ（商品）の現物価格変動について3つの異なる確率微分方程式を考え，対応する3つの先物価格モデルを提唱している．ここではそのなかで最も簡単な1ファクターモデル（モデル1）をもとにした説明をおこなう．

15.3.1 コモディティ価格の確率過程

コモディティ価格は金融資産価格と比較して次のような特色をもっている．第1にボラティリティ（価格変動）が大きい．金融資産の年率ボラティリティが通常は20%程度であるのに対し，コモディティ価格のボラティリティは40〜100%になることも珍しくない．第2にコモディティ価格は平均回帰をする．石油，農産物，貴金属などの価格が無限に高騰する可能性は少ない．長期の平均値のまわりをコモディティ価格は変動しているはずである．これを価格の平均回帰性と呼ぶ．第3にコモディティを保有することで貯蔵費用がかかるという問題点がある一方，現物を保有していれば必要なときに「すぐに」それを利用できるという利点もある．コモディティ価格，したがってその先物価格はこうした問題点と利点をともに考慮してその価格が決まっているはずである．こうした点にもとづくコモディティ価格の確率過程は，次の確率微分方程式によって，

$$d \ln \widetilde{S}_t = a(b^* - \ln S_t)dt + \sigma d\widetilde{W}_t^Q \tag{15.6}$$

$$\text{ここで} \quad b^* \equiv b - \frac{\sigma^2}{2a} - \lambda; \quad d\widetilde{W}_t^Q = \tilde{u}_t\sqrt{dt}, \quad \tilde{u}_t \sim N(0, 1) \tag{15.7}$$

と表される[35]．この価格モデルは対数コモディティ価格 $\ln S_t$ がそのリスク調整後の平均 b^* に回帰する傾向を示している．係数 a は，現在時点の対数価格がその平均回帰水準 b^* にどのくらいの速さあるいは強さで「回帰」するかを示し，σ は対数コモディティ価格変化率のボラティリティを，λ は投資家のリスク回避

---

[35] Schwartz (1997) のモデル1ではコンビニエンス・イールドは明示的に考慮されていない．確率的なコンビニエンス・イールドは Schwartz (1997) のモデルIIで考えられている．

度を示している．以上から現在時点 t の先物価格 $F(t, T)$ は，先物満期時点 T の現物価格の期待値として求めることができる[36]．導出の過程は本章末の数学付録で示すが，結果は，$\beta_t \equiv \ln S_t$ と定義すると

$$F(t, T) = E_t^Q[S_T] = E_t^Q[e^{\tilde{\beta}_T}] = \exp\{E_T[\tilde{\beta}_T] + \frac{1}{2}Var_T[\tilde{\beta}_T]\}$$

$$= \exp\left\{e^{-a(T-t)}\tilde{\beta}_t + b^*(1 - e^{-a(T-t)}) + \frac{\sigma^2}{4a}(1 - e^{-2a(T-t)})\right\} \quad (15.8)$$

となる．この式の両辺の対数をとり観測誤差項 $\tilde{e}_t$ を加えれば観測方程式となる．状態方程式は式（15.6）を離散近似することにより次のようになる．

$$\tilde{\beta}_t = (1-a)\Delta t \tilde{\beta}_{t-1} + b^* a \Delta t + \tilde{\varepsilon}_t \quad (15.9)$$

これら2つの式をまとめると状態空間モデルは

観測方程式 $\quad \tilde{y}_t = c_t + Z_t \tilde{\beta}_t + \tilde{e}_t \quad (15.10)$

状態方程式 $\quad \tilde{\beta}_t = d_t \tilde{\beta}_{t-1} Q_t + \tilde{\varepsilon}_t \quad (15.11)$

となる．ここで観測方程式に関しては，$y_t \equiv \ln F(t, T)$, $c_t \equiv b^*(1 - e^{-a(T-t)}) + (\sigma^2/4a)(1 - e^{-2a(T-t)})$, $Z_t \equiv e^{-a(T-t)}$ と定義する．状態方程式においては，$\beta_t \equiv \ln S_t$, $d_t \equiv b^* a \Delta t$, $b^* \equiv b - \sigma^2/2a - \lambda$, $Q_t \equiv (1-a)\Delta t$ と定義する．また $e_t \sim N(0, \sigma_e^2)$ は観測誤差項，$\varepsilon_t \sim N(0, \sigma^2 \Delta t)$ は状態誤差項を表している．状態変数は $\beta_t \equiv \ln S_t$，すなわち対数表示のコモディティ価格であり正規分布する．カルマンフィルターによって状態変数である $\beta_t \equiv \ln S_t$ の期待値とボラティリティを求め，最尤法によって固定パラメータ (a, b^*, σ_ε^2, σ_e^2) を推定する．

15.3.2 満期の異なる複数の先物取引がおこなわれている場合

先物市場では同じ現物に対して異なる満期をもつ複数の先物契約が上場されている．日本の商品先物市場では現時点から遠い将来（期先）に満期を有する先物契約が，欧米では逆に近い将来（期近）の取引が活発である．したがって，式（15.10）の観測方程式は異なる満期の数だけ存在する．例えば，T_1 と T_2 の満期をもつ先物価格に対する観測方程式はそれぞれ

$$\ln F(t, T_1) = e^{-a(T_1-t)}\tilde{\beta}_t + b^*(1 - e^{-a(T_1-t)}) + \frac{\sigma^2}{4a}(1 - e^{-2a(T_1-t)}) + \tilde{\varepsilon}_1$$
$$\ln F(t, T_2) = e^{-a(T_2-t)}\tilde{\beta}_t + b^*(1 - e^{-a(T_2-t)}) + \frac{\sigma^2}{4a}(1 - e^{-2a(T_2-t)}) + \tilde{\varepsilon}_2 \quad (15.12)$$

---

[36] コモディティの現物価格 S_t は対数正規分布すると仮定できればその対数を取ったもの $\beta_t \equiv \ln S_t$ は正規分布をする．この式は正規分布の積率母関数から導かれる．

となる．状態方程式の数は変わらないが，観測方程式間の誤差項の相関を考慮すべき場合もあるであろう．

15.4 先物ヘッジ比率の推定

15.4.1 リスク最小ヘッジ比率

　先物市場の重要な役割は現物を保有している生産者や投資家がその価格変動リスクを回避するための保険の役割を提供していることである．言い換えれば，先物価格の変動リスクを引き受ける代わりに保険料を得ようとする投機家にリターンを提供しているのである．

　リスクを回避したい投資家や生産者にとっての問題は，保有している現物1単位に対して何単位の先物の売りポジション，つまり先物ヘッジ比率をどう決めるかである．先物ヘッジ比率の決定にあたり，現物と先物からなるポートフォリオのリスクを最小にするような先物ヘッジの決定が最もよく知られている．ポートフォリオの将来損益 $\tilde{\Pi}_t$ は次のようにして決まる．

$$\tilde{\Pi}_t = (\tilde{P}_{t+1} - P_t)\bar{Q}_t + (\tilde{F}_{t+1} - F_t)X_t \tag{15.13}$$

ここで P_t, F_t は時点 t の現物価格と先物価格である．$\bar{Q}_t$ は現在保有している ($\bar{Q}_t > 0$)，あるいは販売しようとしている ($\bar{Q}_t < 0$) 所与の現物の量であり，X_t は現在時点で決定すべき先物の売り ($X_t < 0$) あるいは買い ($X_t > 0$) の量である．このポートフォリオのリスクを現在時点から見て将来 $t+1$ 期の損益 $\tilde{\Pi}_{t+1}$ の分散 $Var(\Pi_1)$ ではかるとしよう．分散を最小にする先物ポジション X_t，あるいはその現物量 $\bar{Q}_t$ に対する比率，すなわち先物ヘッジ比率 $h \equiv X_t/\bar{Q}_t$ を次のよう決定する．$\Delta \tilde{P}_t = \tilde{P}_{t+1} - P_t$ を現物価格変化，$\Delta \tilde{F}_t = \tilde{F}_{t+1} - F_t$ を先物価格変化とすれば，式 (15.13) のポートフォリオ損益の分散は，

$$Var(\tilde{\Pi}_{t+1}) = Var_0^P(\Delta \tilde{F}_t)X_t^2 + Var_0^P(\Delta \tilde{P}_t)\bar{Q}_t^2 + 2\bar{Q}_t X_t Cov_t^P(\Delta \tilde{F}_t, \Delta \tilde{P}_t) \tag{15.14}$$

と計算できる．式 (15.14) を先物ポジション X_t に関して偏微分した結果を 0 と置き X_t を求めれば，リスク（分散）を最小にする先物ヘッジ比率 (h) は

$$h \equiv \left(\frac{X_t}{\bar{Q}_t}\right) = -\frac{Cov_0(\Delta \tilde{F}_t, \Delta \tilde{P}_t)}{Var_0(\Delta \tilde{F}_t)} \tag{15.15}$$

として求まる．つまりリスクを最小にする先物ヘッジ比率は，先物価格変化と現物価格変化の共分散を先物価格変化の分散で割ったものにマイナスの符号を付けたものとして決まる．言い換えれば先物ヘッジ比率の絶対値は，次の回帰モデルの傾きとして求めることができる．

$$(\tilde{P}_{t+1}-P_t)=\alpha+h(\tilde{F}_{t+1}-F_t)+\tilde{e}_t \qquad (15.16)$$

なぜなら，回帰直線の係数は従属変数 $\Delta\tilde{P}_t=\tilde{P}_{t+1}-P_t$ と説明変数 $\Delta F=F_{t+1}-F_t$ の共分散を，説明変数 $\Delta F=F_{t+1}-F_t$ の分散で割ったものとして計算されるからである．ヘッジ比率を回帰直線の傾きとして求める方法の問題点はそれを一定と仮定することである．ヘッジ比率は時間とともに確率変動するであろう．確率ヘッジ比率推定のために次のような状態空間モデルを考える．

観測方程式 $\qquad \Delta\tilde{P}_t=\alpha+\tilde{h}_t\Delta\tilde{F}_t+\tilde{e}_t \qquad (15.17)$

状態方程式 $\qquad \Delta\tilde{h}_t=a(b-\tilde{h}_{t-1})+\tilde{\varepsilon}_t \qquad (15.18)$

式 (15.17) は時変のヘッジ比率を推定するための観測方程式である．左辺の $\Delta P_t=P_{t+1}-P_t$ が観測変数であり，右辺の $\Delta F_t=F_{t+1}-F_t$ がモデルの外から与えられる外生変数である．式 (15.18) は確率ヘッジ比率が長期平均 b に，単位時間あたり強さ（速さ）a で回帰する傾向を表現したモデルである．このような定式化は通常ヘッジ比率の絶対値は 0 と 1 の間にあると考えられるからである．実際の推定にあたって状態方程式は状態変数の水準で表現する必要があるので

状態方程式 $\qquad \tilde{h}_t=ab+(1-a)\tilde{h}_{t-1}+\tilde{\varepsilon}_t \qquad (15.19)$

とする．

15.4.2　金先物ヘッジ比率の推定の実例

2011 年の金現物小売価格（1g）と東京商品取引所に上場されている取引高の一番多い最長（12ヶ月）満期の金先物取引の終値データを用いて式 (15.17) と式 (15.19) からなる状態空間モデルをカルマンフィルターによって推定した．ちなみにカルマンフィルターによるヘッジ比率と比較すべき最小二乗法による固定ヘッジ比率の推定結果は次のようになった．

回帰直線は次のように示されている．

$\Delta P_t=0.1895+0.7254\Delta F_t, \qquad \bar{R}^2=0.621, \qquad \sigma_\varepsilon=35.97, \qquad DW=2.813$
$\qquad\quad (0.08)\quad(19.98)$

これに対し，カルマンフィルターによる状態空間モデルの固定パラメータの推定結果は表 15.1 に示されている．係数は全て有意であり，符号条件を満たしている．

推定されたヘッジ比率を図 15.3 に示した．左の図が状態変数であるヘッジ比率 h_t の 1 期先予測値（第 5, 7, 8 章の表記では $\hat{\beta}_{t|t-1}$ に当たる）であり，右の図がスムージング値 $\hat{\beta}_{t|T}$ である．また横軸に平行な直線は式 (15.16) に対して最小二乗法を適用して得た固定先物ヘッジ比率 $h=0.7254$ を示している．

15.4 先物ヘッジ比率の推定

表 15.1 カルマンフィルターによる固定パラメータの推定

	係数	標準誤差	z 値	p 値
長期平均：b	0.840	0.066	12.763	0.000
回帰の強さ：a	0.686	0.131	5.247	0.000
観測標準誤差	25.896	0.755	34.303	0.000
状態標準誤差	0.376	0.037	10.245	0.000
対数尤度	\multicolumn{4}{c}{-1185.14}			

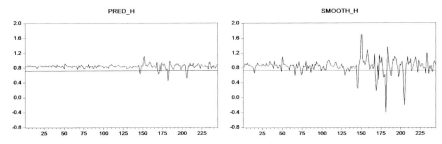

図 15.3 金先物によるヘッジ比率の推定
左：カルマンフィルターによるヘッジ比率の1期先予測値，右：そのスムージング値．横軸に平行な直線は最小二乗法による固定ヘッジ率 $h=0.7254$．

これらの推定結果から次のような点がわかる．第1に，カルマンフィルターによる確率ヘッジ比率は最小二乗法による推定値 $h=0.7254$ より平均すると高い水準を示している．ヘッジ比率の長期平均の推定値は $\bar{b}=0.8395$ であり，カルマンフィルターによる確率ヘッジ比率はこのまわりを強さ $a=0.686$ で平均回帰変動している．最小二乗法による固定ヘッジ比率は動的なヘッジ比率に比較して過少推定であろう[37]．

第2に，カルマンフィルターによる1期先，あるいはスムージングヘッジ比率に対し，3月11日に生じた東日本大震災や3月17日のそれ以前と比較した最高の円高水準（1ドル79円）の影響はそれほど大きくなかった．しかしこの年の後半に生じたギリシャ債務危機の南欧諸国への波及は，8月に東京とニューヨークで金先物価格が最高値をつけたことからもわかるように，ヘッジ比率の不安定性に影響している．第3に1期先ヘッジ比率はスムージングヘッジ比率に比較し

---

[37] 最小二乗法によるヘッジ比率と比較したときのカルマンフィルターによるリスク（分散）最小ヘッジ比率の妥当性は，金現物と先物からなるポートフォリオのリスクの減少幅の大きさによって判定される．

て安定している．実務的には大きく変動するヘッジ比率はポジションの調整が頻繁に起きることになり使いづらいといわれているが，結果はむしろ確率的ヘッジ比率が望ましいことを示している．

【文献解題】

コモディティの先物やオプションのモデリングについては Geman（2005）とその邦訳が，特に電力・エネルギーについては Clewlow and Strickland（2000）とその邦訳が参考になる．コモディティ先物価格から原資産価格をカルマンフィルターによって推定した試みとして Schwartz（1997），Schwartz and Smith（2000）など多数のものがある．コモディティ価格のモデリングのサーベーに関しては諸田（2010）が有用である．日本の金先物取引について Schwartz（1997）モデルを適用した研究として飯原・加藤・徳永（2000）がある．この章では Schwartz（1997）の3つのモデルの内でモデル1の1ファクターモデルについて説明をしたが，コモディティ価格のみならずコンビニエンス・イールドも不確実にした2ファクターモデルのRによる推定プログラムが Erb, Luthi and Otziger（2014）で示されている．また，平方根過程と呼ばれる確率過程をカルマンフィルターを用いて日本の商品先物価格から推定しようとした試みが駒木・中谷・笹木（2002）によってなされている．

先物を用いたヘッジ比率の推定方法には様々なものがある．方法論に関するサーベー論文としては Chen, Lee and Shrestha（2003）が有益である．カルマンフィルターを用いた先物ヘッジ比率の推定については Hatemi-J and Roca（2006），Hatemi-J and El-Khatib（2012），日本の商品先物に対する推定が小山（2003），小山（2004）の第5章で示されている．日経225先物によるカルマンフィルターを含むヘッジ比率推定が Chen, Lee and Chiou（2005）に示されている．

【数学付録】

A15-1 式（15.8）の導出

15.3.1項で提示した式（15.8）の導出の概略を示す．実確率世界におけるコモディティ価格の確率過程 $d\tilde{S}_t/S_t = a(b - \ln S_t)dt + \sigma d\tilde{W}_t$ において $\beta_t \equiv \ln S_t$ と置き，「伊藤の補題」を適用すると本文の式（15.6）を得る（「伊藤の補題」についてのわかりやすい説明は Neftci（2000）［投資工学研究会訳『ファイナンスへの数学』］の第10章を参照

のこと).さらに $Z_t \equiv e^{at}\beta_t$ と置いて再度「伊藤の補題」を適用し,その結果を t から T で積分することにより

$$\widetilde{Z}_t = Z_t + b^*(e^{aT} - e^{at}) + \sigma \int_t^T e^{as} d\widetilde{W}_s^Q \tag{A15.1}$$

を得る.(A15.1)の両辺の期待値を計算すると $E_t^Q[\widetilde{Z}_t] = Z_t + b^*(e^{aT} - e^{at})$ であるので,結果の両辺に e^{-aT} をかけて整理をすると

$$E_t^Q[\ln \widetilde{S}_T] = e^{-a(T-t)}\ln S_t + b^*(1 - e^{-a(T-t)}) \tag{A15.2}$$

を得る.式(A15.1)の両辺の分散を計算すると,

$$Var_t^Q[\widetilde{Z}_T] = \sigma^2 E_t^Q\left[\left(\int_t^T e^{as} d\widetilde{W}_s^Q\right)^2\right] = \sigma^2\left(\frac{e^{2aT} - e^{2at}}{2a}\right)$$

を得る.同様に式(A15.1)両辺に e^{-2aT} をかけて整理をすると,

$$Var_t^Q[\ln \widetilde{S}_T] = \sigma^2\left(\frac{1 - e^{2a(T-t)}}{2a}\right) \tag{A15.3}$$

を得る.式(A15.2)と(A15.3)を本文の式(15.8)の1行目の最後の式に代入すれば先物価格を得る.

16

ペアトレーディング

> **この章で何を学ぶのか？**
> 1. 証券投資におけるテクニカル分析の1手法であるペアトレーディングについて復習する．
> 2. カルマンフィルターがペアトレーディング戦略にどのように役立つかを知る．

16.1 はじめに

　これまで資産価格や経済現象の背後には何か「原因」があると考えてきた．こうした考え方をファンダメンタル分析と呼ぶ．この場合，カルマンフィルターにより，①原因が何であるのかと，②原因と結果（資産価格）の間の関係を結びつけるパラメータが時間とともに確率的に変動する様子を明らかにした．この章では資産価格が何によって決まるかを問わず単に資産価格変動そのものを分析しようとするテクニカル分析のうち，ペアトレーディング（pairs trading）と呼ばれるトレーディング（売買）戦略に対してカルマンフィルターがどのように役立つかを考える．

　ペアトレーディングとは具体的に，2つの互いに似通った証券や商品を対象にする戦略である．これは，2つの株，2つの債券，2つの商品の価格を互いに比較し，その間の関係があるべき（均衡）水準から外れたときに，一方の証券の買い（売り）と他方の証券の売り（買い）を同時におこなうことにより，リスクを低い水準に止めながらリターンを高めようとするトレーディング手法である．

16.2　カルマンフィルターを用いたペアトレーディング

16.2.1　スプレッドの定義

　株のトレーディングを例に取ってペアトレーディングを考えてみよう．いま2つの企業の株AとBが取引されている．t期のA社の株価をP_t^A，B社の株価をP_t^Bとしよう．株価は対数正規分布に従うと仮定する．したがって，対数変換後の株価は正規分布に従う．このとき対数株価の差

$$\widetilde{Y}_t \equiv \ln \widetilde{P}_t^A - \ln \widetilde{P}_t^B \tag{16.1}$$

を「スプレッド（spread）」と定義する[38]．このスプレッドは$Y_t \equiv \ln P_t^A - \ln P_t^B = \ln(P_t^A/P_t^B)$と書くことができるので，株Bの株価を基準にしたときに株Aの株価が何倍になっているかを表している．したがって，株Aの株価と株Bの株価が等しいときにはスプレッドは0になる．スプレッドがプラス（マイナス）の値であることは株Aは株Bよりも価格が高い（低い）ことを意味する．もしこのスプレッドが長期的には一定値あるいは0に収束するという確信があれば，一時的なスプレッドの均衡からの乖離を利用してリターンを得ることができる．

　図16.1は東京証券取引所における2006年1月7日から2014年の4月7日まで2,001営業日の，①日産とトヨタ，②パナソニックとソニーの間のスプレッド推移を示している．

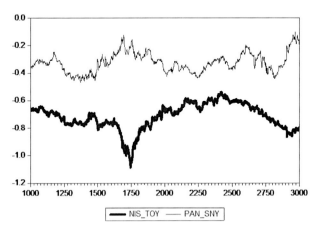

図16.1　「日産（NIS）とトヨタ（TOY）」（太線），「パナソニック（PAN）とソニー（SNY）」（細線）の式（16.1）で計算されたスプレッドの推移

---

[38]　Yを正規分布に従う確率変数とすると，その指数変換後の確率変数$X = \exp\{Y\}$は対数正規分布に従う．両辺の自然対数$\ln X = Y$は正規分布に従う．

これを見ると，スプレッドは全期間負の値を取っているので，①日産の株価はトヨタの株価より常に低く，②パナソニックの株価はソニーより常に低かったことがわかる．しかしスプレッドはこの期間の平均のまわりを上下変動しているようにも思える．このとき，カルマンフィルターを用いるとこうした直観が正しいのかどうかを明らかにすることができる．

16.2.2 ペアトレーディングのモデリング

ペアトレーディングは，2つの異なる資産価格の間の差は一定の「均衡水準」に回帰する傾向があることを利用したトレーディング戦略である．一時的に価格差が均衡水準から離れることがあったとしても，中長期的には一定の均衡水準に「回帰」するはずである．互いに似通った2つの資産，例えば，同じ産業に属する2つの企業があった場合，2つの企業の株価の差は，一時的に大きくなったとしても，最終的にはあるべき水準に落ち着くはずである．

こうした事実を次のような状態空間モデルによって定式化する．

観測方程式 　　$\tilde{Y}_t = \tilde{\beta}_t + \tilde{e}_t$ 　　(16.2)

状態方程式 　　$\Delta\tilde{\beta}_t = a(b - \tilde{\beta}_t) + \tilde{\varepsilon}_t$ 　　(16.3)

式 (16.2) の観測方程式の背後にある考え方は次のように説明できる．毎期のスプレッド Y_t は「真の」スプレッド $\tilde{\beta}_t$ と誤差項 $\tilde{\varepsilon}_t$ とから成り立っている．言い換えれば，観察されたスプレッドは誤差（ノイズ）によって「汚染」されている．カルマンフィルターによりこのノイズを除去した後の真のスプレッド $\tilde{\beta}_t$ を求めることができる．ただしカルマンフィルターを用いる利点は，この均衡スプレッド $\tilde{\beta}_t$ が時間とともに確率的に変動することを許容できるという点にある．よく知られた戦略は $\tilde{\beta}_t$ を一定，例えばこの間の平均値とするが，状態空間モデルを用いるとより現実的なトレーディング戦略を考えることができる．

式 (16.3) の状態方程式は確率変動する真のスプレッド β_t の振る舞いを記述している．左辺の $\Delta\beta_t \equiv \beta_t - \beta_{t-1}$ は真のスプレッドの1日の変化を，b は真のスプレッドの「長期平均（均衡水準）」を示し，a はそのときどきの真のスプレッド β_t がその長期水準に向かって回帰する「強さ（速さ）」を示している．

カルマンフィルターを適用するためには式 (16.4) の左辺を状態変数の1階差 $\Delta\beta_t$ で示すのでなく状態変数の水準 β_t で表す必要がある．

$$\tilde{\beta}_t = \tilde{\beta}_{t-1} + a(b - \tilde{\beta}_{t-1}) + \tilde{\varepsilon}_t = ab + (1-a)\tilde{\beta}_{t-1} + \tilde{\varepsilon}_t \equiv d + c\tilde{\beta}_{t-1} + \tilde{\varepsilon}_t \quad (16.5)$$

ここで $d \equiv ab$ は平均回帰する強さと長期平均の積であり，$c \equiv 1-a$ である．均衡スプレッドの長期水準 b の推定値 $\hat{b}$ は最尤法で推定した d の推定値 $\hat{d}$ を，回

帰水準への強さの最尤推定値 $\hat{a}$ で割って $\hat{b}=\hat{d}/\hat{a}$ として求める．

分析例 16-1　実証結果

カルマンフィルターにおける最尤法による「パナソニックとソニー」のペアトレーディングのための状態方程式（式 (16.5)）の推定結果は次のようになった．

$$\hat{\beta}_t = \hat{d} + (1-\hat{a})\hat{\beta}_{t-1}$$
$$= -0.161785 + (1-0.571)\hat{\beta}_{t-1} \quad (16.6)$$

この結果から日次単位で表された平均回帰の強さは $a=0.571$，長期平均は $b=d/a=-0.162/0.571=-0.2833$ となる．真のスプレッドを示すフィルタリング値 $\hat{\beta}_{t|t}$ とその長期平均 b は図 16.2 に示されている．

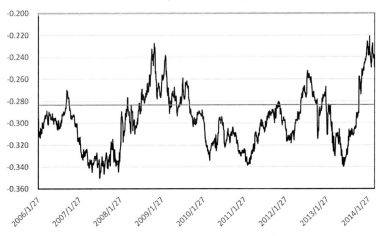

図 16.2　カルマンフィルターによって推定されたスプレッドの期待値 $\hat{\beta}_{t|t}$ とその長期平均 $b=-0.2833$

この結果を式 (16.3) に沿った形で書き直すとともに，推定された係数 (a, b) の解釈を容易にするために日次単位でなくそれらを年単位 (a', b') で表すと，次のようになる．

$$\Delta\hat{\beta}_t = a'(b' - \hat{\beta}_{t-1})\Delta t = a'b'\Delta t - a'\hat{\beta}_{t-1}\Delta t = -0.162 - 0.571\hat{\beta}_{t-1} \quad (16.7)$$

1 年の営業日を 250 日とすれば $\Delta t=1/250$ である．したがって $a'\Delta t\hat{\beta}_{t-1} = 0.571\hat{\beta}_{t-1}$ であるので年率換算の a' は，$a'=0.571/\Delta t=0.571/250=0.002284$，スプレッドの長期平均の年率での推定値 b' は，$a'b'\Delta t=-0.162$ であるので

$b'=-0.162/(a\Delta t)=-0.162/0.571=-0.2837$ である。観測方程式の誤差項の年率表示での分散は $\sigma'^2_\varepsilon=0.000011(250)=0.002750$, 状態方程式の年率表示での誤差項の分散は $\sigma'^2_\varepsilon=0.000031(250)=0.007750$ であり極めて小さい。これらの固定パラメータの全てが0.001%水準で有意であった.

【文献解題】

　株価・為替・商品価格などをカルマンフィルターによって予測しようという試みは数多くあり，例えば Martinelli and Rhoads（2010）がある．またペアトレーディングに対するカルマンフィルターの適用例については Do, Faff, and Hamza（2006），Moura, Pizzinga, and Zubelli（2016），Vidyamurthy（2004）などが参考になる.

参 考 文 献

足立修一，丸田一郎（2012）『カルマンフィルタの基礎』，東京電機大学出版局．
有本 卓（1977）〈システム・サイエンス・シリーズ〉『カルマン・フィルター』，産業図書．
淡路敏之，蒲地政文，池田元美，石川洋一 編（2009）『データ同化―観測・実験とモデルを融合するイノベーション』，京都大学学術出版会．
飯原慶雄，加藤英明，徳永俊史（2000）「金先物価格の時系列分析―日米比較」，『先物取引研究』，**4**（2）．
片山 徹（1983）『応用カルマンフィルタ』，朝倉書店．
片山 徹（2011）『非線形カルマンフィルタ』，朝倉書店．
北川源四郎（2005）『時系列解析入門』，岩波書店．
小林 武（2012）「本邦社債スプレッドの期間構造と予測―Nelson-Siegel モデルを用いた実証分析」，『現代ファイナンス』，**31**，109-134．
駒木 泰，中谷朋昭，笹木 潤（2002）「日本における新規上場商品の特徴と価格変動分析」，『先物取引研究』，**7**（1）．
小山 良（2003）「分散最小ヘッジ比率の推定とその効果」，『亜細亜大学経営論集』，**39**（1），35-73．
小山 良（2004）『先物価格分析入門―商品先物を中心に』，近代文芸社．
杉原敏夫（1994）『経営・経済のための時系列分析と予測―カルマンフィルタ適用を中心として』，税務経理協会．
杉原敏夫（1996）『適応的モデルによる経済時系列分析』，工学図書．
高森 寛，清水康司（1992）「カルマン・フィルターと金利期間構造の推定」，『青山国際政経論集』，**24**，51-72．
谷崎久志（1993）『状態空間モデルの経済学への応用―可変パラメータ・モデルによる日米マクロ計量モデルの推定』，日本評論社．
藤井眞理子，高岡 慎（2007）「金利の期間構造とマクロ経済―Nelson-Siegel モデルを用いた実証分析」，『FSA リサーチ・レビュー』，219-248．
蓑谷千凰彦（2003）『統計分布ハンドブック』，朝倉書店．
蓑谷千凰彦（2012）『正規分布ハンドブック』，朝倉書店．
蓑谷千凰彦，牧 厚志 編（2010）『応用計量経済学ハンドブック』，朝倉書店．
森崎初男（2012）『現代計量経済学』，シーエーピー出版．
森平爽一郎（2009）『信用リスクモデリング―測定と管理』，朝倉書店．
森平爽一郎（2011）『物語で読み解くデリバティブ入門』，日本経済新聞出版社．
森平爽一郎，高 英模（2019）『EViews で学ぶファイナンス』，日本評論社．
諸田崇義（2010）「コモディティ価格変動の特徴とプライシング・モデルの展開」，『金融研究』，

29 (2), 27-72.

矢野浩一 (2004)「カルマンフィルタによるベータ推定」,『FSA リサーチ・レビュー』, 104-125.

山口 類, 土屋映子, 樋口知之 (2004)「状態空間モデルを用いた飲食店売上の要因分解」,『オペレーションズ・リサーチ』, 49 (5), 316-324.

山澤成康 (2013)『状態空間モデルを使った GDP ギャップの推計』, Working Paper.

湯山智教, 森平爽一郎 (2017)「リスクプレミアムを勘案した市場における期待インフレ率の抽出について」,『現代ファイナンス』, 39, 1-30.

湯山智教 (2017)『マクロプルーデンス政策と金融市場における期待インフレ率の抽出に関する研究』, 早稲田大学・博士論文.

Antoniou, A., E. C. Galariotis, and S. I. Spyrou (2006) "The effect of time-varying risk on the profitability of contrarian investment strategies in a thinly traded market : a Kalman filter approach", *Applied Financial Economics*, 16 (18), 1317-1329.

Aoki, M. (2013) *State Space Modeling of Time Series*, Springer Science and Business Media.

Arouri, M. E. H., T. H. Dinh, and D. K. Nguye (2010) "Time-varying predictability in crude-oil markets : the case of GCC countries", *Energy Policy*, 38 (8), 4371-4380.

Babbs, S. and K. B. Nowman (1998) "An application of generalised Vasicek term structure models to the UK gilt-edged market : a Kalman filtering analysis", *Applied Financial Economics*, 8 (6), 637-644.

Babbs, S. and K. B. Nowman (1999) "Kalman filtering of generalized Vasicek term structure models", *Journal of Financial and Quantitative Analysis*, 34 (1), 115-130.

Bahmani-Oskooee, M. and F. Brown (2004) "Kalman filter approach to estimate the demand for international reserves", *Applied Economics*, 36, 1655-1668.

Barker, A. L., D. E. Brown, and W. N. Martin (1995) "Bayesian estimation and the Kalman filter", *Computers and Mathematics with Applications*, 30 (10), 55-77.

Basdevant, O. (2003) "On applications of state-space modelling in macroeconomics", Working Paper of the *Reserve Bank of New Zealand* DP2003/02.

Berglund, T., and J. Knif (1999) "Accounting for the accuracy of beta estimates in CAPM tests on assets with time-varying risks", *European Financial Management*, 5 (1), 29-42.

Bhar, R. (2010) *Stochastic Filtering with Applications in Finance*, World Scientific.

Bhar, R. and S. Hamori (2004) *Hidden Markov Models : Applications to Financial Economics*, Springer Science and Business Media.

Binder, J. (1998) "The event study methodology since 1969", *Review of Quantitative Finance and Accounting*, 11 (2), 111-137.

Binner, J. M. and S. I. Wattam (2005) "A new composite leading indicator of inflation for the UK : a Kalman filter approach", *Global Business and Economics Review*, 5 (2), 242-264.

Black, F., and M. Scholes (1973) "The pricing of options and corporate liabilities", *Journal of Political Economy*, 81 (3), 637-654.

Black, F. (1986) "Noise", *Journal of Finance*, 41 (3), 528-543.

Bollerslev, T. (1986) "Generalized autoregressive conditional heteroscedasticity", *Journal of Econometrics*, 31 (3), 307-327.

Boone, L. (2000) "Comparing semi-structural methods to estimate unobserved variables", OECD Working paper, ECO/WKP 2000-13. 2000.

参 考 文 献

Bos, T. and P. Newbold（1984）"An empirical investigation of the possibility of stochastic systematic risk in the market model", *Journal of Business*, **57**（1）, 35-41
Van den Bossche, A. M. F.（2011）"Fitting state space models with EViews", *Journal of Statistical Software*, **41**（8）, 1-16.
Chen, C., Mingchih. Lee, and J. Chiou（2005）"The optimal dynamic hedging strategy for Nikkei 225 index and futures", *Journal of Statistics and Management Systems*, **8**（3）, 477-491.
Chen, S., C. Lee, and K. Shrestha（2003）"Futures hedge ratios : a review. The Quarterl", *The Quarterly Review of Economics and Finance*, **43**（3）, 433-465.
Cheng, Y. W.（1993）"Exchange rate risk premiums", *Journal of International Money and Finance*, **12**（2）, 182-194.
Choudhry, T. and H. Wu（2009）"Forecasting the weekly time-varying beta of UK firms : GARCH models *vs.* Kalman filter method", *European Journal of Finance*, **15**（4）, 437-444.
Claessens, S. and G. Pennacchi（1996）"Estimating the likelihood of Mexican default from the market prices of Brady bonds", *Journal of Financial and Quantitative Analysis*, **31**（1）, 109-126.
Clewlow, L. and C. Strickland（2000）*Energy Derivatives : Pricing and Risk Management*, Lacima.（山木要一 訳（2004）〈金融職人技シリーズ4〉『エネルギーデリバティブープライシングとリスク管理』, シグマベイスキャピタル.）
Denham, W. F. and S. Pines（1966）"Sequential estimation when measurement function nonlinearity is comparable to measurement error", *AIAA Journal*, **4**（6）, 1071-1076.
Diebold, F. X. and C. Li（2006）"Forecasting the term structure of government bond yields", *Journal of Econometrics*, **130**（2）, 337-364.
Do, B.（2008）"Estimating the stochastic volatility option pricing models with Kalman filtering", A Report, Department of Economics and Finance, Monash University.
Do, B., R. Faff, and K. Hamza（2006）"A new approach to modeling and estimation for pairs trading", *Proceedings of 2006 Financial Management Association European Conference*, 87-99.
Duan, J. and J. Simonato（1999）"Estimating and testing exponential-affine term structure models by Kalman filter", *Review of Quantitative Finance and Accounting*, **13**（2）, 111-135.
Durbin, J. and S. J. Koopman（2012）*Time Series Analysis by State Space Methods*, 2nd ed., Oxford University Press.（和合 肇，松田安昌 訳（2004）『状態空間モデリングによる時系列分析入門』, シーエーピー出版.）
Erb, P., D. Luthi, and S. Otziger（2014）"schwartz97 : a package on the Schwartz two-factor commodity model Version 0.0.4 from R-Forge"（https://rdrr.io/rforge/schwartz97/）.
Fama, E. F., K. R. French（1993）"Common risk factors in the returns on stocks and bonds", *Journal of Financial Economics*, **33**（1）: 3-56.
Finch, T.（2009）"Incremental calculation of weighted mean and variance", Working Paper, University of Cambridge.
Fisher, I.（1930）*The Theory of Interest : As Determined by Impatience to Spend Income and Opportunity to Invest It*, Porcupine Press.（気賀勘重，気賀健三 訳（1980）〈近代経済学古典選集12〉『利子論』, 日本経済評論社.）
Forbes, C. S., G. M. Martin, and J. Wright（2007）"Inference for a class of stochastic volatility models using option and spot prices : application of a bivariate Kalman filter", *Econometric Reviews*, **26**（2-4）, 387-418.

Franco, R. J. G. and D. S. Mapa (2014) "The dynamics of inflation and GDP growth : a mixed frequency model approach", *Theoretical and Practical Research in the Economic Fields*, **5** (2), 117-141 (https://mpra.ub.uni-muenchen.de/id/eprint/55858).

Geman, H. (2005) *Commodities and Commodity Derivatives : Modeling and Pricing for Agriculturals, Metals and Energy*, John Wiley and Sons. (野村證券・野村総合研究所事業リスク研究会 訳 (2007)『コモディティ・ファイナンス』, 日経BP社.)

Gibbs, B. P. (2011) "Factored (square-root) filtering", in *Advanced Kalman Filtering, Least-Squares and Modeling*, 389-429, John Wiley and Sons.

Grewal, M. S. and A. P. Andrews (2008) *Kalman Filtering : Theory and Practice Using MATLAB*, 3rd ed., Wiley.

Groenewold, N. and P. Fraser (1999) "Time-varying estimates of CAPM betas", *Mathematics and Computers in Simulation*, **8** (4-6), 531-539.

Hall, S. G. (1993) "Modelling structural change using the Kalman filter", *Economics of Planning*, **26** (1), 1-13.

Hall, S. G. and O. Basdevant (2002) "Measuring the capital stock in Russia : an unobserved component model", *Economics of Planning*, **35** (4), 365-370.

Hamilton, J. D. (1994) *Time Series Analysis*, Princeton University Press. (沖本竜義, 井上智夫 訳 (2006)『時系列解析』上下巻, シーエービー出版.)

Harvey, A. C. (1981) *Time Series Models*, Philip Allen Publishers. (国友直人, 山本 拓 訳 (1985)『時系列モデル入門』, 東京大学出版会.)

Harvey, A. C. (1985) "Trends and cycles in macroeconomic time series", *Journal of Business and Economic Statistics*, **3** (3), 216-27.

Harvey, A. C. (1987) "Applications of the Kalman filter in econometrics", in *Advances in Econometrics*, Fifth World Congress of the Econometric Society, vol. 1, 285-313.

Harvey, A. C. (1990) *Forecasting, Structural Time Series Models and the Kalman Filter*, Cambridge University Press.

Harvey, A. C. (1993) *Time Series Models*, 2nd. ed., Harvester Wheatsheaf.

Harvey, A. C. and C. Fernandes (1989) "Time series models for insurance claims", *Journal of the Institute of Actuaries*, **116** (3), 513-528.

Harvey, A. C. and R. G. Pierse (1984) "Estimating missing observations in economic time series", *Journal of the American Statistical Association*, **79** (385), 125-131.

Harvey, A. C., S. J. Koopman, and N. Shephard (2004) *State Space and Unobserved Component Models : Theory and Applications*, Cambridge University Press.

Harvey, A. C. and T. Trimbur (2008) "Trend estimation and the Hodrick-Prescott filter", *Journal of the Japan Statistical Society*, **38** (1), 41-49.

Hatemi-J, A. and E. Roca (2006) "Calculating the optimal hedge ratio : constant, time varying and the Kalman filter approach", *Applied Economics Letters*, **13** (5), 293-299.

Hatemi-J, A. and M. Irandoust (2008) "The Fisher effect : a Kalman filter approach to detecting structural change", *Applied Economics Letters*, **15** (8), 619-624.

Hatemi-J, A. and Y. El-Khatib (2012) "Stochastic optimal hedge ratio : theory and evidence", *Applied Economics Letters*, **19** (8), 699-703.

Haubrich, J., G. Pennacchi, and P. Ritchken (2012) "Inflation expectations, real rates, and risk premia : evidence from inflation swaps", *Review of Financial Studies*, **25** (5), 1588-1629.

Heston, S. L. (1993) "A closed-form solution for options with stochastic volatility with applications to bond and currency options", *Review of Financial Studies*, **6** (2), 327-343.

Hirsa, A. and S. N. Neftci (2013) *An Introduction to the Mathematics of Financial Derivatives.* 3rd edition, Academic Press, (投資工学研究会 訳 (2001：原著第 2 版)『ファイナンスへの数学 (第 2 版) ―金融デリバティブの基礎』, 朝倉書店.)

Hodrick, R. J. and E. C. Prescott (1997) "Postwar U. S. business cycles : an empirical investigation", *Journal of Money, Credit and Banking*, **29** (1), 1-16.

Huang, S., N. Wang, T. Li, Y. Lee, L. Chang, and T. Pan (2013) "Financial forecasting by modified Kalman filters and Kernel machines", *Journal of Statistics and Management Systems*, **16** (2-3), 163-176.

Hull, J. C. (2018) *Options, Futures, and Other Derivatives*, 10th ed., Pearson (三菱 UFJ モルガン・スタンレー証券市場商品本部 訳 (2016：原著第 9 版)『ファイナンシャル・エンジニアリング―デリバティブ取引とリスク管理の相対系』, きんざい.)

Hyndman, R., A. B. Koehler, J. K. Ord, and R. D. Snyder (2008) *Forecasting with Exponential Smoothing : The State Space Approach*, Springer.

Kalman, R. E. (1960) "A new approach to linear filtering and prediction problems", *Transactions of the ASME-Journal of Basic Engineering*, **82** (Series D), 35-45.

Kellerhals, B. P. (2001) "Financial pricing models in continuous time and Kalman filtering", in *Lecture Notes in Economics and Mathematical Systems*, Vol. 506, Springer.

Keynes, J. M. (1971) *A Treatise on Money : V.1 : The Pure Theory of Money*, Macmillan, St. Martin's for the Royal Economic Society. (小泉明, 長澤惟恭 訳 (1979)『貨幣論 I ―貨幣の純粋理論』(ケインズ全集 5), 東洋経済新報社.)

Kim, C. and C. R. Nelson (1999) *State-Space Models with Regime Switching : Classical and Gibbs-Sampling Approaches with Applications*, MIT Press.

Knuth, D. E. (1998) "Seminumerical algorithms", in *The Art of Computer Programming*, vol. 2 Seminumerical Algorithms, 3rd ed., Addison-Wesley. (有澤 誠, 和田英一, 斎藤博昭ほか 訳 (2006)『The Art of Computer Programming Volume 2 Seminumerical Algorithms Third Edition 日本語版』アスキードワンゴ.)

Koopman, S. J., N. Shephard, and J. A. Doornik (1999) "Statistical algorithms for models in state space using SsfPack 2.2", *Econometrics Journal*, **2** (1), 107-160.

Kothari, S. P. and J. B. Warner (2004) "The econometrics of event studies", SSRN Scholarly Paper, October 20.

Kuzin, V. (2006) "The inflation aversion of the Bundesbank : a state space approach", *Journal of Economic Dynamics and Control*, **30** (9-10), 1671-1686.

Kyriazis, G. A., M. A. F. Martins, and R. A. Kalid (2012) "Bayesian recursive estimation of linear dynamic system states from measurement information", *Measurement*, **45** (6), 1558-1563.

Laxton, D. and R. Tetlow (1992) "Simple multivariate filter for the measurement of potential output", *Technical Report*, **59**, Ottawa : Bank of Canada.

Liao, L. (2004) "Stock option pricing using Bayes filters", *Tech. Report*, University of Washington.

MacKinlay, A. C. (1997) "Event studies in economics and finance", *Journal of Economic Literature*, **35** (1), 13-39.

Martinelli, Rick, and Neil Rhoads (2010) "Predicting market data using the Kalman filter", part

1, Technical Analysis of Stocks and Commodities, 28：part 2, Technical Analysis of Stocks and Commodities 28, 46-71.

Maybeck, P. S.（1982）*Stochastic Models, Estimation, and Control*, Vol. 3, Academic Press.

Meinhold, R. J. and N. D. Singpurwalla（1983）"Understanding the Kalman filter", *The American Statistician*, **37**（2）, 123-127.

Monarcha, G.（2009）"A dynamic style analysis model for hedge funds", SSRN Scholarly Paper, December 4.

de Moura, C. E., A. Pizzinga, and J. Zubelli（2016）"A pairs trading strategy based on linear state space models and the Kalman filter", *Quantitative Finance*, **16**（10）, 1559-1573.

Nelson, C. R. and A. F. Siegel（1987）"Parsimonious modeling of yield curves", *Journal of Business*, **60**（4）, 473-490.

Ozbek, L. and U. Ozlale（2005）"Employing the extended Kalman filter in measuring the output gap", *Journal of Economic Dynamics and Control*, **29**（9）, 1611-1622.

Pasricha, G. K.（2006）"Kalman filter and its economic applications", MPRA Paper.

Rauch, H. E., Striebel, C. T., and Tung, F.（1965）"Maximum likelihood estimates of linear dynamic systems", *AIAA Journal*, **3**（8）, 1445-1450.

Rummel, O.（2015）"Estimating the implicit inflation target of the South African Reserve Bank using state-space models and the Kalman filter", Economic Modeling and Forecasting, Bank of England, Center for Central Banking Studies.

Särkkä, S.（2013）*Bayesian Filtering and Smoothing*, IMS Textbooks series Vol. 3, Cambridge University Press.

Schwartz, E. S.（1997）"The stochastic behavior of commodity prices：implications for valuation and hedging, *Journal of Finance*, **52**（3）, 923-973.

Schwartz, E. and J. E. Smith（2000）"Short-term variations and long-term dynamics in commodity prices", *Management Science*, **46**（7）, 893-911.

Shiu, A. and P. Lam（2004）"Electricity consumption and economic growth in China", *Energy Policy*, **32**（1）, 47-54.

Simon, D.（2006）*Optimal State Estimation：Kalman, H-infinity, and Nonlinear Approaches*, John Wiley and Sons.

Stephanides, G.（2006）"Measuring the NAIRU：evidence from the European Union, USA and Japan", *International Research Journal of Finance and Economics*, **1**（3）, 29-35.

Swinkels, L. and P. J. Van Der Sluis（2006）"Return-based style analysis with time-varying exposures", *European Journal of Finance*, **12**（6-7）, 529-552.

Tanizaki, H.（1996）*Nonlinear Filters：Estimation and Applications*, Springer.

Tsay, R. S.（2005）*Analysis of Financial Time Series*, 2nd ed., Wiley.

Vasicek, O. A.（1977）"An equilibrium characterization of the term structure", *Journal of Financial Economics*, **5**（2）, 177-188.

Vidyamurthy, G.（2004）*Pairs Trading：Quantitative Methods and Analysis*, John Wiley and Sons.（熊谷善彰 監修，森谷博之 訳（2006）『実践的ペアトレーディングの理論—2つの株式で安定収益を獲得する方法』，パンローリング．）

Weisstein, E. W.（2007）"Sample Variance Computation", mathworld, a wolfram web resource （http://mathworld.wolfram.com/SampleVarianceComputation.html）.

Wells, C.（1994）"Variable betas on the Stockholm exchange 1971-1989", *Applied Financial*

Economics, **4** (1), 75-92.

Wells, C. (2013) "The Kalman filter in finance", in *Advance Studied in Theoretical and Applied Econometrics*, Vol. 32, Springer Science and Business Media.

Wikle, C. K. and L. M. Berliner (2007) "A Bayesian tutorial for data assimilation", *Physica D : Nonlinear Phenomena*, **230** (1-2), 1-16.

索　引

欧　文

asset pricing　*166*

BLUE　*92*

CAR　*170*

diffuse prior　*149*

Excel　*45,80*
　　　──を用いたアルゴリズム　*37*

filtering　*18*

GDP　*157, 162*
GNP　*156*

HPフィルター　*161*
　　　──のカルマンフィルターによる推定　*162*

$I(q)$　*74*

Kalman filter　*2*
Kalman gain　*56*

linearity　*91,95*
law of iterated expectation　*65*
law of total variance　*66*

MCMC　*70*
minimum variance　*91*

prediction　*18*

smoothing　*18*
systematic risk　*166*

TOPIX　*24,166,168*

unbiased estimetor　*86*
unsystematic risk　*166*

ア　行

アルゴリズム　*79*
アンシステマティックリスク　*166,170*

異常値　*150*
一様（矩形）分布　*144*
1階の自己回帰　*13*
1期先分散　*125*
1期先予測　*18,32,33*
1期先予測公式　*115*
　　　──の導出　*59*
1期先予測誤差　*123*
1期先予測値　*97,125,163*
伊藤の補題　*202*
移動平均式　*31*
移動平均法　*26*
イベント研究　*170*
イベントダミー　*171*
イールド　*183*
イールド曲線　*183*
インプライド現物価格　*194*
インプライド・ボラティリティ　*132*

索　引

インフレターゲット　159
インフレ目標　160

オプション　130
重み　89
重み K_t　91, 94

カ 行

回帰係数　34, 63, 78
回帰する強さ　206
回帰直線　168
　——の傾き　52, 63
回帰分析　138
回帰モデル　96, 109
価格変動　166
拡張カルマンフィルター　118
　——の行列を用いた表現　128
　——の精度　124
確率インプライド・ボラティリティ　130, 133
確率楕円　51
確率微分方程式　189, 194
確率ベータ　167, 171
　——の推定結果　173
加重平均　87, 89
過小な誤差分散　141
株価　12
カルマンゲイン K_t　32, 35, 56, 61, 89, 91, 94, 97, 104, 116, 126, 127
　——の意味　34, 63
カルマンゲイン行列　130
カルマンフィルター　2
　——のアルゴリズム　32
　——の応用上の問題点　138
　——の行列表現　107, 108
　——のスカラー表現　108
　——の逐次更新式　28
カルマンフィルターの導出　92, 116
　行列による——　115
　正規性の仮定による——　48
　平均・分散アプローチによる——　85
　ベイジアンアプローチによる——　99

間接法　54
観測誤差項　12, 155, 198
観測誤差推定　140
観測誤差と状態誤差との相関　141
観測変数　116
　——の1期先分散予測式　126
　——の1期先予測　125
　——の1期先予測値　123
　——の期待値ベクトル　116
観測方程式　6, 12, 109
　——の誤差項　11
　——の誤差分散　147
　——の線形化　118, 122
　——のテーラー展開　125

期待値　112
期待値ベクトル　114
規模に関して収穫一定　155
規模に関して収穫逓減　155
規模に関して収穫逓増　155
逆向き計算　43
共通ファクター　167, 178
共分散と相関　51
行列表現　108, 109
ギリシャ債務危機　170, 201
均衡関係　195
均衡スプレッド　206
金先物ヘッジ比率の推定　200
金利期間構造　178, 184

繰り返し拡張カルマンフィルター　124
繰り返し推定　148
グリッドサーチ　143

系列相関　12, 141
ケインズ　189
限界消費性向　3, 50, 152
原資産　130, 194
原発事故　173
現物価格　194
権利行使価格　132

コイン投げ実験　70

218 索引

コインの表が出る確率　70
行使価格　130
更新（フィルタリング）　18
国民総生産　156
誤差間の相関　150
誤差項　110
　　——が満たすべき仮定　140
　　——の期待値ベクトル　109
　　——の共分散　172
　　——の系列相関　150
　　——の正規性　149
　　——の分散（負の値）　147
　　——の分散共分散行列　128
誤差項分散推定問題　147
誤差項ベクトル　112
固定パラメータ　16,33,69,144,145,168,
　　172,191,198
　　——の初期値設定　142
　　——の初期値問題　142
　　——の推定　70,78,79,186
　　——の推定結果　173
固定ベータの推定　167
固定ヘッジ比率　200
コブ＝ダグラス型の生産関数　154
コモディティ　197
コール　130
コールオプション　130
コンビニエンス・イールド　197,202

サ　行

債券価格　188
債券投資　182
最終利回り　180
最小二乗法　7,119
最小分散推定　87
最小分散推定値　87
最小分散推定量　86
最小分散性　91
最尤法　69,70,168,180
最良線形不偏推定量　87,92,96
先物価格　193
　　——からの現物価格の推定　194
　　——と現物価格　194
　　——の決定　193
先物契約　194
先物取引　193
　　複数の——　198
先物ヘッジ比率　199,202
先物ポジション　199
先物満期　195
先渡し取引　193
三角分布　144
残存期間　183,184,195
散漫な初期値　149

自己回帰モデル　142
事後確率　100,101
事後分布　103
資産価格　4
資産価格決定理論　218
市場リスク　166
指数平滑法　27
システマティックリスク　166,170
システム方程式　6
事前確率　100
自然対数　119
事前分布　101,102
実現値　17
実現ボラティリティの推定　126
実証結果　159,172,187,195,207
資本ストック推定　156
資本ストックの減耗率　156
資本投入量　155
自由度修正済みの決定係数　168
主成分分析　180
準最尤法　141
条件付き確率　100,104
条件付き期待値　17,48,50,52,56,66,93
条件付き期待値計算の意味　53
　　——（間接法）　54
　　——（直接法）　53
条件付き分散　17,48,50,52,66
　　——の計算の意味　55
条件付き密度関数　67
状態空間　69

索　引

状態空間モデル　5,10,11,28,48,69,95,
　　120,153,157,159,168,178,186,190,
　　198,200,206
　　──の記法　16
　　線形化した──　135
　　非線形の──　122,124
状態誤差項　12,13,190,198
状態誤差推定　140
状態分散の最小分散性　94
状態変数
　　──の1期先予測　35
　　──の期待値　19,56,60
　　──の期待値のフィルタリング公式　57,
　　　61,89,92,96,104,106,116,126
　　──の期待値のフィルタリング公式の直観
　　　的な意味　57,88
　　──の期待値ベクトル　130
　　──の共分散行列　130
　　──の誤差項　114
　　──の初期値　106
　　──の初期分布　150
　　──のスムージング期待値　43
　　──のスムージング分散　43
　　──のフィルタリング　39,127
　　──のフィルタリング公式　28
　　──の分散　20
　　──の分散のフィルタリング公式　33,
　　　58,62,93,98,103,106,116,126
　　──の平均　33,36
状態変数（分散共分散）　116
状態変数 β_t の初期値推定　148
状態方程式　6,13,109
　　──の誤差項　11,195
　　──の線形化　123,128
　　──の特定化　13
　　線形化した──　125,129
　　非線形の──　125
消費関数　3,6,152
情報集合 Ω_t　16
　　──の定義　17
情報量行列 I　79
初期値　33
　　──の設定　35

信号方程式　6
真の資産価格　7

推移方程式　6
推定値　86
推定量　86
数値実験　32
数値シミュレーション　149
数値例　37,82
スプレッド　205
スポットレート　183
スポットレート曲線　183,186
　　──の傾き　185
　　──の曲率　185
　　──の水準　184
スマートベータ　178
スムージング（平滑化，濾波）　18,146
　　──のアルゴリズム　44
スムージング期待値　43,47
スムージング公式　40
スムージング値　163,169
スムージングパラメータ　162
スムージング分散　44,47
スムージングヘッジ比率　201

正規性の仮定　48
正規分布　48
生産関数　154
生存消費　3
ゼロクーポン債　182
線形回帰　10,15
線形回帰式　49
線形回帰分析　186
線形カルマンフィルターと拡張カルマンフィ
　　ルターの比較　121
線形状態空間モデル　115,125
　　行列表現による──　112
線形性　91,95,133
全分散の法則　66

相関関係　55
相関係数　62
　　──の二乗　62

増分ウィナー過程　*189*
測定方程式　*6*
組織的危険　*166*
ソニー　*207*

タ　行

対数正規分布　*119, 155, 194*
対数尤度の最大化計算　*80, 82*
対数尤度関数　*79*
　　——の最大化　*72*
　　——の二階微分　*75*
対数リターン　*127*
　　——の二乗　*127*
多重共線性　*138*
ダービン＝ワトソン比　*153, 168*
多変量正規分布　*116*
　　——の条件付き期待値　*117*
　　——の条件付き分散　*117*
ダミー変数　*172*
短期金利　*188, 189, 190*

逐次更新式　*28*
逐次最小二乗法　*9*
逐次推定　*22*
長期平均　*189, 190, 200, 206*
長期平均水準　*189*
直線の方程式　*52*
貯蔵費用　*197*

定常過程　*148*
定常カルマンフィルター　*62*
定数項ベクトル　*114*
定数＋誤差　*13*
テクニカル分析　*204*
データ同化　*104*
テーラー展開　*120*

東証株価指数　*24*
特定化誤差　*141*

ナ　行

日経225株価指数　*194*
2変量回帰モデル　*77*
2変量正規分布　*50, 66*
　　——の条件付き期待値　*56*
　　——の条件付き分散　*58*
2変量正規密度関数　*66*
2変量標準正規分布　*52*
入力データ　*139*

ネルソン＝シーゲル関数　*184*
ネルソン＝シーゲル・モデル　*184*
　　——の推定　*185*

ハ　行

配当利回り　*195*
ハイパーパラメータ　*16*
バシシェック・モデル　*189*
パナソニック　*207*
バブル崩壊　*154*

東日本大震災　*169, 171, 201*
ヒストリカル・ボラティリティ　*132*
非線形の状態空間モデル　*122, 125*
非線形の状態方程式　*124*
非組織的危険　*166*
非定常過程　*149*
標準誤差　*74*
標本情報　*74, 76*
標本抽出　*70, 92*
標本抽出誤差　*11, 92*

ファクター・モデル　*166, 184*
ファンダメンタル分析　*204*
フィシャー方程式　*158*
フィルタリング（更新）　*18, 19, 32*
フィルタリング値　*169*
フィルタリング公式　*56, 89, 93, 115, 129*
プット　*130*
プットオプション　*131*

不偏推定値　87
不偏推定量　86
不偏性　91
不偏性条件　96
ブラック＝ショールズ式のテーラー展開
　　134
ブラック＝ショールズ・モデル　132
分散
　　――の逐次推定　25,30
　　――のフィルタリング　36
　　――のフィルタリング公式の導出　60
分散共分散行列　79,110,113
分散投資　166
分散不均一性　150

ペアトレーディング　204
平滑化（スムージング）　18
平均回帰　7,14,171,197
　　――する強さ　171,190
　　――の強さ　173,177
平均回帰傾向　192
平均回帰水準　189,197,207
平均値の逐次推定　22
平均・分散アプローチ　86
ベイズ公式　100,104
ベイズ公式とカルマンフィルター　101
ベガ　133
ベータ　167
　　――の長期平均　173
ベータ推定　145
ベルヌイ確率　76
ベン図　105
変数変換　119

ポートフォリオ　199
ポートフォリオ損益　199
ボラティリティ　132,189,197

マ　行

マイナス金利　161
マルコフ連鎖モンテカルロ法（MCMC）　70
マルチファクター・モデル　177

見せかけの相関　4,153
未知のファクター　178

無条件期待値　50
無条件分散　51

モデル設定　140
モデルのスカラー表現　85,107

ヤ　行

ヤコビアン行列　129

尤度　101,102
尤度関数　71,78
　　――の最大化　72
　　――の2階偏微分　79

予想インフレ率　158,164
　　――の推定　159
予測誤差　78,91,94
　　――の正規性の検定　150
　　――の分散　78,94
　　――の平均　78
予測誤差ベクトル　130
　　――の共分散行列　130

ラ　行

ランダムウォーク　6,14,78,157,163,168,
　　186,190
ランダムウォーク＋ドリフト　14

リスク回避度　191,197
リスク最小ヘッジ比率　199
リスクフリーレート　132,195
利回り　183
リーマン・ショック　187

累積異常収益率　170

連立方程式モデル　110

労働投入量　*155*
ローカルモデル　*29,37,90,126,142*
濾波（スムージング）　*18*

ワ　行

割引債　*181*
　――の利回り　*188*
　――の理論価格　*183*
割引債価格モデル　*191*

著者略歴

森平　爽一郎（もりだいらそういちろう）

- 1947 年　群馬県に生まれる
- 1969 年　学習院大学経済学部卒業
- 1971 年　青山学院大学大学院経営学研究科修士課程修了
- 1985 年　テキサス大学（オースチン校）経営大学院・ファイナンス学部
  博士課程修了．Ph.D.（in Finance）
  福島大学経済学部助教授，慶應義塾大学総合政策学部教授，早稲田大学
  大学院ファイナンス研究科教授を経て，
- 現　在　慶應義塾大学名誉教授

主 著　『信用リスクモデリング―測定と管理―』朝倉書店
　　　　『物語で読み解くデリバティブ入門』，『物語で読み解くファイナンス入門』日本経済新聞出版社
　　　　『信用リスクモデル』，証券アナリスト2次テキスト，日本証券アナリスト協会
　　　　『ファイナンシャル・リスクマネジメント』朝倉書店
　　　　『コンピュテーショナル・ファイナンス』朝倉書店
　　　　『EViewsで学ぶファイナンス』（共著）日本評論社

統計ライブラリー
経済・ファイナンスのための カルマンフィルター入門

定価はカバーに表示

2019 年 2 月 1 日　初版第 1 刷
2022 年 6 月 30 日　　　第 3 刷

著　者　森　平　爽　一　郎
発行者　朝　倉　誠　造
発行所　株式会社　朝　倉　書　店

東京都新宿区新小川町 6-29
郵便番号　162-8707
電　話　03（3260）0141
FAX　03（3260）0180
https://www.asakura.co.jp

〈検印省略〉

© 2019〈無断複写・転載を禁ず〉　　　新日本印刷・渡辺製本

ISBN 978-4-254-12841-3　C 3341　　Printed in Japan

JCOPY ＜出版者著作権管理機構 委託出版物＞
本書の無断複写は著作権法上での例外を除き禁じられています．複写される場合は，そのつど事前に，出版者著作権管理機構（電話 03-5244-5088, FAX 03-5244-5089, e-mail: info@jcopy.or.jp）の許諾を得てください．

慶大 林　高樹・京大 佐藤彰洋著
ファイナンス・ライブラリー 13
金融市場の高頻度データ分析
―データ処理・モデリング・実証分析―
29543-6　C3350　　　　　　A 5 判 208頁 本体3700円

金融市場が生み出す高頻度データについて，特徴，代表的モデル，分析方法を解説。〔内容〕高頻度データとは／探索的データ分析／モデルと分析（価格変動，ボラティリティ変動，取引間隔変動）／テールリスク／外為市場の実証分析／他

同志社大 辻村元男・東大 前田　章著
ファイナンス・ライブラリー 14
確 率 制 御 の 基 礎 と 応 用
29544-3　C3350　　　　　　A 5 判 160頁 本体3000円

先進的な経済・経営理論を支える確率制御の数理を，基礎から近年の応用まで概観。学部上級以上・専門家向け〔内容〕確率制御とは／確率制御のための数学／確率制御の基礎／より高度な確率制御／確率制御の応用／他

慶大 中妻照雄著
実践Pythonライブラリー
Pythonによる ファイナンス入門
12894-9　C3341　　　　　　A 5 判 176頁 本体2800円

初学者向けにファイナンスの基本事項を確実に押さえた上で，Pythonによる実装をプログラミングの基礎から丁寧に解説。〔内容〕金利・現在価値・内部収益率・債権分析／ポートフォリオ選択／資産運用における最適化問題／オプション価格

海洋大 久保幹雄監修　東邦大 並木　誠著
実践Pythonライブラリー
Pythonによる 数理最適化入門
12895-6　C3341　　　　　　A 5 判 208頁 本体3200円

数理最適化の基本的な手法をPythonで実践しながら身に着ける。初学者にもすぐに試せるようにプログラミングの基礎から解説。〔内容〕Python概要／線形最適化／整数線形最適化問題／グラフ最適化／非線形最適化／付録:問題の難しさと計算量

同大 津田博史監修　GSAM 小松高広著
FinTechライブラリー
市 場 変 動 と 最 適 投 資
27585-8　C3334　　　　　　A 5 判 210頁 〔近　刊〕

最適投資戦略の伝統と進化〔内容〕ポートフォリオ構築の基礎／前提条件の緩和:ゼロ・ベータCAPM，ブラック・リターマン・モデル（混合推定，ベイズ定理），カルマン・フィルター（状態空間モデル，ベイズ更新）／レジーム・スイッチ・モデル

首都大 足立高徳著　同志社大 津田博史監修
FinTechライブラリー
ア ル ゴ リ ズ ム 取 引
27584-1　C3334　　　　　　A 5 判 184頁 本体3200円

高頻度取引を中心に株取引アルゴリズムと数学的背景を解説〔内容〕不確実性と投資／アルゴ・ビジネスの階層／電子市場と板情報／市場参加者モデル／超短期アルファと板情報力学／教師あり学習を使ったアルファ探索／戦略／取引ロボット／他

同志社大 津田博史監修　新生銀行 嶋田康史編著
FinTechライブラリー
FinTechイノベーション入門
27582-7　C3334　　　　　　A 5 判 216頁 本体3200円

FinTechとは何か。俯瞰するとともに主要な基本技術を知る。〔内容〕FinTech企業とビジネス／データ解析とディープラーニング／ブロックチェーンの技術／FinTechの影の面／FinTechのエコノミクス／展望／付録(企業リスト，用語集など)

同志社大 津田博史・大和証券 吉野貴晶著
FinTech ライブラリー
株 式 の 計 量 分 析 入 門
―バリュエーションとファクターモデル―
27581-0　C3334　　　　　　A 5 判 176頁 本体2800円

学生，ビジネスマンおよび株式投資に興味ある読者を対象とした，理論の入門から実践的な内容までを平易に解説した教科書。〔内容〕株式分析の基礎知識／企業利益／株式評価／割引超過利益モデル／データ解析とモデル推定／ファクターモデル

前早大 森平爽一郎著
応用ファイナンス講座 6
信 用 リ ス ク モ デ リ ン グ
―測定と管理―
29591-7　C3350　　　　　　A 5 判 224頁 本体3600円

住宅・銀行等のローンに関するBIS規制に対応し，信用リスクの測定と管理を詳説。〔内容〕債権の評価／実績デフォルト率／デフォルト確率の推定／デフォルト確率の期間構造／デフォルト相関／損失分布推定

慶大 安道知寛著
統計ライブラリー
高 次 元 デ ー タ 分 析 の 方 法
―Rによる統計的モデリングとモデル統合―
12833-8　C3341　　　　　　A 5 判 208頁 本体3500円

大規模データ分析への応用を念頭に，統計的モデリングとモデル統合の考え方を丁寧に解説。Rによる実行例を多数含む実践的な内容。〔内容〕統計的モデリング（基礎／高次元データ／超高次元データ）／モデル統合法（基礎／高次元データ）

上記価格（税別）は 2022 年 5 月現在